普通高等教育“十三五”规划教材

服务外包产教融合系列教材

主编 迟云平 副主编 宁佳英

网页设计与制作

金 晖 曹译文 编著

·广州·

图书在版编目(CIP)数据

网页设计与制作/金晖，曹译文编著. —广州：华南理工大学出版社，2017.8
(2020.7重印)
(服务外包产教融合系列教材/迟云平主编)
ISBN 978-7-5623-5299-0

Ⅰ.①网… Ⅱ.①金… ②曹… Ⅲ.①网页制作工具-教材 Ⅳ.①TP393.092

中国版本图书馆CIP数据核字(2017)第126655号

网页设计与制作
金　晖　曹译文　编著

出 版 人：卢家明
出版发行：华南理工大学出版社
(广州五山华南理工大学17号楼，邮编510640)
http://www.scutpress.com.cn　E-mail:scutc13@scut.edu.cn
营销部电话：020-87113487　87111048（传真）
总 策 划：卢家明　潘宜玲
执行策划：詹志青
责任编辑：朱彩翩
印 刷 者：佛山市浩文彩色印刷有限公司
开　　本：787mm×1092mm　1/16　印张：15.25　字数：378千
版　　次：2017年8月第1版　2020年7月第2次印刷
印　　数：1001～2000册
定　　价：36.00元

版权所有　盗版必究　　印装差错　负责调换

“服务外包产教融合系列教材”
编审委员会

顾　　问： 曹文炼（国家发展和改革委员会国际合作中心主任，研究员、教授、博士生导师）

主　　任： 何大进

副 主 任： 徐元平　迟云平　徐　祥　孙维平　张高峰　康忠理

主　　编： 迟云平

副 主 编： 宁佳英

编　　委（按姓氏拼音排序）：

蔡木生　曹陆军　陈翔磊　迟云平　杜　剑　高云雁　何大进
胡伟挺　胡治芳　黄小平　焦幸安　金　晖　康忠理　李俊琴
李舟明　廖唐勇　林若钦　刘洪舟　刘志伟　罗　林　马彩祝
聂　锋　宁佳英　孙维平　谭瑞枝　谭　湘　田晓燕　王传霞
王丽娜　王佩锋　吴伟生　吴宇驹　肖　雷　徐　祥　徐元平
杨清延　叶小艳　袁　志　曾思师　查俊峰　张高峰　张　芒
张文莉　张香玉　张　屹　周　化　周　伟　周　璇　宗建华

评审专家：

周树伟（广东省产业发展研究院）
孟　霖（广东省服务外包产业促进会）
黄燕玲（广东省服务外包产业促进会）
欧健维（广东省服务外包产业促进会）
梁　茹（广州服务外包行业协会）
刘劲松（广东新华南方软件外包有限公司）
王庆元（西艾软件开发有限公司）
迟洪涛（国家发展和改革委员会国际合作中心）
李　澍（国家发展和改革委员会国际合作中心）

总 策 划： 卢家明　潘宜玲

执行策划： 詹志青

总 序

发展服务外包，有利于提升我国服务业的技术水平、服务水平，推动出口贸易和服务业的国际化，促进国内现代服务业的发展。在国家和各地方政府的大力支持下，我国服务外包产业经过10年快速发展，规模日益扩大，领域逐步拓宽，已经成为中国经济新增长的新引擎、开放型经济的新亮点、结构优化的新标志、绿色共享发展的新动能、信息技术与制造业深度整合的新平台、高学历人才集聚的新产业，基于互联网、物联网、云计算、大数据等一系列新技术的新型商业模式应运而生，服务外包企业的国际竞争力不断提升，逐步进入国际产业链和价值链的高端。服务外包产业以极高的孵化、融合功能，助力我国航天服务、轨道交通、航运、医药、医疗、金融、智慧健康、云生态、智能制造、电商等众多领域的不断创新，通过重组价值链、优化资源配置降低了成本并增强了企业核心竞争力，更好地满足了国家"保增长、扩内需、调结构、促就业"的战略需要。

创新是服务外包发展的核心动力。我国传统产业转型升级，一定要通过新技术、新商业模式和新组织架构来实现，这为服务外包产业释放出更为广阔的发展空间。目前，"众包"方式已被普遍运用，以重塑传统的发包/接包关系，战略合作与协作网络平台作用凸显，从而促使服务外包行业人员的从业方式发生了显著变化，特别是中高端人才和专业人士更需要在人才共享平台上根据项目进行有效整合。从发展趋势看，服务外包企业未来的竞争将是资源整合能力的竞争，谁能最大限度地整合各类资源，谁就能在未来的竞争中脱颖而出。

广州大学华软软件学院是我国华南地区最早介入服务外包人才培养的高等院校，也是广东省和广州市首批认证的服务外包人才培养基地，还是我国服务外包人才培养示范机构。该院历年毕业生进入服务外包企业从业平均比例高达66.3%以上，并且获得业界高度认同。常务副院长迟云平获评2015年度服务外包杰出贡献人物。该院组织了近百名具有丰富教学实践经验的一线教师，历时一年多，认真负责地编写了软件、网络、游戏、数码、管理、财务等专业的服务外包系列教材30余种，将对各行业发展具有引领作用的服务外包相关知识引入大学学历教育，着力培养学生对产业发展、技术创新、模式创新和产业融合发展的立体视角，同时具有一定的国际视野。

当前，我国正在大力推动"一带一路"建设和创新创业教育。广州大学华软软件学院抓住这一历史性机遇，与国家发展和改革委员会国际合作中心合作成立创新创业学院和服务外包研究院，共建国际合作示范院校。这充分反映了华软软件学院领导层对教育与产业结合的深刻把握，对人才培养与产业促进的高度理解，并愿意不遗余力地付出。我相信这样一套探讨服务外包产教融合的系列教材，一定会受到相关政策制定者和学术研究者的欢迎与重视。

借此，谨祝愿广州大学华软软件学院在国际化服务外包人才培养的路上越走越好！

国家发展和改革委员会国际合作中心主任

2017年1月25日于北京

前　言

随着 Internet 的普及与发展，浏览网站已经成为大多数人的日常生活习惯，因此我们发现每时每刻都有新的网站诞生、新的网络公司成立。同时，也有越来越多的年轻人参与到网页设计、网站建设的行业中来。

作为网页设计软件的代表，Dreamweaver 软件操作界面美观合理，技术上提供了丰富的 CSS 支持、无缝整合外部文件和代码，对于准备进入网页设计与制作行列的新手来说，这款软件是最好的选择。

HTML 是构成网页最基本的元素。目前，流行的 HTML5 就是建立在 HTML 基础上的，因此，学习 HTML 可为今后学习网页设计与制作新技术打下基础。

笔者结合多年的教学和网页设计制作经验，编写了本书。本书全面、系统地介绍 Dreamweaver 软件的各种功能和使用方法，同时将 HTML 语言的内容拆开并分散到各章节中和 Dreamweaver 对应介绍。本书共分为 10 章，内容深入浅出、理论结合实例，能使读者快速掌握 Dreamweaver 软件和 HTML 语言。

第 1 章初识 Dreamweaver CS6，阐述网页和网络中相关理论知识，同时介绍 Dreamweaver CS6 的工作界面和操作方式。

第 2 章创建站点和页面，阐述站点的创建方法和网页页面的设置方法。

第 3 章创建网页中的文本，阐述在网页中文本的使用技巧及如何正确地设置文本的相关属性。

第 4 章图像的使用，介绍网页图像的基础知识，阐述图像在网页中的应用。

第 5 章超链接，阐述网页中建立各种类型链接的方法和技巧。

第6章表格，阐述表格在网页中的应用，特别是对表格的排版功能进行了详细、重点的介绍。

第7章表单，阐述网页表单的使用方法和技巧，并通过一个完整的表单网页案例来加深读者的理解。

第8章框架，阐述如何利用框架制作多内容的网页。

第9章层，阐述层在网页排版中的使用方法和技巧。

第10章CSS样式，阐述CSS样式表的基础知识及应用方法。

本书不仅适合没有任何网页设计与制作基础的读者阅读，同时也可作为初级用户的学习参考书。书中包含大量实例，因而非常适合高等院校及培训机构作为“网页设计与制作”课程的教材。

编　者

2017年4月

目　录

1　初识 Dreamweaver CS6

1.1　网页基础知识

随着计算机的广泛普及，计算机网络也得到了飞速的发展。当你在互联网上自由遨游时，是否被那些风格各异、五彩缤纷的网页所吸引？是否也想制作出属于自己的网页，实现网上安家的梦想呢？本书阐述的是如何利用 Dreamweaver CS6 来制作精美的网页。在此，先介绍一些和网页有关的基础知识和基本常识。

1.1.1　WWW

WWW，是 World Wide Web 的缩写，也称万维网。WWW 是目前广为流行的、最方便的 Internet 信息服务。人们通过友好的 Web 用户查询界面，在 Internet 上获取自己需要的信息。WWW 使用超文本方式组织、查找和表示信息，使得信息查询能符合人们的思维方式。WWW 的应用和发展已经远远超出网络技术的范畴，影响着新闻、广告、娱乐、电子商务和信息服务等诸多领域。

WWW 诞生于 Internet，后来成为 Internet 的一部分，而今天，WWW 几乎成了 Internet 的代名词。通过它，每个人能够在瞬间抵达世界的各个角落，全球的信息就在你的眼前。

1.1.2　浏览器

WWW 服务采用客户端/服务器工作模式，客户端使用浏览器来浏览 Internet 上的页面。浏览器接收用户的请求并发送给 WWW 服务器，服务器根据请求将特定页面传送至客户端，然后经浏览器解释成图文并茂的画面。其工作过程如图 1－1 所示。

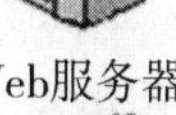

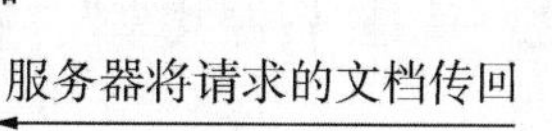

图 1－1　浏览器的工作过程

目前，浏览器都支持多媒体功能，可观看动画、视频，播放声音。浏览器不仅可以浏览页面，还可以收发电子邮件、阅读新闻组、上网聊天等。Microsoft 公司的 Internet Explorer 是目前流行且最常见的浏览器。

1.1.3 URL

URL 即统一资源定位符，是对可从 Internet 上得到资源位置和访问方法的一种简洁表示，是 Internet 上标准的资源地址。Internet 上的每个文件都有一个唯一的 URL，它包含的信息为指出文件的位置及浏览器该怎么处理它。

基本 URL 格式为：

〈协议类型〉：//〈域名或 IP 地址〉/路径及文件名。

例如：http：//www. baidu. com

其中，“协议类型”告诉浏览器如何处理将要打开的文件。最常用的是超文本传输协议（Hypertext Transfer Protocol，HTTP），这个协议可用来访问网络。其他协议如下：

http——超文本传输协议资源

https——用安全套接字层传送的超文本传输协议

ftp——文件传输协议

mailto——电子邮件地址

ldap——轻型目录访问协议搜索

file——当地电脑或网上分享的文件

news——usenet 新闻组

gopher——gopher 协议

telnet——telnet 协议

“域名或 IP 地址”指明要访问的服务器。“路径及文件名”指明要访问的页面名称。

1.1.4 网页和网站的概念

网页，英文为 Web。随着科学技术的飞速发展，Internet 在人们工作生活中发挥的作用也越来越大。当人们接入互联网后，要做的第一件事就是打开浏览器窗口，键入网址，等待一张网页出现。在现实世界里，人们可看到多彩的世界；而在网络世界里，这多彩的世界就是一张张漂亮的网页，它可带你周游世界，走遍五湖四海。Internet 最重要的作用之一就是“资源共享”。网页作为展现 Internet 丰富资源的基础，其重要性可见一斑。

网页中最基本的元素是文字，它是人类最基础的表达方式，因此不可缺少。在此基础上，网页还包括图像、动画、影片等其他一些元素，用来丰富网页内容，给人们生动、直观的感觉，如图 1－2 所示。

网站，又称站点，英文为 Web Site。简单来说，站点是多个网页的集合，其中包括一个首页（Home Page）和若干个分页。首页就是访问这个网站时第一个打开的网页。除了首页，其他的网页即是分页。例如，图 1－2 所示是腾讯网首页，而图 1－3 所示就是腾讯网“新闻”分页。网站是多个网页的集合，但它不是简单的集合，这要根据该网站的内容来决定，如由多少个网页构成、如何分类等。

图 1－2　腾讯网首页

图 1－3　腾讯网“新闻”分页

1.1.5 HTML

HTML(Hyper Text Makeup Language)即“超文本标记语言”。它是制作网页的一种标准语言，以代码的方式来定义网页中文本、色彩、图像与超文本链接等的格式。所谓超文本链接，是在网页上将一个或多个“热字”集成于文本中，热字后面可链接新的文本信息。这种链接是无序的，许多文本信息被编织成一张网。用户在浏览文本信息时，可随意单击“热字”而跳转到其他的文本信息上。目前浏览器上的“热字”不仅能链接文本，还可链接声音、图形、动画等，所以称为超文本链接。

由于HTML语言具有通用性、与操作系统平台无关性的特征，使得不同厂商的浏览器产品都可浏览同一标准的网页。

1.2 网页设计与制作

在制作网页之前，首先要进行网页的设计与构思，主要包括网页的布局、配色、素材等，只要很好地掌握这些知识，就可设计与制作出优秀的、有个人特色的网页。

1.2.1 网页的基本元素

文字与图像是构成网页的两个基本元素，另外还有表单、Logo、导航、动画、广告等。

(1)文字，是构成网页的最基本元素。它是向浏览者传递信息最直接和有效的方式，对于大多数浏览器来说，文字都是可以显示的，无需任何外部程序或模块的支持。由于用户的电脑配置不尽相同，因此网页中所能使用的字体只有几种通用的，如宋体、黑体等。

(2)图像，是构成网页的基本元素之一，在任何网站中都会有图像的存在。图像的格式有多种，但是基于网络的特殊情况，并不是所有图像格式都可在网页中显示，只有少数几种图像格式可应用到网页中，如GIF、JPEG、PNG等。

(3)表单，是功能型网站中常用的元素，是网站交互中最重要的组成部分之一。在网页中，小到搜索框，大到用户注册，都会用到表单及表单元素。网页中的表单是用来搜集用户信息、帮助用户进行功能性制作的元素。表单的交互设计与视觉效果处理是网站设计相当重要的环节。

(4)Logo。在网页中，Logo作为网站的标识，起着非常重要的作用。一个漂亮的Logo不仅可为网站增色不少，而且可为网站树立良好的形象。

(5)导航，是网站设计中不可缺少的基本元素之一。它是网站信息结构的基础分类，也是浏览者进行信息浏览的路标。导航栏要放在网站比较醒目的位置，浏览者进入网站，首先会寻找导航栏，通过导航栏直观地了解网站的内容和信息分类方式，以便选择自己需要的信息。

(6)动画。随着互联网技术的快速发展，网页中越来越多地出现了各种多媒体元素，其中包括动画、视频、音频等。大多数浏览器都可显示或播放这些多媒体元素，如GIF动画、Flash动画等。

(7)广告。网站作为一种已被大众熟悉并接受的媒体，其广告价值空间也逐步凸显。绝大多数门户网站和商业网站，其广告植入量都非常大，当然广告收入也很可观。网站的广告形式非常多样，常见的有弹出式广告、浮动广告和页面广告，当然也存在很多隐性的广告。

1.2.2 网页设计

网页最开始呈现在你面前时，就好像一张白纸，可任意发挥你的设计才思。虽然你能控制一切你所能控制的东西，但当你知道什么是一种约定俗成的标准或者了解大多数访问者的浏览习惯后，你就可在此基础上加上自己的东西。

(1)页面尺寸。页面尺寸和显示器大小及分辨率有关，网页的局限性就在于无法突破显示器的范围，而且由于浏览器也将占用不少空间，因此留给页面的范围就变得更加狭小。一般地，分辨率在1024像素×768像素的情况下，页面的显示尺寸为1007像素×600像素；分辨率在800像素×600像素的情况下，页面的显示尺寸为780像素×428像素；分辨率在640像素×480像素的情况下，页面的显示尺寸为620像素×311像素。从以上数据可知，分辨率越高，页面尺寸越大。

此外，浏览器的工具栏也会影响页面尺寸的大小，目前浏览器的工具栏都可取消或增加，当你显示全部工具栏和关闭全部工具栏时，页面的尺寸大小是不一样的。

知识点1

在网页设计过程中，向下拖动页面是唯一给网页增加更多内容(尺寸)的方法。但提醒大家，除非可以肯定站点的内容能吸引大家拖动，否则不要让访问者拖动页面超过三屏。如果需要在同一页面显示超过三屏的内容，那么网页设计时最好能在上面做上页面内部链接，以方便访问者浏览。

(2)整体造型。造型就是创造物体的形象。页面整体形象，应是一个整体，图形与文本的接合应层叠有序，有机统一。虽然显示器和浏览器都是矩形，但对于页面的造型，可充分运用自然界中的其他形状及它们的组合。最常用的有矩形、圆形、三角形、菱形等。

不同的形状所代表的意义是不同的。例如，矩形代表正式、规则，很多ICP和政府网页都是以矩形为整体造型；圆形代表柔和、团结、温暖、安全等，许多时尚站点喜欢以圆形为页面整体造型；三角形代表力量、权威、牢固、侵略等，许多大型的商业站点为显示它的权威性常以三角形为页面整体造型；而菱形则代表平衡、协调、公平，一些交友站点常用菱形作为页面整体造型。虽然不同形状代表着不同意义，但目前的网页制作多数是结合多个形状加以设计，其中又以某种形状为主，如图 1－4 所示。

图 1－4　造型设计页面

1.2.3　网页配色基础

在网上冲浪时，面对各种令人眼花缭乱的网页，有的令人愉悦，可停留很久；而有的则让人烦躁，不能吸引浏览者的目光。网站是否具有吸引力，很大程度上是由网站的配色决定的。

网页美工设计中，最常用的颜色为蓝色、绿色、橙色及暗红色。

蓝色多与白、橙搭配，蓝为主调。白底，蓝标题栏，橙色按钮或 ICON 做点缀；蓝天白云，给人以沉静整洁的感觉。

绿色多与白、蓝两色搭配，绿为主调。白底，绿标题栏，蓝色或橙色按钮或 ICON 做点缀，绿白相间，显得雅致而有生气。

橙色多与白、红搭配，橙为主调。白底，橙标题栏，暗红或橘红色按钮或 ICON 做点缀。橙色代表活泼热情，是标准的商业色调，因此多用于商业网站的网页美工设计。

暗红色显得庄重、严肃、高贵，需配黑或灰来压制刺激的红色，常以暗红为主调。黑或灰底，暗红标题栏，文字内容背景为浅灰色。

要深入地掌握网页配色的技巧，除了需要深入学习理解各种色彩知识外，还需要多观摩学习其他网站。

知识点2

在网上有许多网页配色软件和颜色工具，如小影的工具箱网站（http://tool.c7sky.com/webcolor/）、0to255等，可通过这些软件和工具快速进行网页颜色的搭配。

1.3 网站制作流程

作为网页的集合，网站的类型、主题和风格决定着网站中各个网页尤其是主页的设计思路与实现手段。不同类型的网站，其设计制作过程是不一样的，但大体上都遵循着选择网站主题、规划网站栏目和目录结构、网页布局及整合网页内容这四个步骤进行。

1.3.1 选择网站主题

在制作网页时，首先要清楚建立网站的目的。如果是个人网站，那么网页的设计可围绕个性化来进行；如果是企业网站，则应立足于展示企业形象。在确定网站主题后，即可组织网站内容，搜集所需资料，尤其是相关的文本和图片；准备得越充分，越有利于下一步网站栏目的规划。

1.3.2 规划网站栏目和目录结构

确定了网站主题后，即可根据网站内容开始规划网站栏目。网站栏目实际上是一个网站内容的大纲索引，在规划时要注意以下几点。

(1)对搜集到的资料进行分类，并为其建立专门的栏目。各栏目的主题围绕网站主题展开，同时栏目的名称要有概括性，各栏目名称的字数最好相同。规划网站栏目的过程实际上是对网站内容的细化，一个栏目有可能就是一个专栏网页。

(2)在创建网站目录结构时，不要将所有的文件都存放在根目录下，应该按网站栏目来建立。例如，企业站点可以按公司简介、产品介绍、在线订单、反馈信息等建立相应的目录。通常一个站点根目录下都有一个 Images 目录，如果把站点的所有图片都放在这个目录下，则不便于管理。因此应为每个栏目建立一个独立的 Images 目录，而根目录下的 Images 目录只用于存放主页中的图片。

(3)在为目录文件命名时要使用简短的英文形式，文件名应小于 8 个字符，一律小写。另外，大量同一类型的文件应以数字序号标识区分，以利于查找修改。

1.3.3 网页布局

网页的布局主要针对网站主页的版面而设计，因此最好先用笔把构思的页面布局草图勾勒出来，然后再进行版面的细化和调整。在设计时应把一些主要的元素放到网页中，如网站的标志、广告栏、导航条等，这些元素应放在最突出、最醒目的位置，然后再考虑其他元素的放置。在将各主要元素确定好后，就可考虑文字、图片、表格等页面元素的排版布局了。确定布局草案后，利用网页制作工具，如 Dreamweaver 把草案做成一个简略的网页，以观察总体效果，对不协调的地方进行调整。

网页布局的好坏是决定网站美观与否的一个重要指标。只有合理的、有创意的布局，才能把文字、图像等内容完美地展现在浏览者面前。(可参考本章 1.2.2 网页设计的内容)作为网页设计的初学者，应多参考优秀站点的版面设计，多阅读平面设计类书籍，以提高自己的艺术修养和网页版面布局水平。

1.3.4 整合网页内容

在确定了网页布局后，就需将收集到的素材落实为网站标志、广告栏、导航栏、按钮、文本、图片、动画等页面元素。这一阶段的任务实际上是通过各种图形图像工具和文字工具对素材进行编辑和处理，然后通过网页制作工具，将其添加到布局版面中，完成网页的制作。

1.4 Dreamweaver CS6

Dreamweaver 是世界顶级软件厂商 Adobe 推出的一套拥有可视化编辑界面(图 1－5)，用于制作并编辑网站和移动应用程序的网页设计软件。它支持代码、拆分、设计、实时视图等多种方式来创作、编写和修改网页(通常是标准通用标记语言下的一个应用 HTML)，初学者无需编写任何代码就能快速创建 Web 页面。

图 1－5 Dreamweaver CS6

CS6 新版本使用了自适应网格版面创建页面，在发布前使用多屏幕预览审阅设计，可大大提高工作效率。改善后的 FTP 性能，可更高效地传输大型文件。"实时视图"和"多屏幕预览"面板可呈现 HTML5 代码，更能检查自己的工作。目前最高版本是 Adobe Dreamweaver CC。

1.4.1　新增功能

（1）自适应网格版面。使用响应迅速的 CSS3 自适应网格版面来创建兼容跨平台和跨浏览器的网页设计。利用简洁、业界标准的代码为各种不同设备和计算机开发项目，提高工作效率。直观地创建复杂网页设计和页面版面，可简化编写代码的工作。

（2）FTP 性能。利用重新改良的多线程 FTP 传输工具，可节省上传大型文件的时间，更能快速高效地上传网站文件，缩短制作时间。

（3）Catalyst 集成。使用 Dreamweaver 中集成的 Business Catalyst 面板，连接并编辑利用 Adobe Business Catalyst 建立的网站。利用托管解决方案建立电子商务网站。

（4）JQuery Mobile。使用更新的 JQuery 移动框架支持为 iOS 和 Android 平台建立本地应用程序。建立触及移动受众的应用程序，同时简化移动开发工作流程。

（5）PhoneGap。更新的 Adobe PhoneGap™支持 Android 和 iOS 建立和封装本地应用程序。通过改编现有的 HTML 代码来创建移动应用程序。使用 PhoneGap 模拟器检查用户的设计。

（6）CSS3 转换。将 CSS 属性变化制成动画转换效果，使网页设计生动活泼。在处理网页元素和创建优美效果时保持对网页设计的精准控制。

（7）更新实时视图。在发布前使用更新的“实时视图”功能测试页面。现已使用“实时视图”的最新版 WebKit 转换引擎，能提供绝佳的 HTML5 支持。

（8）多屏幕预览。利用更新的“多屏幕预览”面板检查智能手机、平板电脑和台式机所建立项目的显示画面。增强型面板能让 HTML5 内容呈现。

1.4.2　Dreamweaver CS6 的启动与退出

1. *启动* Dreamweaver CS6

在电脑中安装了 Dreamweaver CS6 后，就可启用该软件进行网页制作了。启动 Dreamweaver CS6，可采用以下几种方式。

第一种　在电脑桌面的左下角单击“开始”菜单按钮，然后在“程序”菜单中单击 Adobe Dreamweaver CS6，即可启动 Dreamweaver CS6，如图 1－6 所示。

第二种　使用鼠标左键直接双击在桌面上的快捷启动图标 Dw 。

当初次启动 Dreamweaver CS6 时，软件显示的是“设计器”界面布局，这个工作界面包括菜单栏、文档窗口、属性面板和欢迎屏幕，如图 1－7 所示。

图 1－6　从“开始”菜单打开 Dreamweaver CS6

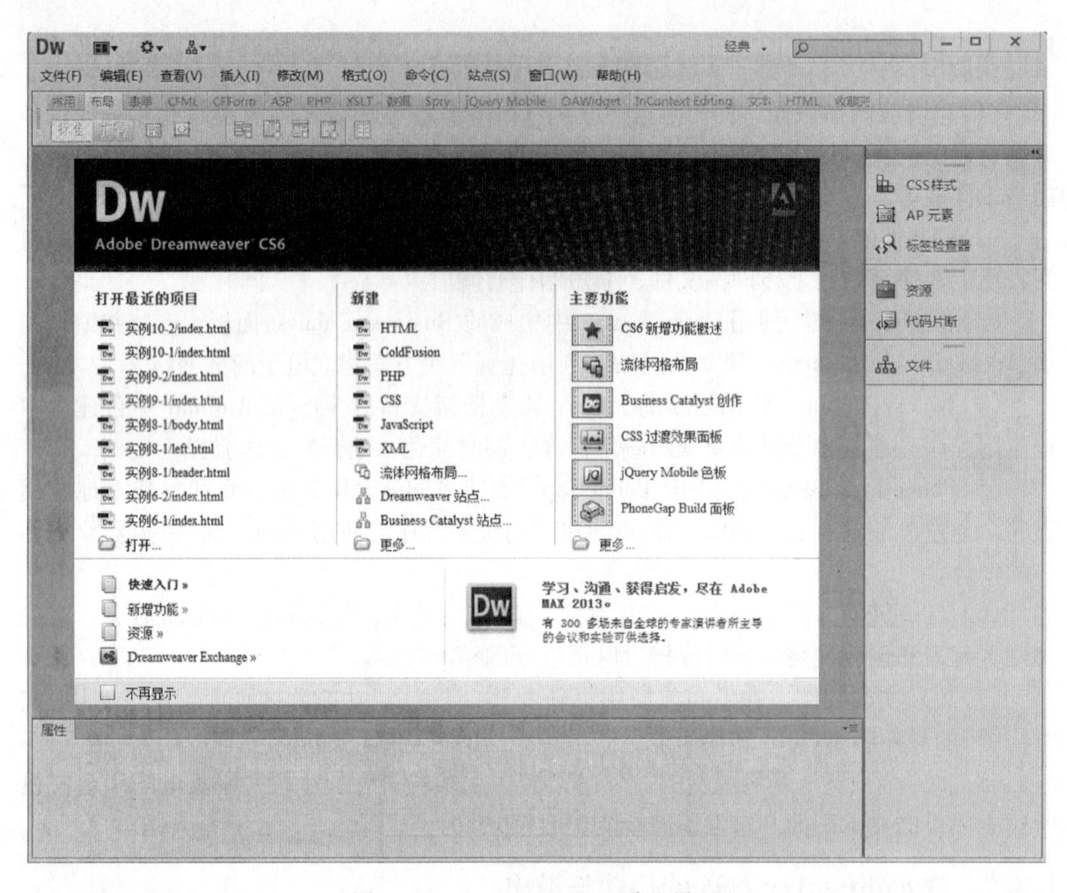

图 1-7　Dreamweaver CS6 欢迎界面

欢迎界面包括 4 个栏目，分别是“打开最近的项目”“新建”“主要功能”和“快速入门”。

打开最近的项目：这里可显示用户最近编辑过的页面或站点，用鼠标左键单击名称就可打开相应的项目文件。

新建：快速创建新的文件，并有多种文件类型可供用户选择。

主要功能：提供 Dreamweaver CS6 最新的热门功能介绍，并链接 Adobe 官网上提供的网络视频。

快速入门：给用户提供一些软件使用方面的帮助信息。

如果不需显示欢迎界面，可钩选欢迎界面最下面的“不再显示”选项，则再次启动 Dreamweaver CS6 时，欢迎界面就不再出现。

如果需重新显示欢迎界面，可执行“编辑”/“首选参数”，在打开的对话框中钩选“显示欢迎屏幕”，如图 1-8 所示。

在软件的界面布局中，Dreamweaver CS6 为用户提供了多种开发环境，用户可根据实际工作需求或自己的工作习惯来选择不同的工作环境，如针对应用程序开发人员的开

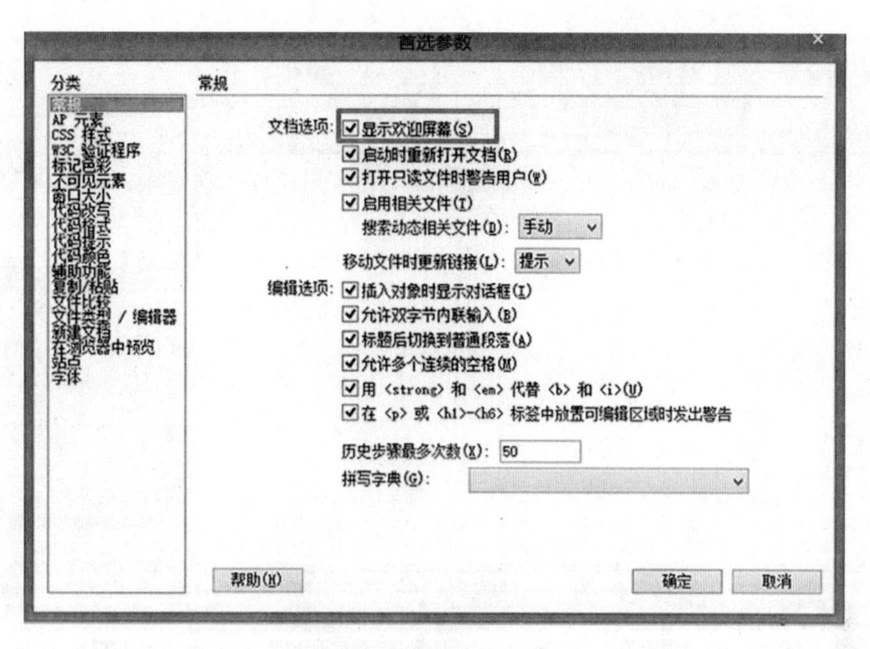

图 1－8 “首选参数”对话框

发环境、针对编码人员的开发环境、针对设计人员的开发环境、经典开发环境等。

知识点 3

首次启动 Dreamweaver CS6 时，软件默认使用“设计器”开发环境，如果想要选择其他开发环境，可点击“标题栏”右上角的“设计器”打开下拉菜单，然后从中进行选择。

2. 退出 Dreamweaver CS6

退出 Dreamweaver CS6，可采用以下几种方式。

第一种　单击 Dreamweaver CS6 程序窗口右上角的“关闭”按钮。

第二种　执行“文件”/“退出”菜单命令。

第三种　双击 Dreamweaver CS6 程序窗口左上角的 Dw 图标。

第四种　按下快捷键 Alt + F4。

1.4.3 Dreamweaver CS6 的操作环境

Dreamweaver CS6 启动后即进入工作界面，认识 Dreamweaver CS6 的工作界面是掌握 Dreamweaver CS6、提高制作效率的关键一步。Dreamweaver CS6 的工作界面分为“标题栏”、“菜单栏”、“工具栏”、“文档窗口”、“插入”面板、“属性面板”、“浮动面板”、“状态栏”，如图 1－9 所示。

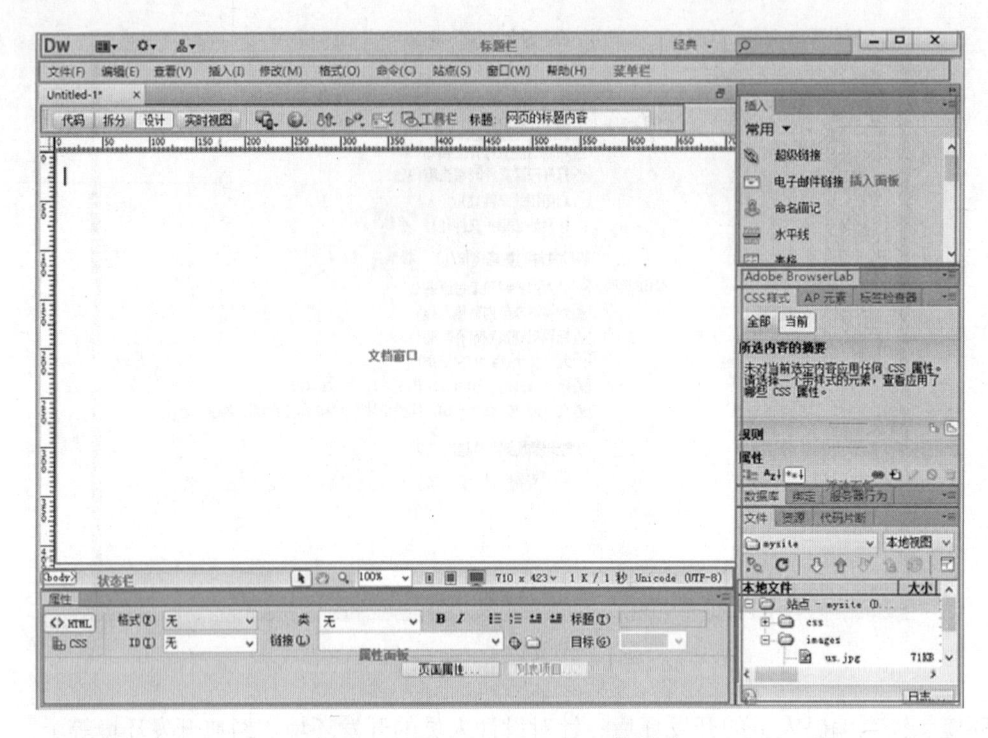

图 1－9　Dreamweaver CS6 工作界面

1．标题栏

“标题栏”上排列了一行按钮，这些按钮是一些跟网页设计息息相关的功能。通过单击这些按钮，用户可快速启动相关功能，如新建布局 、扩展 和站点 。

2．菜单栏

“标题栏”的下面就是“菜单栏”，栏中提供了“文件”“编辑”“查看”“插入”“修改”“格式”“命令”“站点”“窗口”“帮助”10 项菜单，单击其中任意一项菜单，随即会出现一个下拉式指令菜单，如果指令选项为浅灰色，则代表该指令在当前状态下不能执行。有些指令的右边会有键盘代码，这是该指令的快捷键，熟练使用快捷键将有助于提高工作效率。有些指令的右边会有一个小黑三角标记，它代表该指令还包含下一级的指令，鼠标停留片刻即可显现，如图 1－10 所示。

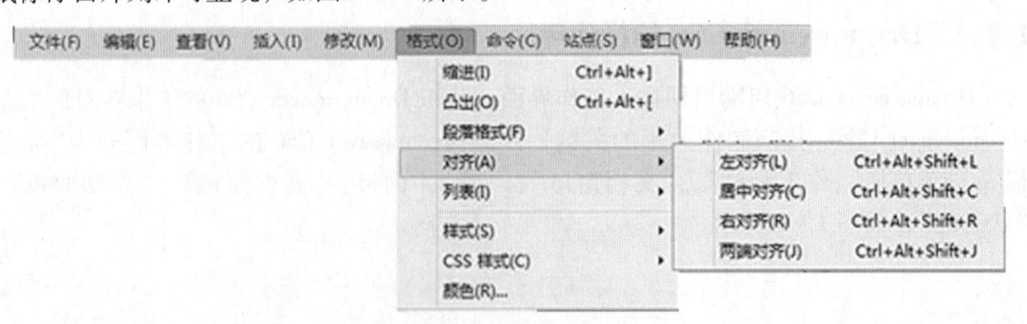

图 1－10　菜单栏

3. 工具栏

工具栏指的是菜单栏下边的3排按钮，选择菜单“查看”/“工具栏”，钩选里面的“样式呈现”“文档”“标准”3项，完整的“工具栏”就显示出来了，如图1-11所示。

图1-11 完整的工具栏

4. 文档窗口

文档窗口即设计区，是Dreamweaver CS6进行可视化编辑网页的主要区域，可显示当前文档的所有操作效果。其显示模式分3种：“代码”视图、“拆分”视图与“设计”视图，分别如图1-12、图1-13和图1-14所示。

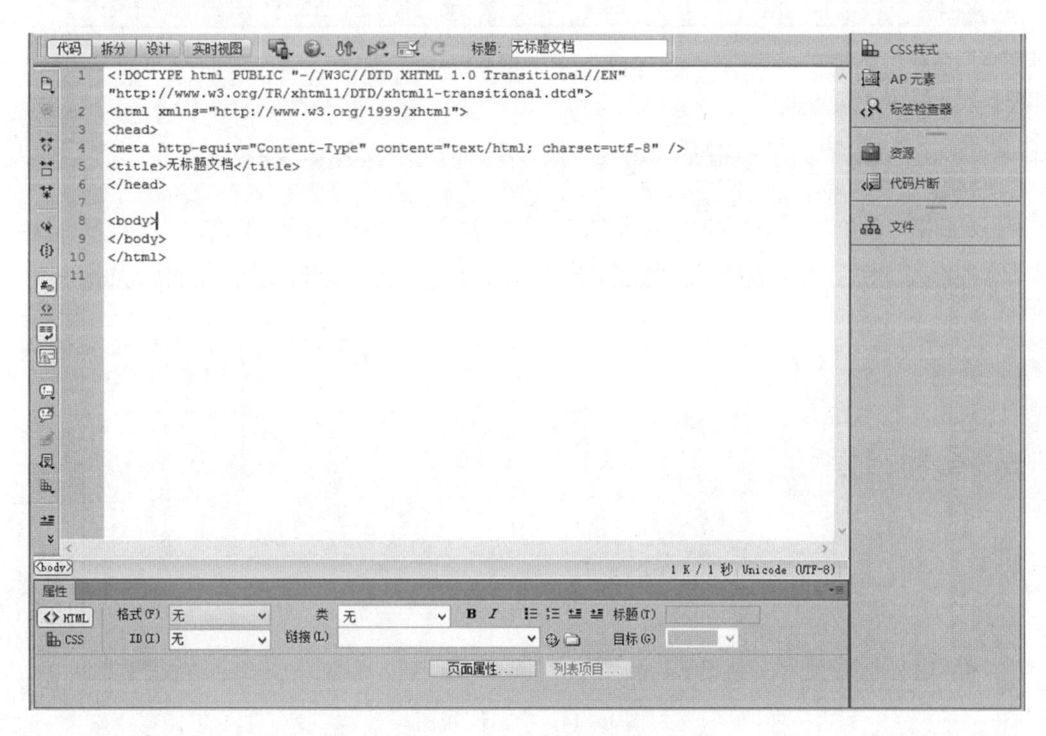

图1-12 “代码”视图

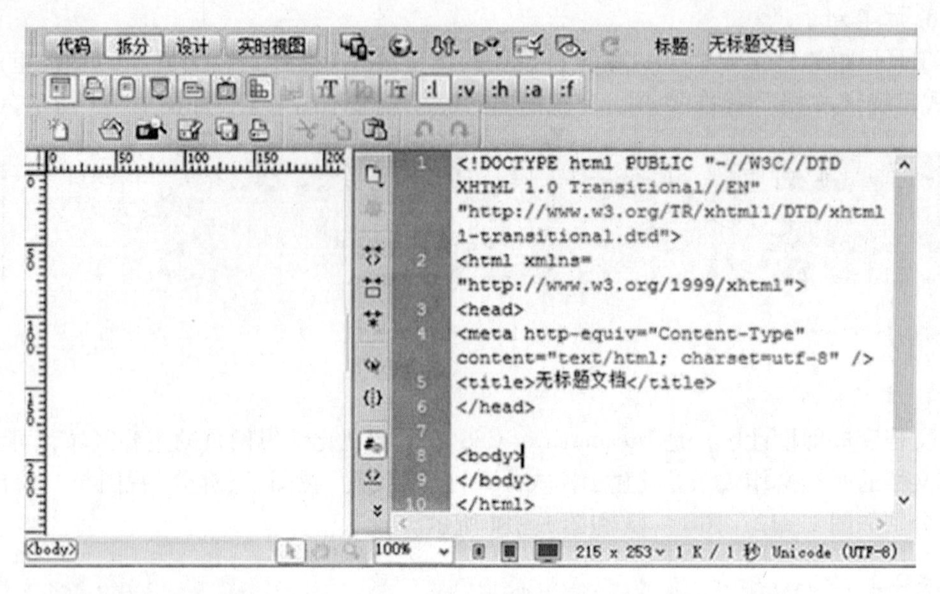

图 1－13 “拆分”视图

图 1－14 “设计”视图

5.“插入”面板

在“插入”面板中包含了可向网页文档添加的各种元素，如文字、图像、表格、按钮、导航及程序等。

单击“插入”面板中的下拉按钮，在下拉列表中显示了所有的类别，根据类别的不同，插入面板又分为“常用”“布局”“表单”“数据”“Spry”“jQuery Mobile”“InContext Editing”“文本”“收藏夹”几个组成部分，如图 1－15 所示。

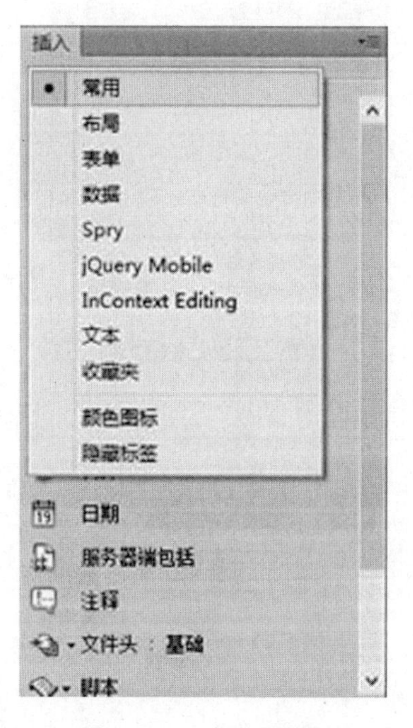

图1－15 “插入”面板

6.“属性”面板

在文档窗口的下面还有一个面板，即“属性”面板，如图1－16所示。在历代版本的Dreamweaver中几乎都可以看到它的身影，可见其地位是多么的重要。“属性”面板，顾名思义，就是显示、调整属性的面板。根据鼠标所选中对象的不同，“属性”面板在界面上也会有所差异，用户可分别对不同的对象进行调整。

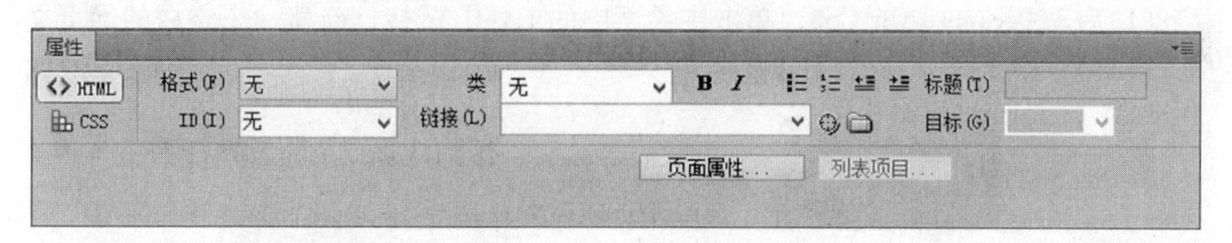

图1－16 “属性”面板

7. 浮动面板

在整个工作界面的右侧，整齐地竖直排放着一些小窗口，它们被称作“浮动面板”，右边放置它们的区域称之为浮动面板组，如图1－17所示。在这些面板中包含很多Dreamweaver中重要的内容，如“CSS样式”面板、“文件”面板、“框架”面板等，它们将会在用户的设计中发挥很大的作用。为使设计界面更加简洁，同时也为获得更大的操作空间，这些面板都是可折叠的，通过右上角的▶▶按钮和◀◀按钮可实现浮动面板组的折叠和展开。

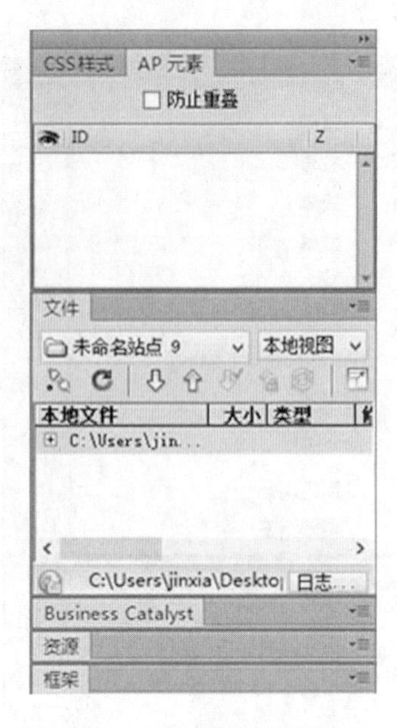

图 1－17　浮动面板组

8. 状态栏

状态栏显示当前文档窗口的大小和下载速度等信息，另外还提供选取工具、手形工具、缩放工具等供用户使用，如图 1－18 所示。

图 1－18　状态栏

例 1－1　自定义 Dreamweaver CS6 的操作界面，并保存。

(1)启动 Dreamweaver CS6，单击主界面中的 HTML 链接，新建一个空白的网页文档，如图 1－19 所示。

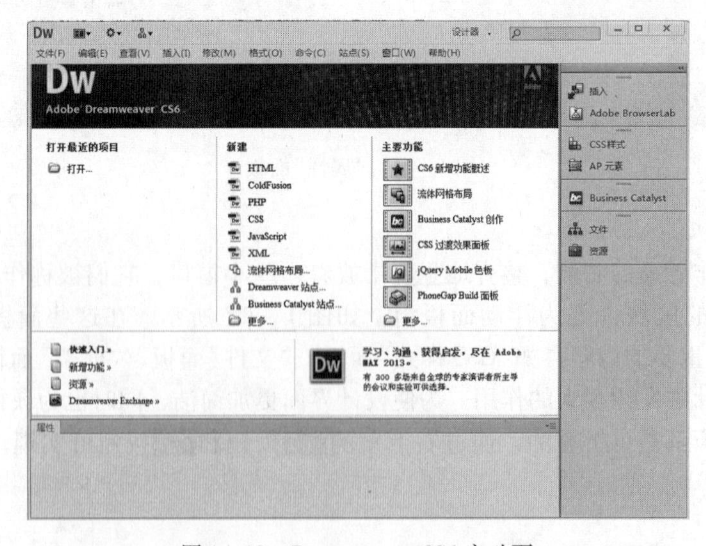

图 1－19　Dreamweaver CS6 启动页

(2)选择“窗口”/“工作区布局”/“经典”命令，切换到经典模式工作界面，如图1－20所示。

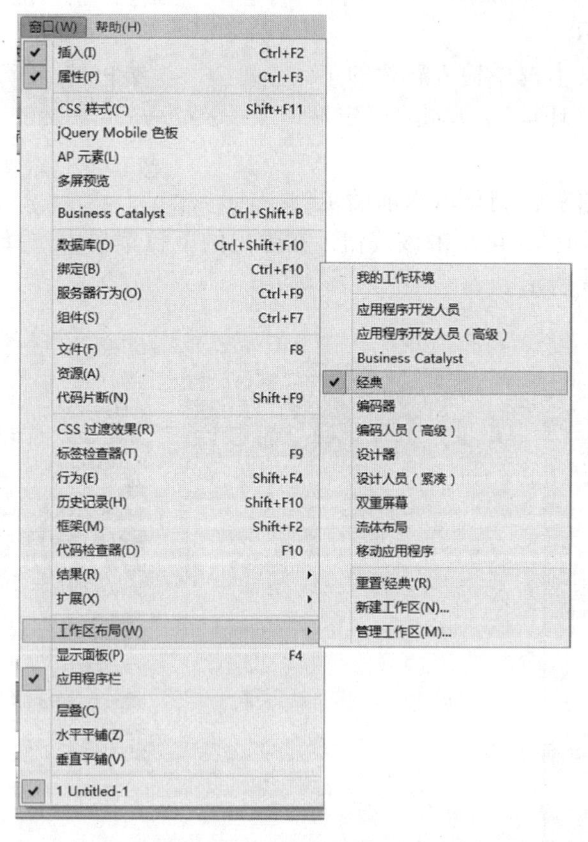

图1－20 “窗口”/“工作区布局”命令

(3)拖动右侧浮动面板组中的“文件面板”到左侧，如图1－21所示。

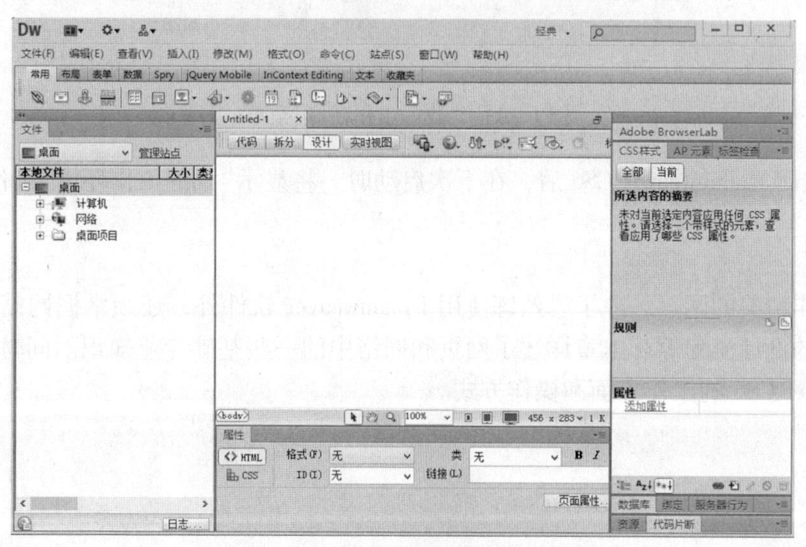

图1－21 移动“文件面板”到左侧

(4)选择“窗口”/“工作区布局”/“新建工作区”命令，打开“新建工作区”对话框，如图1－22所示。

(5)在“名称”文本框中输入新建的工作区名称“我的工作环境”，单击“确定”按钮。

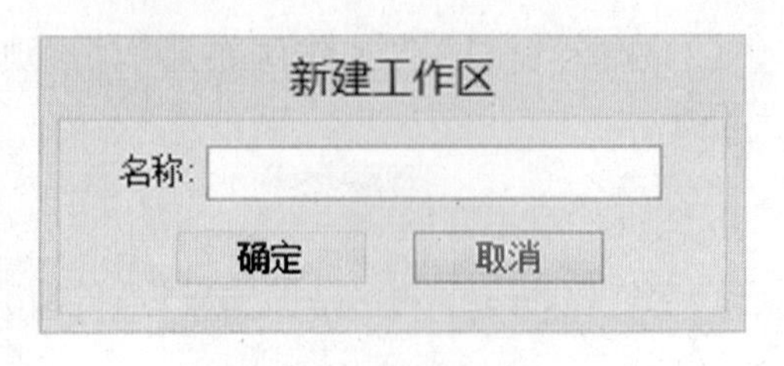

图1－22　新建工作区

(6)此时在标题栏右侧显示当前的工作环境“我的工作环境”，可单击该按钮，在弹出的下拉菜单中选择命令，切换相应的工作区，如图1－23所示。

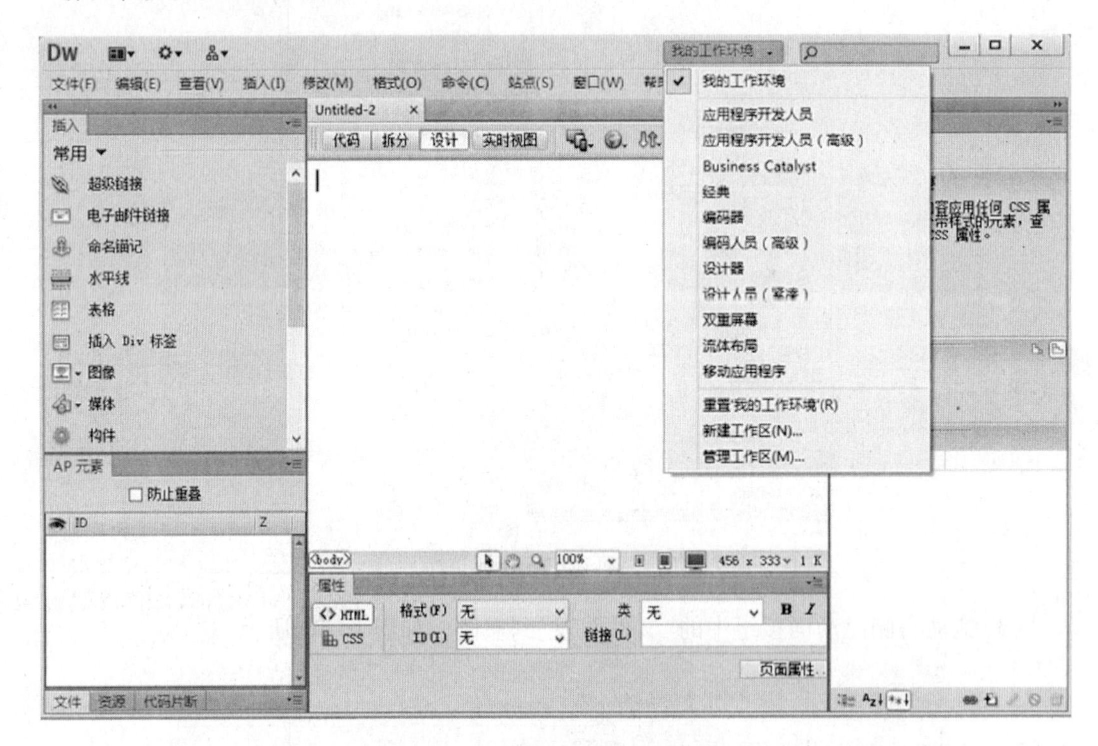

图1－23　“我的工作环境”菜单

(7)关闭Dreamweaver CS6后，在下次启动时，将显示“我的工作环境”工作区。

本章小结

要制作精美的网页，除了要熟练使用Dreamweaver软件外，还须掌握网站的基础知识、网页的设计流程等。本章详述了网页和网络中的一些基础专业知识。同时，介绍了Dreamweaver CS6的工作界面和操作方式。

2 创建站点和页面

2.1 站点的规划

在创建站点前，一定要对站点进行合理的规划，这样才能轻松地管理站点中的网页文件，提高工作效率。一般来说，在规划站点结构时，应遵循以下一些规则。

2.1.1 规划站点的目录结构

为了更合理地管理站点中的网页文件，需将文件分门别类地存放在相应的文件夹中，这就是规划站点的目录结构。网站目录结构的好坏对于网站的管理和维护至关重要。如果将一切网页文件都存放在一个文件夹中，当站点的规模越来越大时，管理起来就会很困难。

用文件夹来合理构建网页文件的结构时，应先为站点在本地磁盘上创建一个根文件夹；然后根据网站的栏目在根文件夹中创建相关的子目录。站点的每个栏目目录下都应创建 Image、Music 和 Flash 文件夹，以存放图像、音乐和 Flash 文件。

知识点 1

避免目录层次太深。网站目录的层次最好不要超过 3 层，因为目录层次太深不利于维护与管理。

2.1.2 合理命名文件

为了方便管理，文件夹和文件的名称最好有具体的含义。这点非常重要，特别是在网站的规模变得很大时，若文件名容易理解，浏览者一看就明白网页描述的内容。否则，随着站点中文件的增多，不易理解的文件名将会影响工作的效率。

另外，应尽量避免使用中文文件名，因为很多的 Internet 服务器使用的是英文操作系统，不能对中文文件名提供很好的支持，但可使用汉语拼音。

2.1.3 本地站点与远程站点结构统一

为了方便维护和管理，在设置本地站点时，应将本地站点与远程站点的结构设计保持一致。将本地站点上的文件上传到服务器上时，需保证本地站点是远程站点的完整拷贝，以免出错，也便于对远程站点的调试与管理。

例2－1 规划个人网站的站点目录结构(可参考教学视频)。

(1)在本地计算机的D盘中创建一个文件夹，命名为mysite，该文件夹就是本地站点。

(2)打开mysite文件夹，在根文件夹中分别创建"Introduce""Album""Works""Contact"四个子文件夹用于存放网站相应栏目"个人介绍""个人相册""个人作品"和"联系我"的网页文件。

(3)打开"Works"文件夹，在该文件夹中分别创建"Photoshop""3D""Photograph"三个子文件夹用于存放"平面作品""3D作品"和"摄影作品"栏目网页文件。

(4)根据在本地计算机中创建的文件夹，个人网站的站点目录结构如图2－1所示。

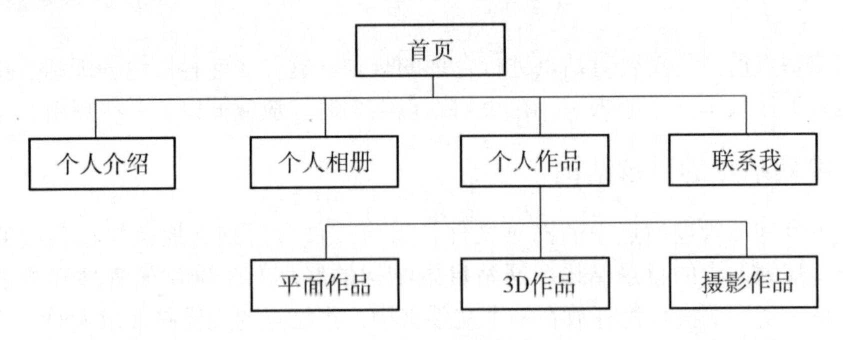

图2－1 个人网站的站点目录结构

2.2 站点的操作

2.2.1 创建本地站点

在完成了站点的规划后，就可正式进行Dreamweaver CS6的网站制作了。首先要创建一个"站点"。

从菜单中选择"站点"/"新建站点"，弹出如图2－2所示的对话框。

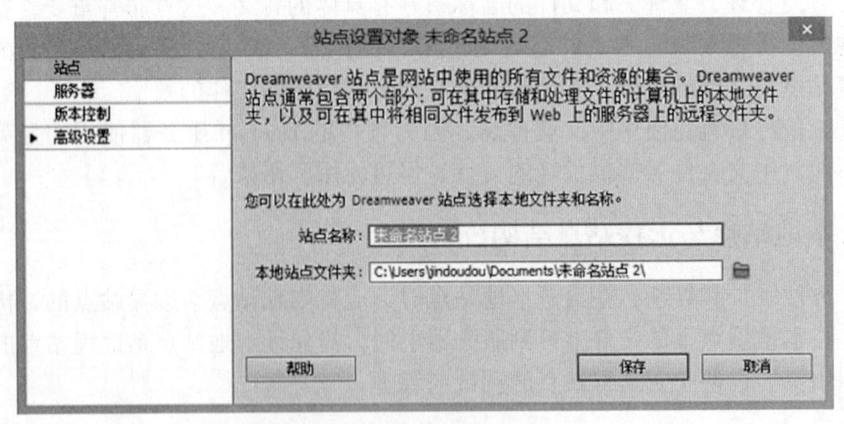

图2－2 "新建站点"对话框

1. 站点

站点名称：设置站点的名称。

本地站点文件夹：输入完整的路径名称，或单击文件夹图标打开“选择根文件夹”对话框，选择文件路径名，单击“选择”按钮。

知识点 2

在 Dreamweaver 中都是以本地站点作为所有操作环境的，并自动进行修改，因此在操作前首先要创建本地站点。

2. 服务器

如图 2－3 所示，在“服务器”选项面板中单击左下角的“＋”按钮，将进行远程服务器的相关设置。

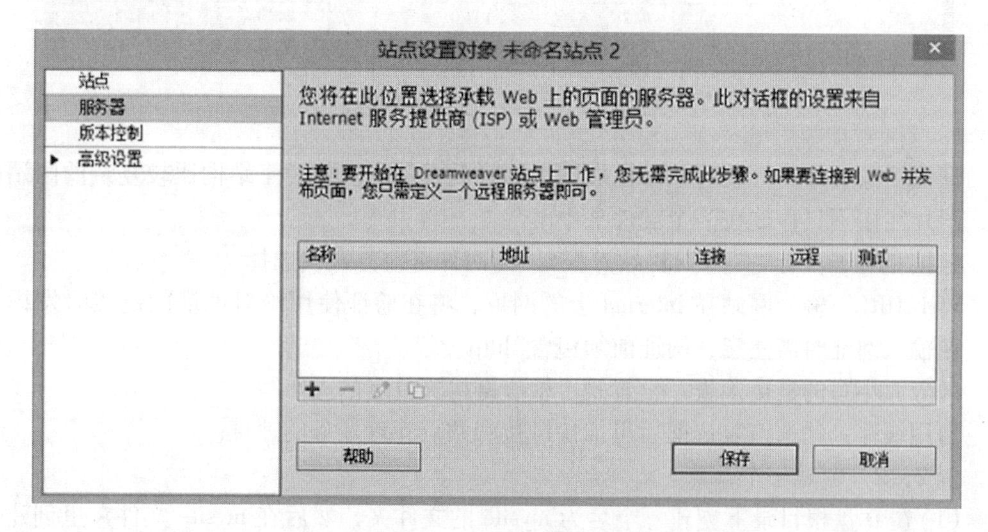

图 2－3 “服务器”选项面板

服务器名称：指定新服务器的名称。该名称可以是所选择的任何名称。

连接方法：在设置远程文件夹时，须为 Dreamweaver 选择连接方法，以将文件上传和下载到 Web 服务器。一般采用 FTP 方式。

FTP 地址：输入要将网站文件上传到 FTP 服务器的地址。

用户名、密码：输入用于连接 FTP 服务器的用户名和密码。

测试：测试 FTP 地址、用户名和密码。

根目录：输入远程服务器上用于存储公开显示的文档的目录（文件夹）。

Web URL：输入 Web 站点的 URL。Dreamweaver 使用 Web URL 创建站点根目录相对链接，并在使用链接检查器时验证这些链接。

更多选项：可设置更多项目，如是否使用被动式 FTP、是否使用 IPv6 传输模式。

3. 高级设置

如图 2－4 所示，在“高级设置”下可设置默认存放网站图片的文件夹。

站点设置对象 未命名站点 2

站点
服务器
版本控制
高级设置
本地信息
遮盖
设计备注
文件视图列
Contribute
模板
Spry
Web 字体

默认图像文件夹：

站点范围媒体查询文件：

链接相对于：文档 站点根目录

Web URL：http://

如果没有定义远程服务器，请输入 Web URL。如果已定义远程服务器，Dreamweaver 将使用服务器设置中指定的 Web URL。

区分大小写的链接检查

启用缓存

缓存中保存着站点中的文件和资源信息。这将加快资源面板和链接管理功能的速度。

帮助 保存 取消

图2－4 “高级设置”选项面板

默认图像文件夹：设置默认存放网站图片的文件夹。但对于结构比较复杂的网站而言，图片往往不只存放在一个文件夹中。

链接相对于：有“文档”和“站点根目录”两种链接方式供选择。

Web URL：输入网站在 Internet 上的网址，将在验证使用绝对地址的链接时发挥作用。在输入网址时需注意，网址前须包含“http：//”。

区分大小写的链接检查：设置是否检查链接文件名的大小写。

启用缓存：钩选该复选框后可加快链接和站点管理任务的速度。

例2－2 创建一个站点。

(1)在 D 盘根目录下创建一个名为 mysite 的文件夹，然后在 mysite 文件夹里创建一个名为 images 的文件夹，用来存放网站中用到的图像文件。

(2)启动 Dreamweaver CS6，执行“站点”/“新建站点”菜单命令，打开“新建站点”对话框，在“站点名称”文本框中输入“mysite”，如图 2－5 所示。

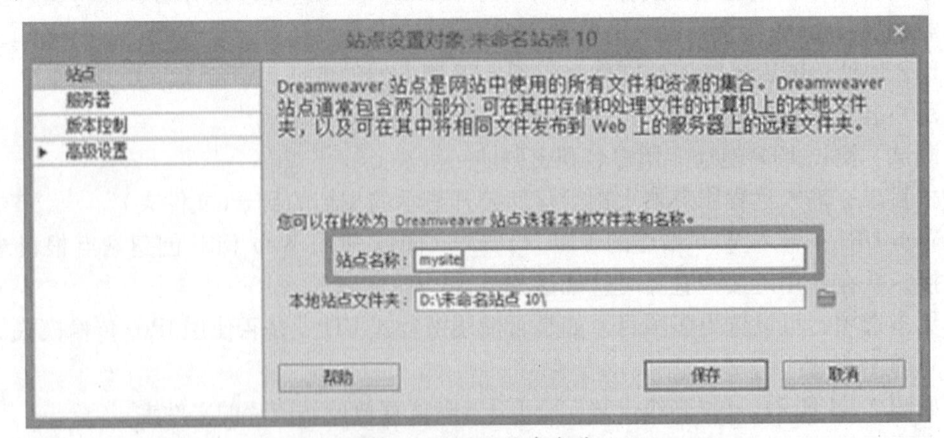

图2－5 设置站点名称

(3)在“本地站点文件夹”文本框中输入在D盘创建好的mysite文件夹的路径，或单击后面的 图标进行浏览选择，如图2－6所示。

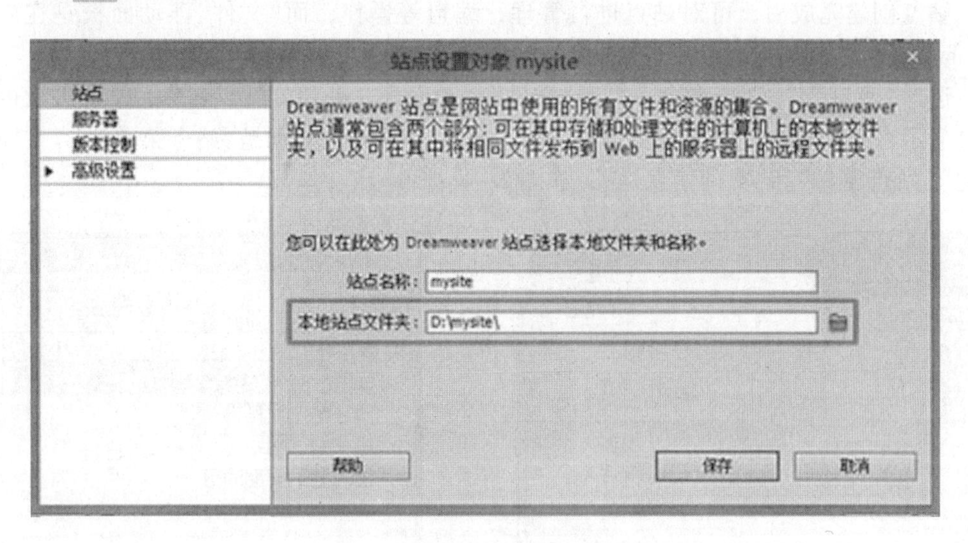

图2－6　设置本地站点文件夹

(4)选择“高级设置”，在“默认图像文件夹”文本框中输入在D盘创建好的mysite文件夹下的images文件夹的路径，或单击后面的 图标进行浏览选择，如图2－7所示。

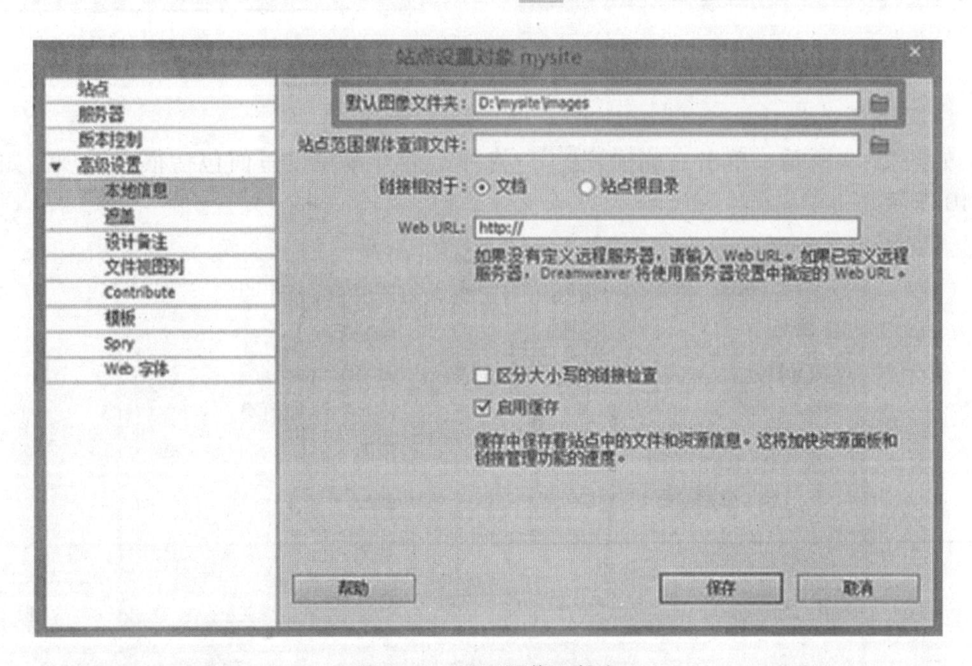

图2－7　设置图像文件夹

(5)完成所有设置后，单击“保存”按钮，完成站点的建立。

2.2.2 “文件”浮动面板

站点创建完成后，可对站点进行管理、编辑等操作，而“文件”浮动面板是在应用Dreamweaver编辑站点时使用最多的浮动面板。

选择“窗口”/“文件”命令，打开“文件”浮动面板。新建的站点名称、文件夹及内容都会显示在该面板中。该面板由上到下可分成4个部分，分别是“站点菜单栏”“快捷工具栏”“站点窗口”和“文件信息栏”，如图2-8所示。

图2-8 “文件”浮动面板

图2-9 “文件”面板右侧标记

1. 站点菜单栏

如图2-9所示，单击右侧标记，将弹出展开菜单，里面包括很多选项，如图2-10所示。

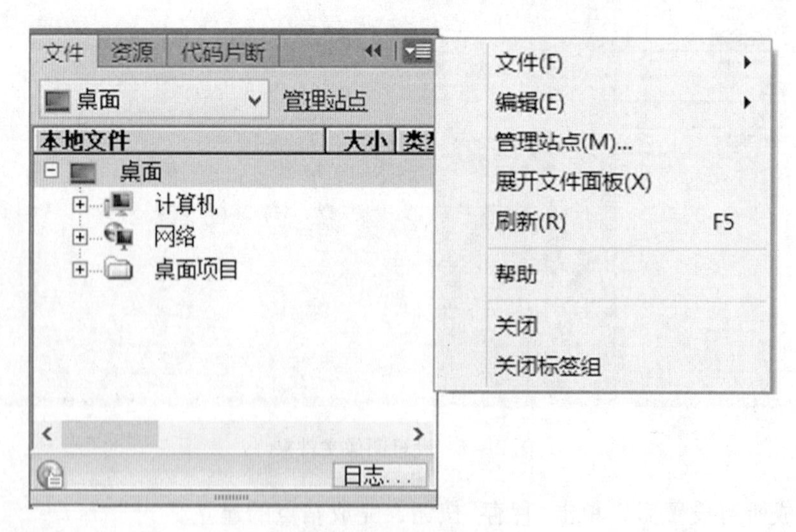

图2-10 展开菜单

2. 快捷工具栏

“站点菜单栏”的下面是“快捷工具栏”，如图 2－11 所示。它可分成上下两部分。

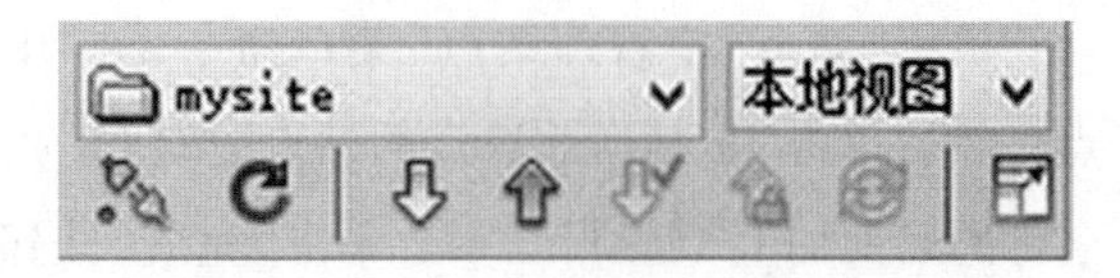

图 2－11　快捷工具栏

上面部分由两个下拉式列表框组成，左侧列表列出了本地计算机的所有磁盘分区和所有存在的站点名称，右侧列表列出了“站点窗口”可显示的 4 种视图方式。

下面部分由从左到右排列的 7 个快捷工具按钮组成。

3. 站点窗口

站点窗口显示站点名称及结构，并通过“站点菜单栏”命令或右击鼠标显示的命令编辑其中的文件。

4. 文件信息栏

文件信息栏显示本地文件的一些信息，如图 2－12 所示。

图 2－12　文件信息栏

2.2.3　管理站点

1. 编辑站点

执行“站点”/“管理站点”菜单命令，在打开的“管理站点”对话框中选择要编辑的站点，然后单击“编辑当前选定的站点”按钮，在打开的“站点设置”对话框中可修改站点的名称、更改站点的位置，完成后单击“保存”按钮即可。

用户还可单击“文件”浮动面板上的站点下拉列表，从中选择“管理站点”命令，然后再进行编辑操作，如图 2－13 所示。

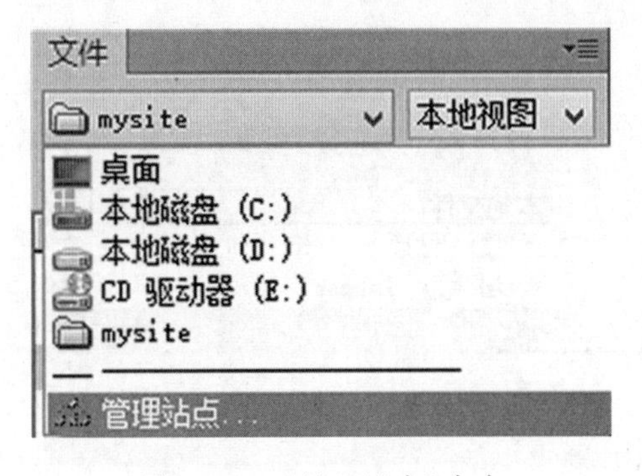

图 2－13　“管理站点”命令

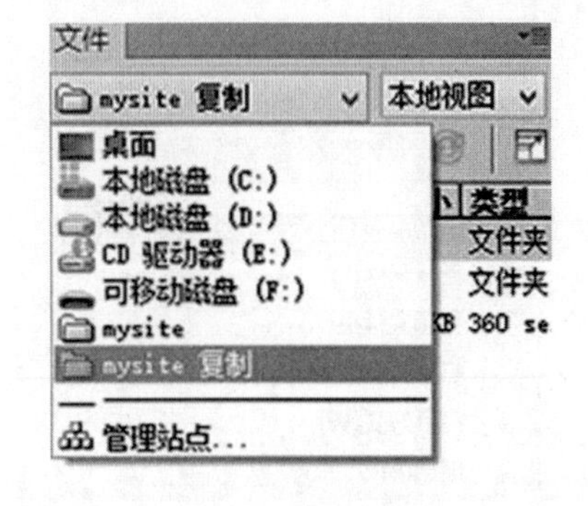

图 2－14　复制的站点

2. 复制站点

在 Dreamweaver CS6 中，如果需把一个站点复制一份或多份，可以直接选择“复制”

命令，而不必重新建立一个站点。

执行“站点”/“管理站点”菜单命令，打开“管理站点”对话框，选中将要复制的站点，然后单击“复制当前选定的站点”按钮，即可复制一个站点，复制的站点会在原名称的后面加上“复制”二字。单击“完成”按钮，即可在“文件”浮动面板中显示复制的站点，如图 2－14 所示。

3. 删除站点

如果不再需要某个站点时，可将这个站点删除。

执行“站点”/“管理站点”命令，打开“管理站点”对话框，选择要删除的站点，然后单击“删除当前选定的站点”按钮，在弹出的确定对话框中单击“是”按钮，返回“管理站点”对话框，单击“完成”按钮，该站点被删除。

2.3 设置页面

2.3.1 首页

每个网站都有一个首页，在功能上，它代表着一个网站的风格与特色；在网站架构上，它代表了网站的第一层架构，至于网站上其他的 Web 页，原则上都必须通过首页来链接散播出去，因此首页是非常重要的。

首页是打开网站后浏览器中显示的第一个页面。它起什么名字通常要视 Server 端的设置而定，一般有 index. html、default. html、main. html 和 home. html 等，目前主要以 index. html 居多，其中后缀名为 htm 也是正确的。

例 2－3 创建首页。

(1)在“文件”浮动面板中，选中站点，然后右击鼠标，在弹出的菜单中选择“新建文件”菜单，如图 2－15 所示。

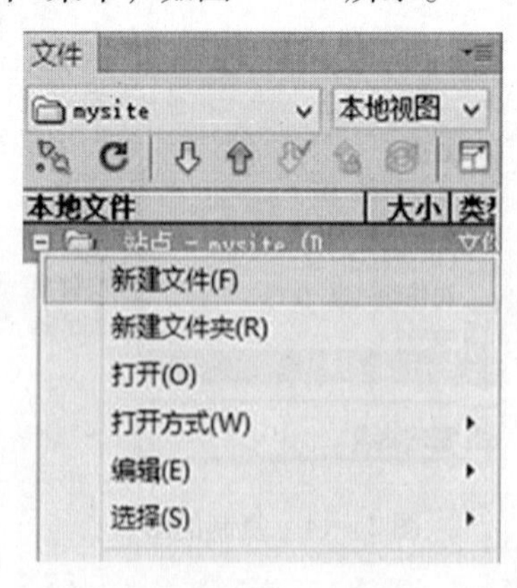

图 2－15 在“文件”面板新建文件

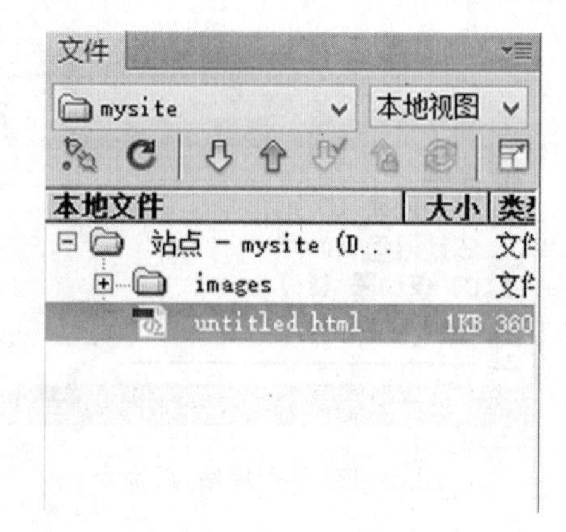

图 2－16 新建的页面

(2)此时站点中会出现一个“untitled. html”页面，如图 2－16 所示。

(3)将该页面重新命名为 index. html，这样首页就创建完成了，如图 2－17 所示。

创建首页的操作步骤，同样适合用来创建站点中的其他页面。

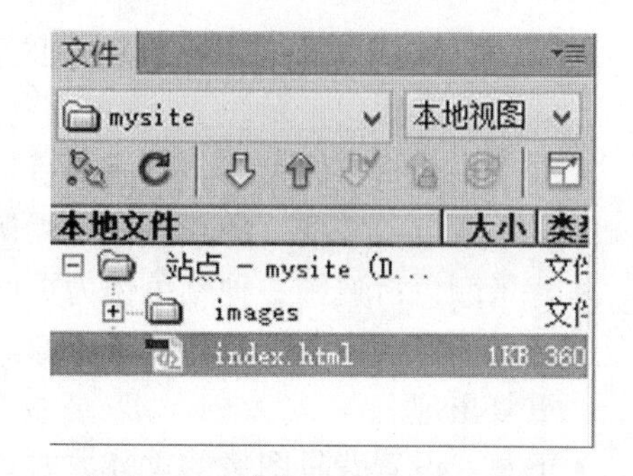

图 2－17　命名 index. html 的页面

2. 3. 2　设置网页属性

页面属性包括网页中文本的颜色、网页的背景颜色、背景图像、页边距等。

双击“文件”浮动面板中新建的 index. html 页面，将该页面处于编辑状态，执行“修改”/“页面属性”菜单命令或在“属性”面板上单击“页面属性”按钮，打开“页面属性”对话框，如图 2－18 所示。

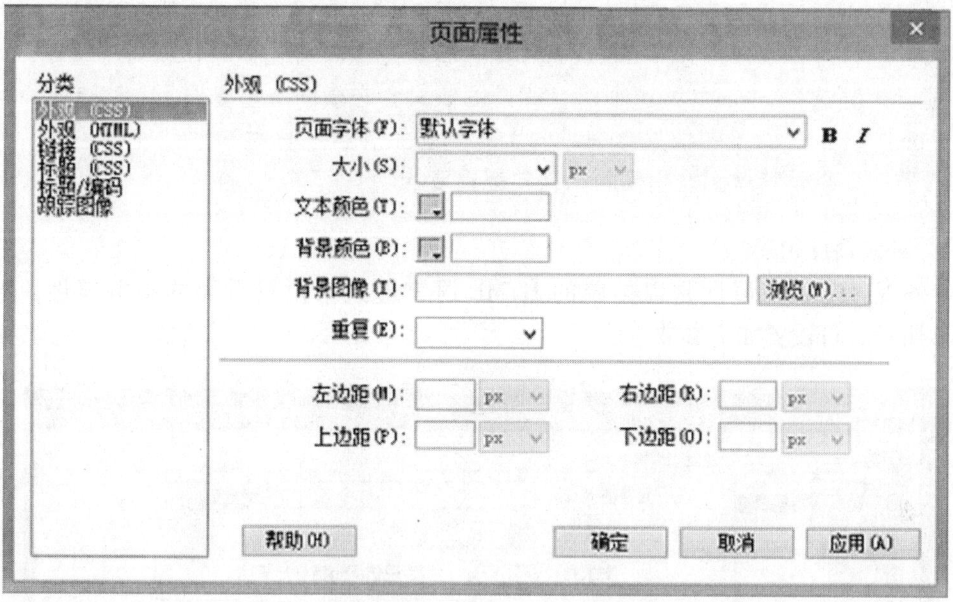

图 2－18　“页面属性”对话框

知识点 3

按快捷键 Ctrl + J 能快速打开“页面属性”对话框。

在“页面属性”对话框中，左侧窗口显示“分类”，其中包括了“外观”“链接”“标题”“标题/编码”“跟踪图像”5 项，右侧窗口则显示各分类中可设置的项目。下面将对每个分类进行介绍。

1. 外观(CSS)

在“页面属性”对话框的“外观(CSS)”选项面板中可以设置网页文件中的文字、背景色、背景图像、页边距等外观，如图 2－18 所示。

- 页面字体：选择应用在页面中的字体。选择“默认字体”选项时，表示为浏览器的基本字体。
- 大小：选择字体大小。页面中适当的字体大小为12像素或10磅。
- 文本颜色：选择一种颜色作为默认状态下文本颜色。
- 背景颜色：选择一种颜色作为页面背景颜色。
- 背景图像：设置文档的背景图像。若背景图像小于文档大小，则会配合文档大小重复出现。
- 重复：设置背景图像的重复方式。
- 左边距、右边距、上边距、下边距：在每一项后面选择一个数值或直接输入数值，设置页面元素同页面边缘的间距。

知识点4

在“重复”的下拉列表中选择 no－repeat 选项时，背景图像将不会重复，只在页面上显示一次；当选择 repeat 选项时，背景图像将会在横向和纵向上重复显示；当选择 repeat－x 选项时，背景图像只会在横向上重复显示；当选择 repeat－y 时，背景图像只会在纵向上重复显示。当没有对“重复”选项进行设置时，默认背景图像是横向和纵向都重复的。

2. 外观(HTML)

“外观(HTML)”属性是以传统的 HTML 语言形式来设置页面的基本属性，如图 2－19 所示，可设置如下参数。

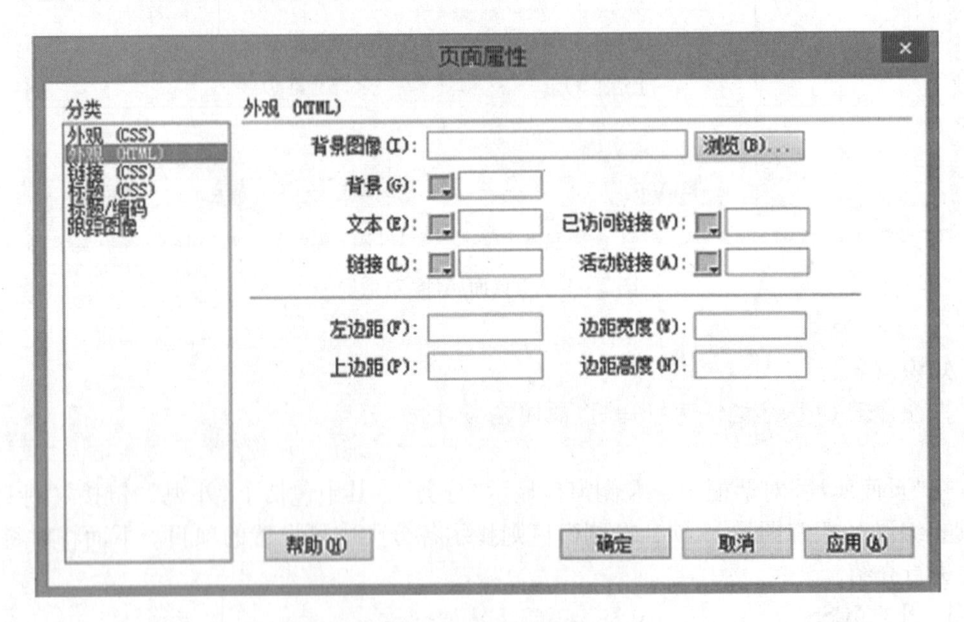

图 2－19　外观(HTML)

- 背景图像：设置文档的背景图像。
- 背景：选择一种颜色，作为页面背景色。
- 文本：设置页面默认的文本颜色。
- 链接：定义超链接文本在默认状态下的字体颜色。
- 已访问链接：页面被访问后的链接文字颜色。
- 活动链接：定义活动链接的颜色。
- 左边距、上边距：设置页面元素同页面边缘的间距。
- 边距宽度、边距高度：针对 Netscape 浏览器设置页面元素同页面边缘的间距。

3. 链接(CSS)

在"页面属性"对话框的"链接(CSS)"选项面板中可设置与文本链接相关的各种参数，如图 2-20 所示。可设置网页中的超链接、访问过的链接、活动链接的颜色。为了统一设计风格，每个网页中文本的颜色、超链接的颜色、访问过的超链接的颜色和激活的超链接的颜色最好都一致。

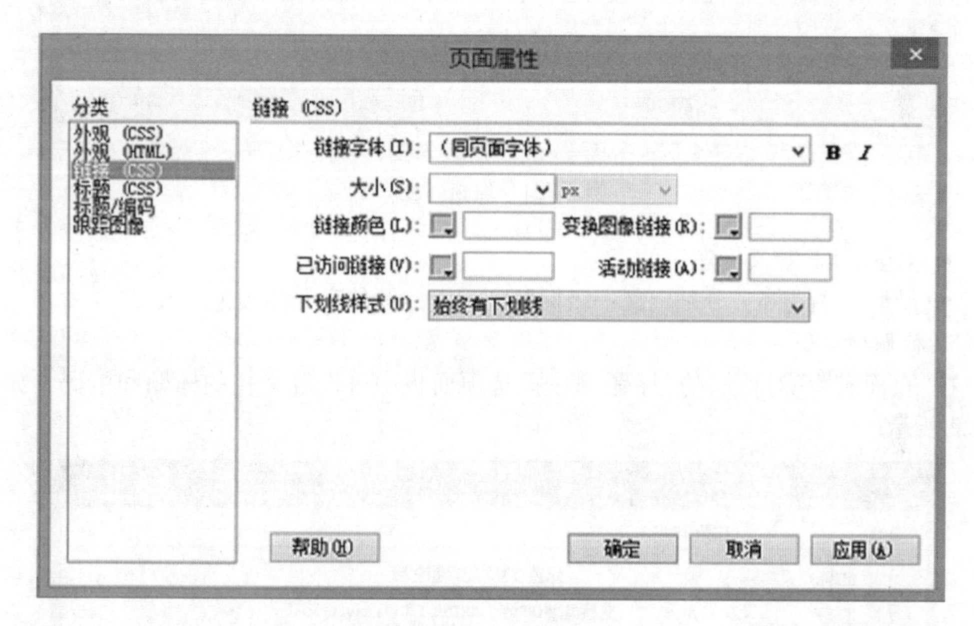

图 2-20 链接(CSS)

- 链接字体：指定区别于其他文本的文本链接。在没有另外设置字体的情况下，指定与文档相同的字体。
- 大小：设置文本链接的字体大小。
- 链接颜色：指定文本链接的字体颜色，可更改蓝色的文本链接颜色。
- 变换图像链接：指定光标移动到文本链接上方时改变的文本字体颜色。
- 已访问链接：指定访问过一次的文本链接的字体颜色。
- 活动链接：指定单击文本链接的同时发生变化的文本字体颜色。
- 下划线样式：设置文本链接是否显示下划线。没有设置下划线样式属性时，默认值为在文本中显示下划线。

4. 标题(CSS)

在"页面属性"对话框的"标题(CSS)"选项面板中可设置标题字体的一些属性，如图2－21所示。

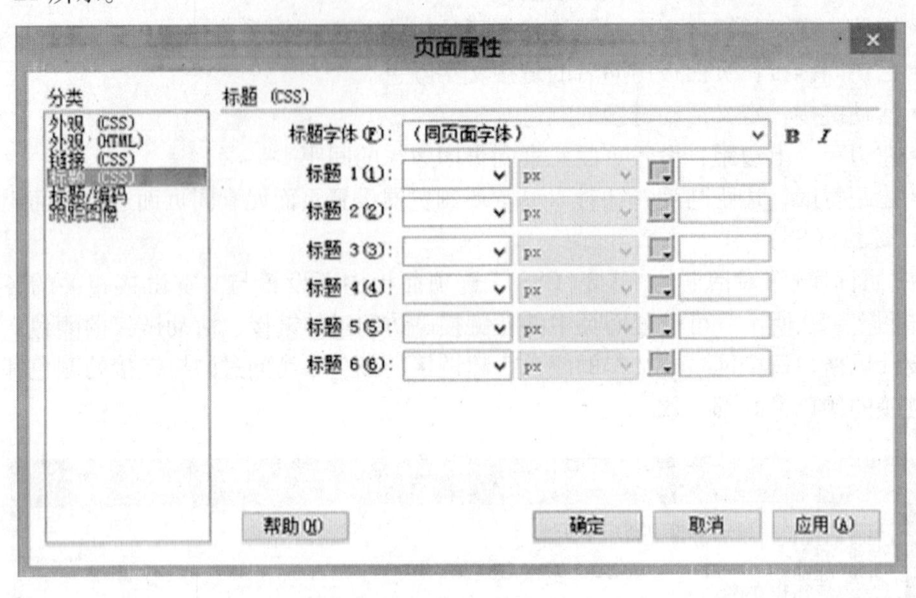

图2－21　标题(CSS)

- 标题字体：定义标题字的字体。
- 标题1～标题6：分别定义一级标题到六级标题的字号和颜色。

5. 标题/编码

在"页面属性"对话框的"标题/编码"选项面板中可设置文档的标题和编码，如图2－22所示。

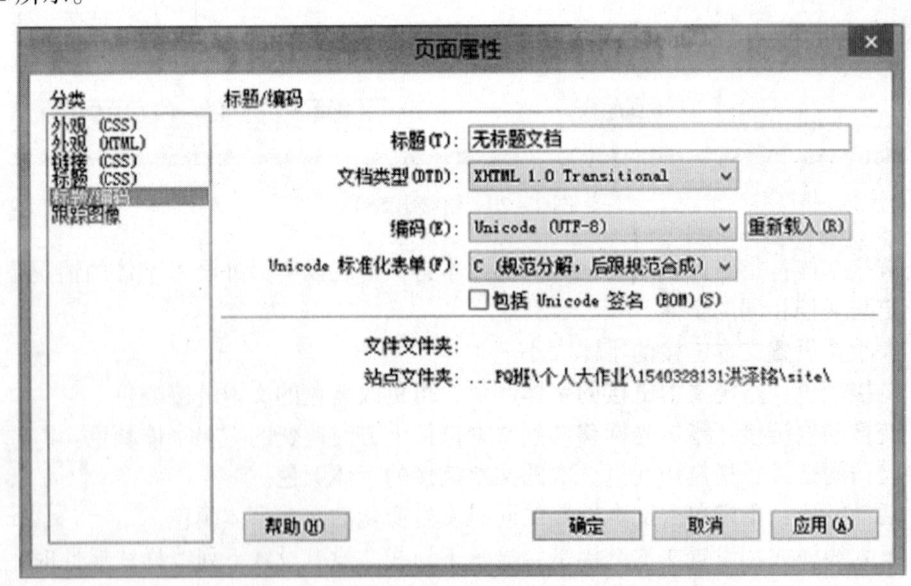

图2－22　标题/编码

- 标题：输入文档的标题，也可在文档窗口工具条的“标题”文本框中直接输入。
- 文档类型：设置页面的 DTD 文档类型。
- 编码：定义页面使用的字符集编码。
- Unicode 标准化表单：设置表单标准化类型。
- 包括 Unicode 签名(BOM)：表单标准化类型中包括 Unicode 签名。

6. 跟踪图像

在制作网页前，设计人员有时会用绘图工具绘制一幅设计草图，相当于为设计网页打草稿，Dreamweaver 可将这种设计草图设置成跟踪图像，铺在当前编辑的网页下面作为背景，用于引导网页的布局设计。

在“跟踪图像”选项面板中可设置如图 2－23 所示的跟踪图像属性。

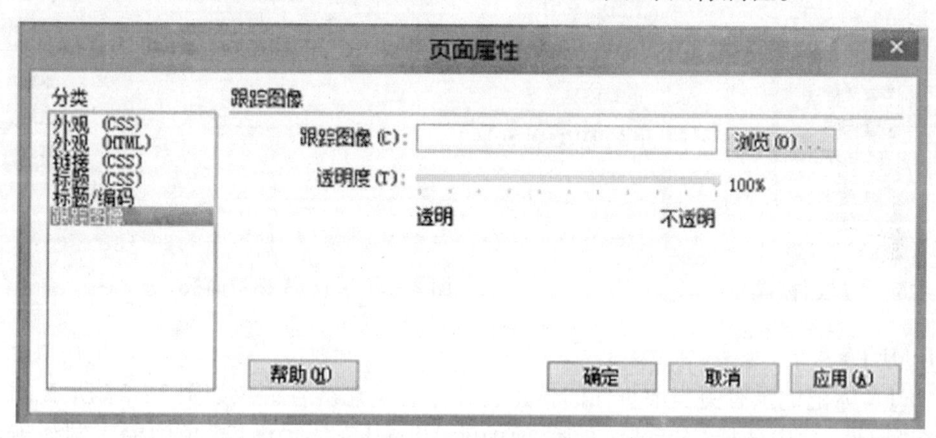

图 2－23　跟踪图像属性

- 跟踪图像：可为当前制作的网页添加跟踪图像，单击“浏览”按钮，可在打开的对话框中选择图像源文件。
- 透明度：调节跟踪图像的透明度，可通过拖动滑块来实现。

2.3.3　查看和编辑页面头内容

一个网页文件在结构上实际是由两部分组成的，头内容(head)和主体内容(body)。头内容(head)是除文档标题外的不可见部分，包含有文档类型、语言编码、搜索引擎的关键字和内容指示器以及样式定义等重要信息，这些元素并不是每个页面都需要的。主体内容(body)是文档的主要部分，也是包含文本和图像等的可见部分。

执行“窗口”/“插入”菜单出现“插入”面板，如图 2－24 所示。

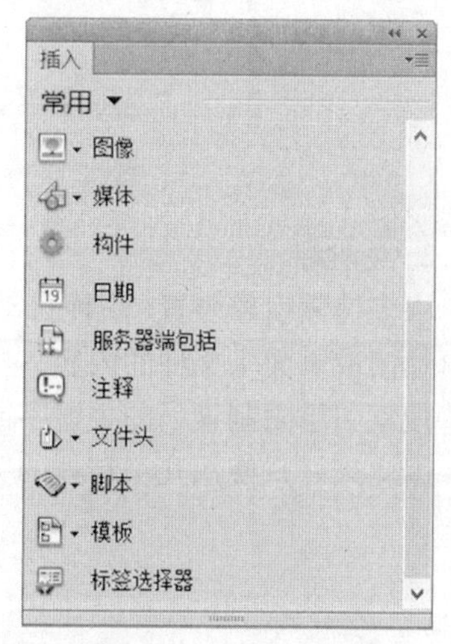

图 2－24　“插入”面板

可用鼠标拖动“插入”面板至“菜单栏”下面形成“插入快捷栏”，如图 2－25 所示。

图 2－25　插入快捷栏

鼠标点击“头文件：基础”按钮，会弹出如图 2－26 所示的菜单，该项中列出的就是可插入的头内容。

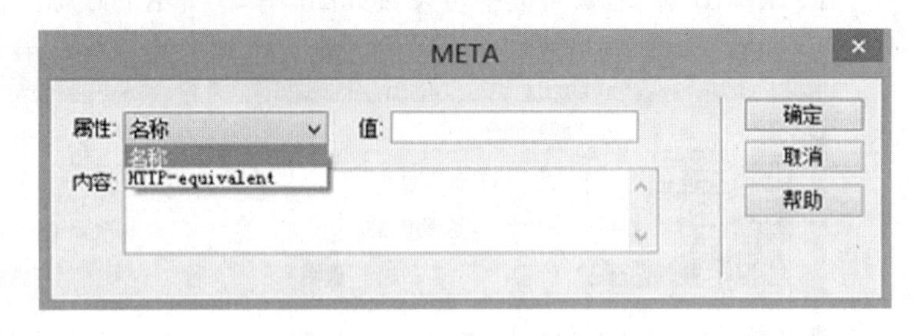

图 2－26　“头文件”菜单

图 2－27　META 标记面板

1. META

META 标记记录有关当前页面的信息，如作者信息。各参数如图 2－27 所示。

在“属性”项中选择“名称”，“值”项中输入“author”，“内容”项中输入制作者的姓名，这样网页设计与制作的信息就设定好了，如图 2－28 所示。

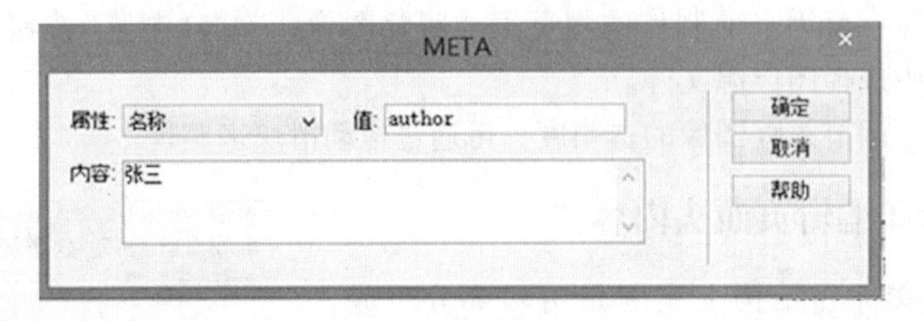

图 2－28　设置作者姓名

2. 关键字

许多搜索引擎装置(一种自动浏览网页，为搜索引擎收集的信息编入索引的程序)可自动读取页面头文件的内容，并使用该信息在它们的数据库中将页面编入索引。由于有些搜索引擎限制索引的关键字或字符数目，当超过限制数目时，它将忽略所有的关键字，因此最好只使用几个精选的关键字，多个关键字间用逗号隔开，如图 2－29 所示。

图 2－29　关键字面板

3. 说明

许多搜索引擎装置可自动读取页面头文件的内容，并使用该信息在它们的数据库中将页面编入索引，而有些还可在搜索结果页面中显示该信息，如图 2－30 所示。

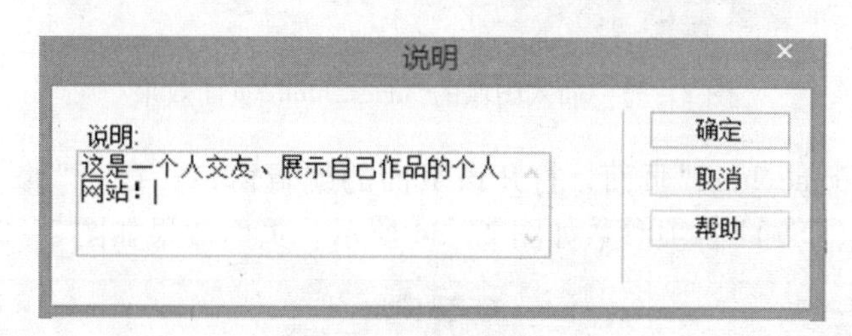

图 2－30　“说明”面板

4. 刷新

使用刷新功能可指定浏览器在一定时间后自动刷新页面，即重新载入页面或跳转到不同的页面。该元素通常用于 URL 已改变的文本，将用户从一个 URL 重新定向到另一个 URL。

例 2－4　欢迎页面显示 3 秒后自动进入网站首页。

(1)新建一个站点 site1，并设置好站点及图像文件夹，如图 2－31 所示。

图 2－31　新建站点

图 2－32　新建两个页面

(2)选中站点，点击鼠标右键，新建两个文件，并分别命名为“welcome. html”和“index. html”，如图 2－32 所示。

(3)双击“index. html”页面，并打开该页面的编辑窗口，执行“插入”/“图像”命令，选中“第 2 章/例 2 - 4”文件夹下的图像 2_4. jpg，把该页面截图插入页面，效果如图 2 - 33 所示。

图 2 - 33　插入图像的“index. html”页面效果

(4) 双击“welcome. html”页面，打开该页面的编辑窗口，执行“修改”/“页面属性”命令，设置“外观(CSS)”各项参数如图 2 - 34 所示，页面效果如图 2 - 35 所示。

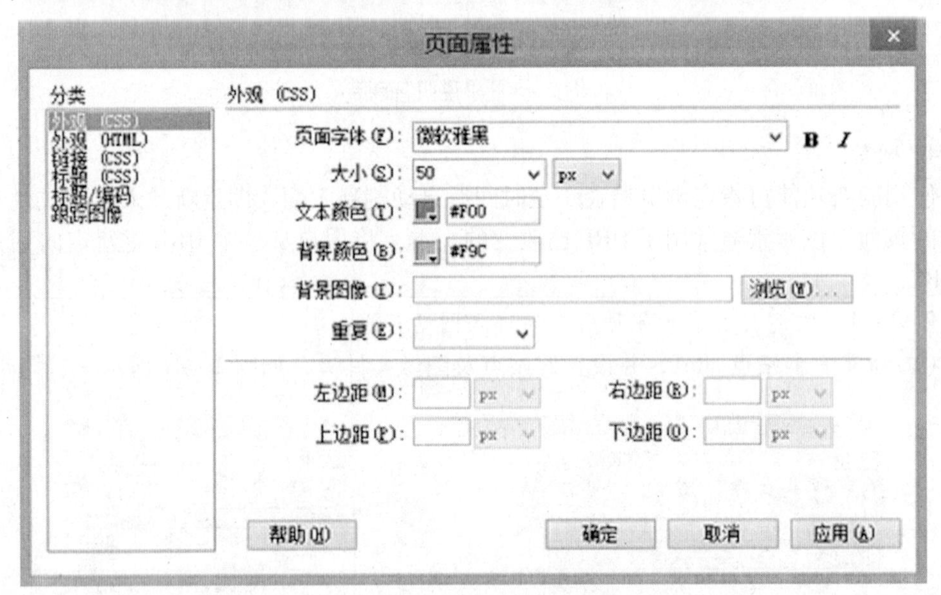

图 2 - 34　设置 welcome. html 页面属性

图 2 - 35　welcome. html 页面效果

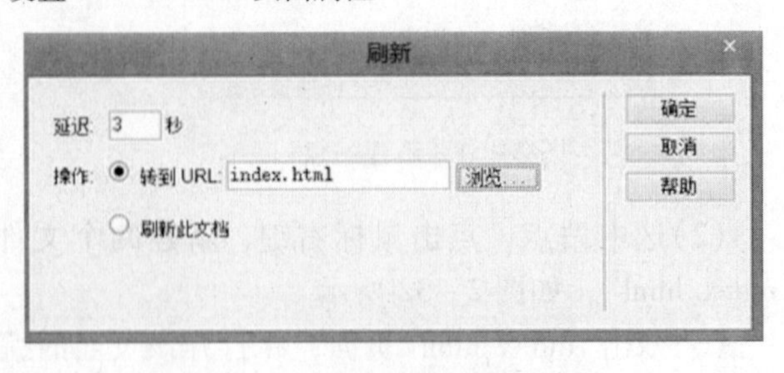

图 2 - 36　设置页面“刷新”参数

(5)点击“头文件：基础”图标，插入“刷新”，在弹出的刷新对话框中设置如图2-36所示参数。

(6)按F12键，并保存页面，在“欢迎”页面3秒后自动进入首页的目的就实现了。

5. 基础

网站内部文件间的链接都是以相对地址的形式出现的。例如，一个网页上大量的超链接都需在新窗口中打开，若每个超链接都单独设置新窗口打开，则会很麻烦，这时可在“基础”对话框中设置打开方式为在新窗口中打开，设置后该网页所有的超级链接都会在新的窗口中打开，如图2-37所示。

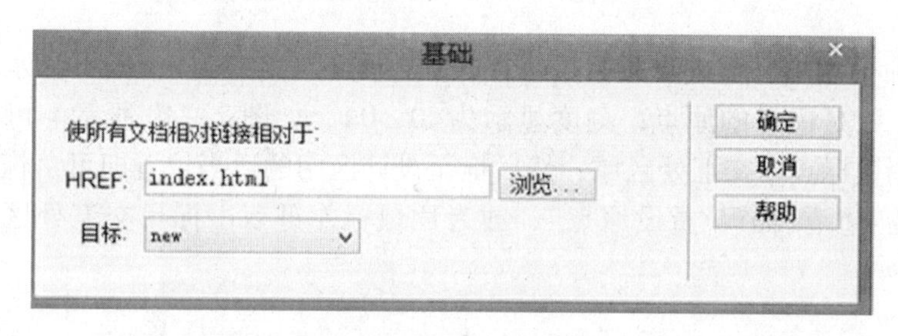

图2-37 “基础”面板

6. 链接

“链接”定义了网页间的链接关系。在HTML文档的头部可包含任意多个“链接”标记，如图2-38所示，在HREF文本框中，输入链接资源所在的URL地址。在ID文本框中输入“链接”标记的ID值。在“标题”文本框中输入对该链接关系的描述。在Rel和Rev文本框中，分别输入文档同链接资源的链接关系。

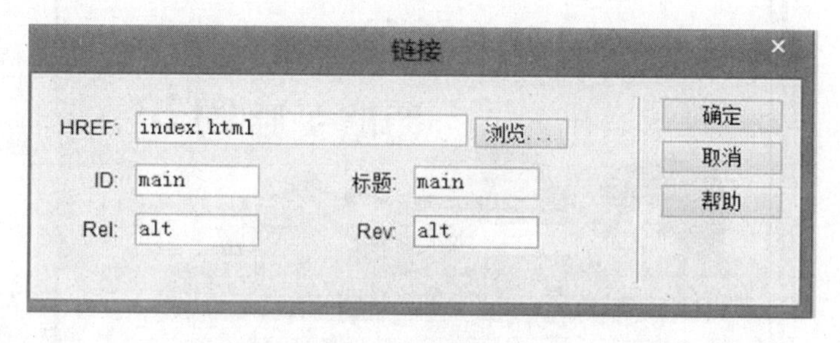

图2-38 “链接”面板

2.3.4 可视化辅助工具

在设计网页时常常需要设置页面元素的位置或对齐页面中的元素，Dreamweaver CS6为用户提供了“标尺”“网格”等辅助工具。

1. 标尺工具

利用标尺可精确地计算所编辑网页的宽度和高度，计算页面中图片、文字等页面元素与网页的比例，使网页能更符合浏览器的显示要求。标尺显示在页面的左边框和上边框中，以像素、英寸或厘米为单位，默认情况下标尺使用的单位是像素。

执行“查看”/“标尺”命令，可对标尺进行设置，如图2－39所示。

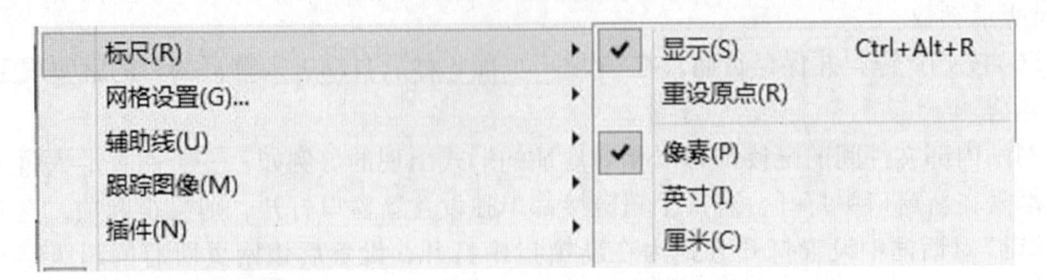

图2－39 “标尺”菜单

“显示”命令用来显示或隐藏标尺。在“重设原点”命令默认情况下，水平标尺和垂直标尺的交汇处是标尺的原点，刻度显示为(0，0)，如图2－40所示。可移动标尺原点，方法是用鼠标点中交汇处区域，然后拖至设计区中的适当位置即可。恢复的方法是选择菜单中的“查看/标尺/重设原点”，或者用鼠标左键双击标尺交汇处区域，也可完成该操作。

图2－40 标尺原点

“像素、英寸、厘米”是可选择的标尺单位。由于在页面显示中都使用“分辨率”这个概念，它的单位是像素，因此长度都以像素为单位。

2. 网格

网格是网页设计师在设计视图中对层进行绘制、定位或大小调整的可视化向导。通过对网格的操作，可让页面元素在移动时自动靠齐到网格，还可通过指定网格设置更改网格或控制靠齐方式。

可通过执行“查看”/“网格”命令来进行网格的设置，如图2－41所示。

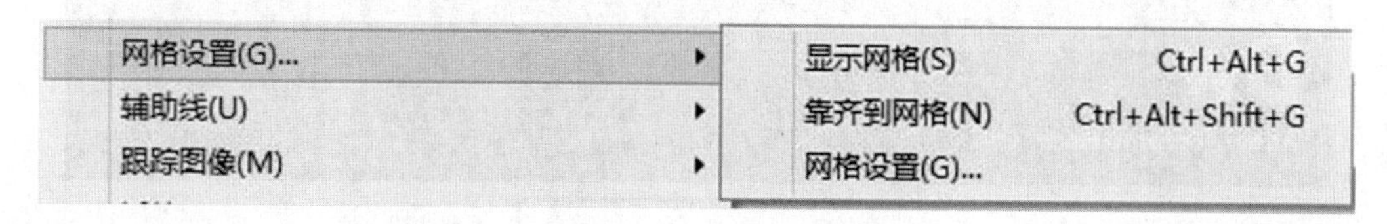

图 2－41 “网格”命令

- 显示网格：用来显示或隐藏网格。
- 靠齐到网格：选中后，在移动编辑页面中的对象时，对象将自动靠齐到网格。此功能多用于使多个物体间的间距相等。
- 网格设置：双击“网格设置”，可打开如图 2－42 所示对话框，可设置网格的颜色、间隔和显示。其中，“颜色”是指网格线的颜色，根据用户网页的需要，可通过改变它来更加清楚地显示网页结构。“颜色”下面还可再一次选择是否“显示网格”、是否“靠齐到网格”。“间隔”是指网格线与网格线之间的距离，也可理解为网格线划出的矩形的大小，单位可从“像素、英寸、厘米”中选择。“显示”中可选择是通过“线”的方式显示网格，还是通过“点”的方式显示网格。

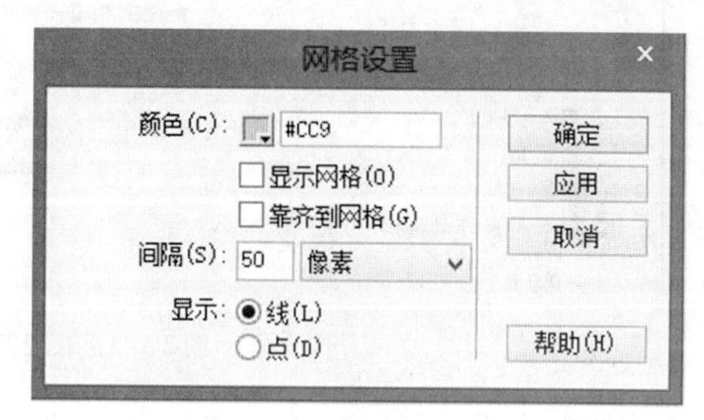

图 2－42 网格设置

2.4 页面的基本操作

2.4.1 新建页面

Dreamweaver CS6 创建新页面的方法有以下几种。

(1)启动 Dreamweaver 后，会出现一个欢迎界面，如图 2－43 所示。选择“新建”栏目下面的 HTML 选项，即可创建一个新的页面。

(2)执行“文件”/“新建”命令，或按下 Ctrl + N 键，打开“新建文档”对话框，如图 2－44 所示。在左侧的列表框中选择“空白页”选项，在“页面类型”列表框中选择 HTML 选项，在“布局”列表框中选择“无”选项，单击“创建”按钮，即可创建一个空白网页文档。

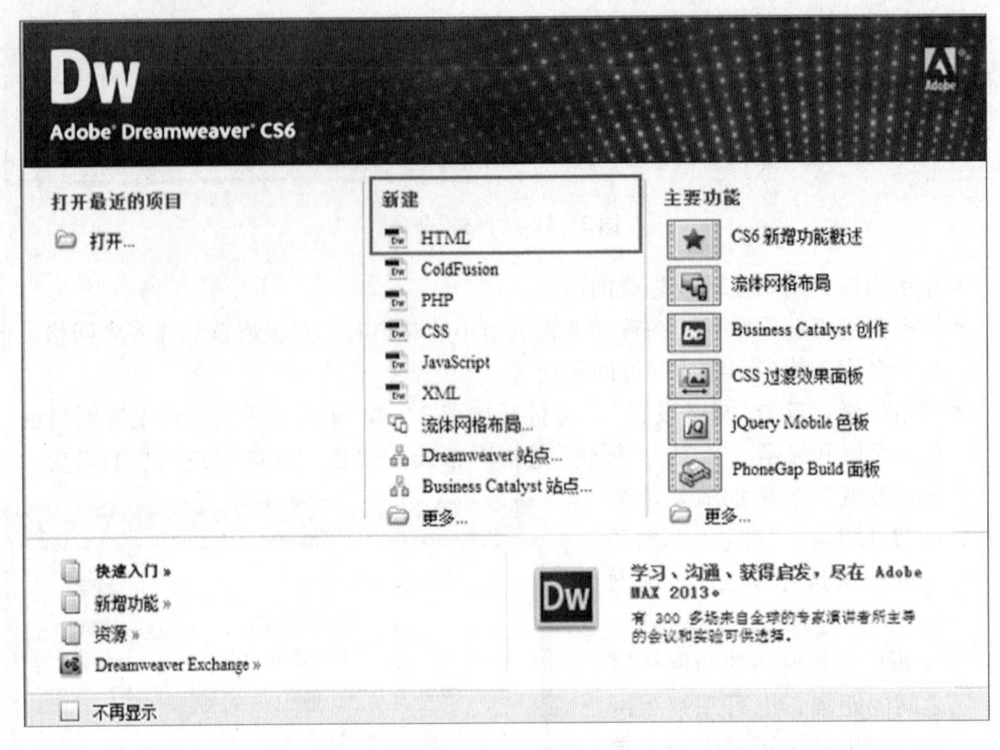

图 2－43　欢迎界面

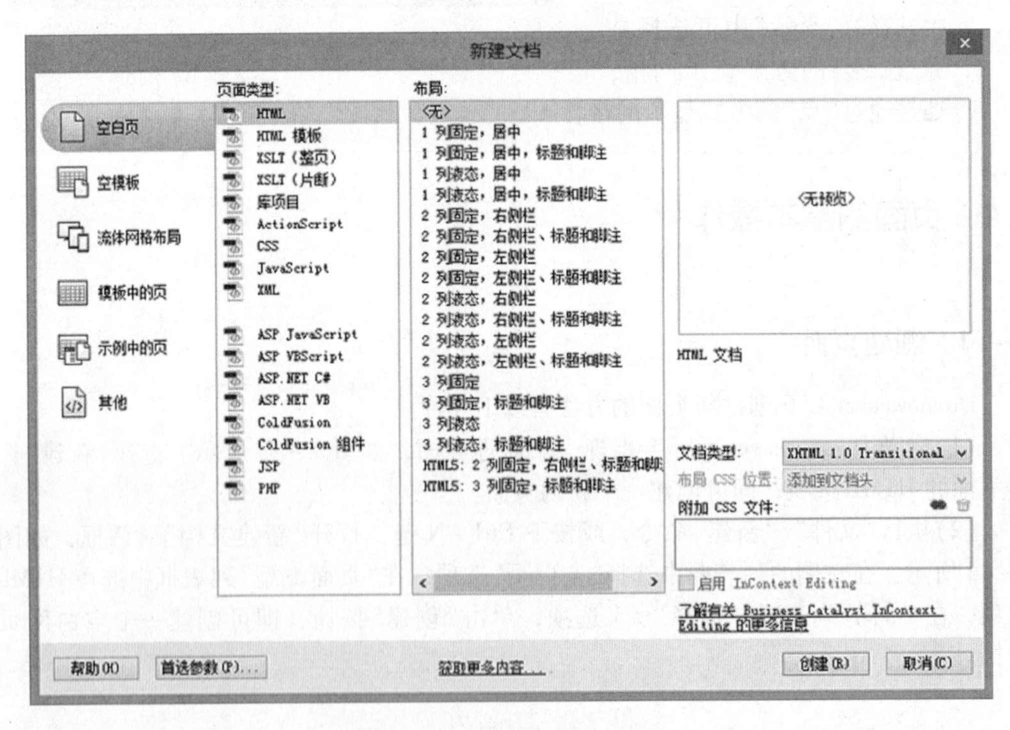

图 2－44　“新建文档”对话框

知识点 5
除了新建空白网页文档外，还可新建空模板网页文档、模板网页文档、示例网页文档和其他网页文档，方法与创建空白网页文档相同。

(3) 在“文件”面板中选中建好的站点，点击鼠标右键，在弹出的菜单中选择“新建文件”，如图 2－45 所示。

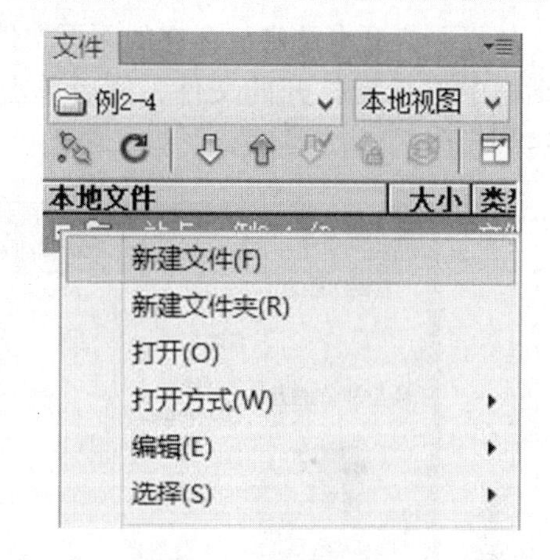

图 2－45 新建文件

2.4.2 保存页面

编辑好的网页需将其保存起来。执行“文件”/“保存”菜单命令或按下 Ctrl + S 键，可将网页保存在站点文件夹中。

执行“文件”/“另存为”菜单命令，将打开“另存为”对话框，可选择网页存放的位置并输入保存的文件名称，单击“保存”按钮即可，如图 2－46 所示。也可直接在工具栏上方选中需保存的网页，然后单击鼠标右键，在弹出的快捷菜单中选择“保存”命令。

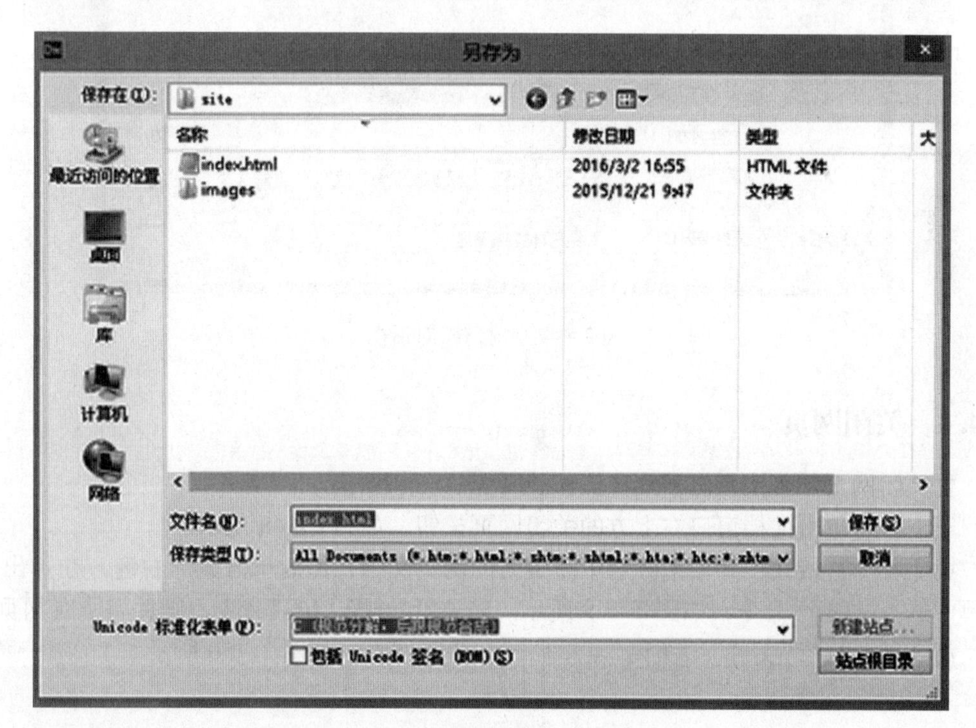

图 2－46 “另存为”对话框

在保存网页时，不能在文件名和文件夹中使用空格和特殊符号(如@、#、$等)，因为很多服务器在上传网页时会更改这些符号，将导致与这些网页的链接中断，而且文件名最好不要以数字开头。

2.4.3 打开网页

如果要打开电脑中已存在的网页文件，则执行“文件”/“打开”菜单命令，在弹出的对话框中选择需打开的文件，然后单击“打开”按钮，即可打开被选中的文件，如图2－47所示。

图2－47 “打开”对话框

2.4.4 关闭网页

要关闭网页，可执行以下几种操作。

第1种 单击文档窗口右上方的关闭网页按钮，如图2－48所示。

第2种 直接在工具栏上方选中需关闭的网页文档，然后单击鼠标右键，在弹出的菜单中选择“关闭”命令，如图2－49所示。若选择“全部关闭”命令，则关闭所有网页。

第3种 执行“文件”/“关闭”菜单命令，关闭网页，如图2－50所示。

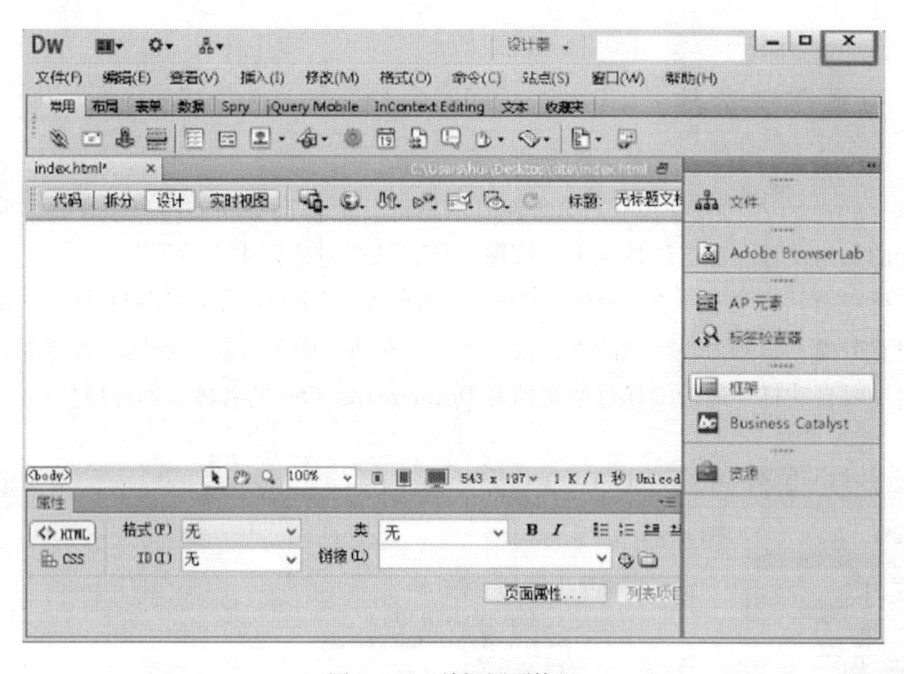

图 2－48　关闭网页按钮

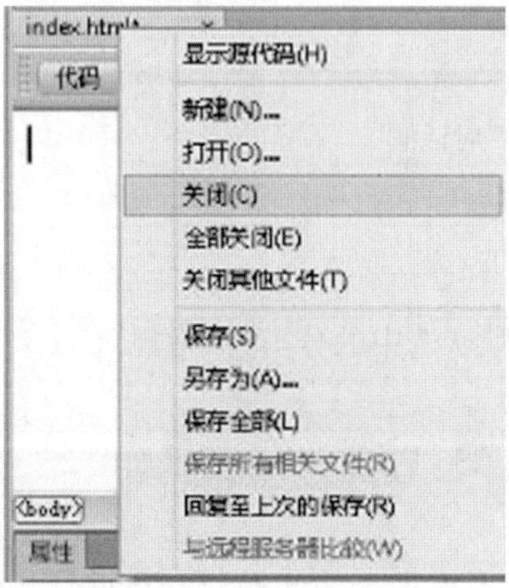

图 2－49　“关闭”命令

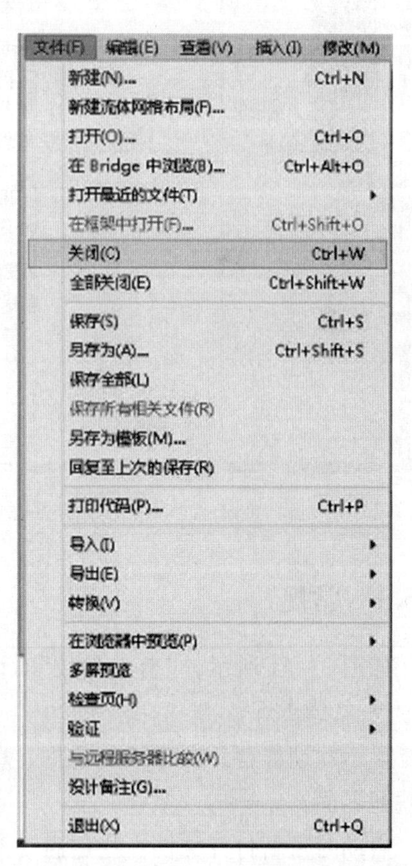

图 2－50　“文件”/“关闭”

2.5 设置首选参数

Dreamweaver 虽可方便地进行文件制作和修改，但根据不同的用户，有时可能需进行不同的初始设置。在这种情况下，可在“首选参数”对话框中进行设置。

执行“编辑”/“首选参数”命令，打开“首选参数”对话框，如图 2－51 所示。窗口左侧为设置分类，右侧为各类别的参数设置。在该对话框中可设置是否显示欢迎屏幕、是否在启动时自动打开最近操作过的文档等 Dreamweaver CS6 的各种基本环境。

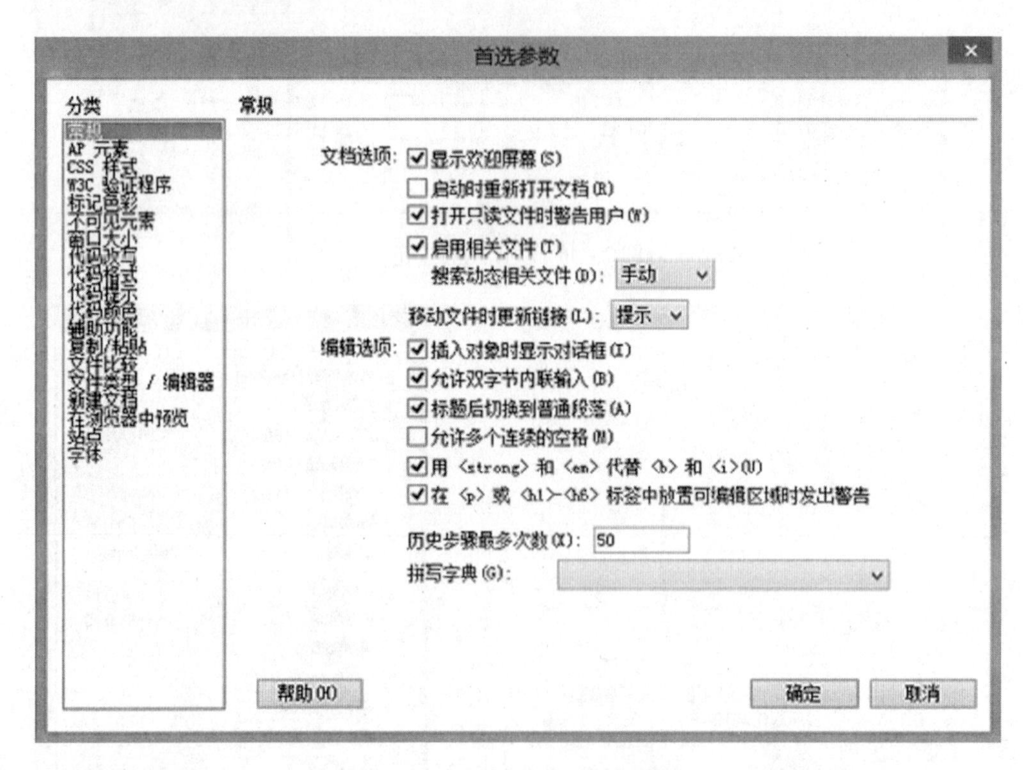

图 2－51 “首选参数”对话框

2.5.1 常规

如图 2－51 所示，“首选参数”对话框打开后默认选中的分类为“常规”。

1. 文档选项

显示欢迎屏幕：选中该复选框，Dreamweaver CS6 启动时将会显示如图 2－43 所示的欢迎界面。

启动时重新打开文档：指定启动 Dreamweaver CS6 时是否重新打开最近打开过的文档。选中该复选框，每次启动 Dreamweaver CS6 都会自动打开最近操作过的文档。

打开只读文件时警告用户：选中该复选框后，打开只读文件时会出现警告。

启用相关文件：设置“是否启用打开文件后同时显示相关文件”的功能。

搜索动态相关文件：针对动态文件，设置显示相关文件的方式。

移动文件时更新链接：移动或删除文件或更改文件名称时，决定文档内的链接处理方式，在下拉列表中包含总是、从不、提示3个选项。

2. 编辑选项

插入对象时显示对话框：该复选项用于决定在插入图片、表格、Shockwave电影及其他对象时，是否弹出对话框；若不选中该复选项，则不会弹出对话框，这时只能在属性面板中指定图片的源文件、表格行数等。

允许双字节内联输入：选中该复选项，就可在文档窗口中直接输入双字节文本；不选中该复选项，则会出现一个文本输入窗口来输入和转换文本。

标题后切换到普通段落：选中该复选项，输入的文本中可以包含多个空格。

允许多个连续的空格：选中这项，可以输入多个连续的空格。

用〈strong〉和〈em〉代替〈b〉和〈i〉：选中该复选项，代码中的〈b〉和〈i〉将分别被用户〈strong〉和〈em〉代替。

在〈p〉或〈h1〉—〈h6〉标签中放置可编辑区域时发出警告：指定在Dreamweaver CS6中保存一个段落或标题标记内具有可编辑区域的Dreamweaver模板时是否发出警告信息。该警告信息会通知用户将无法在此区域中创建更多段落。

历史步骤最多次数：该参数用于设置历史面板所记录的步骤数目。如果步骤数超过这里设置的数目，历史面板中前面的步骤就会被删除。

拼写字典：该下拉列表用于检查所建立文件的拼写，默认为英语(美国)。

2.5.2 不可见元素设置

当通过浏览器查看网页时，所有HTML标记在一定程度上是不可见的。如comment标记不会在浏览中出现，但此标记在创建能够选择、编辑、移动和删除这类不可见元素的页面时却很有用。在设计页面时，用户可能希望看到某些元素。例如，调整行距时打开换行符〈br〉的可见性可帮助用户了解页面的布局。Dreamweaver CS6允许用户控制13种不同代码的可见性，如图2-52所示。

由于显示不可见元素会稍微更改页面的布局，将其他元素移动几个像素，因此，为了精确布局，应隐藏不可见元素。

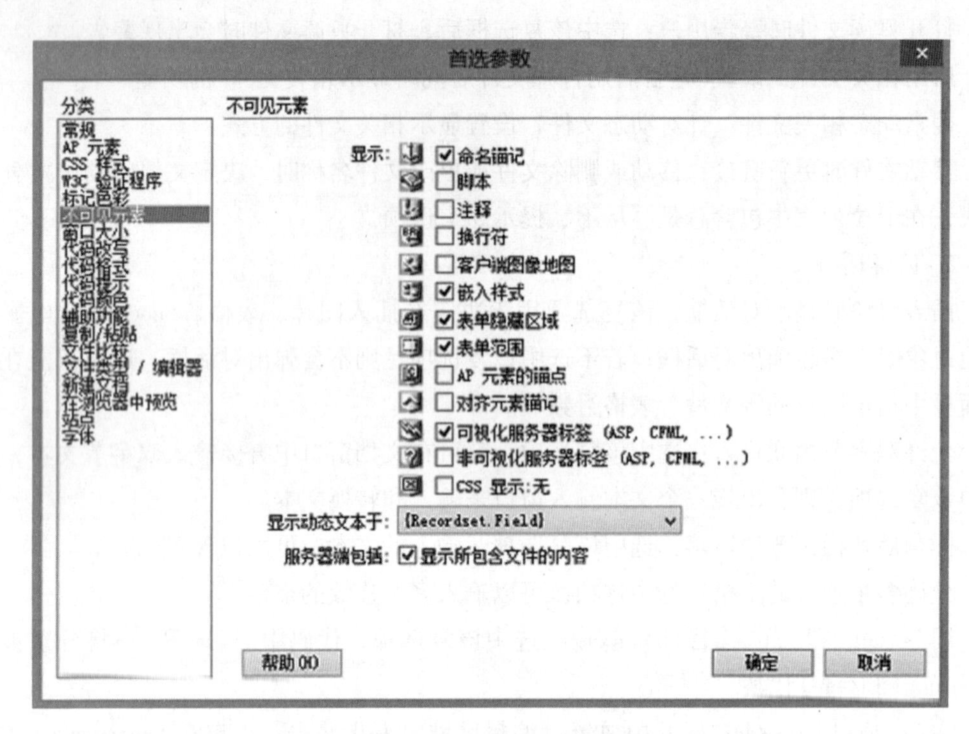

图 2－52　设置“不可见元素”

2.5.3　在浏览器中预览

选择分类为“在浏览器中预览”选项，可在如图 2－53 所示对话框中对当前定义的主浏览器和次浏览器进行参数设置。

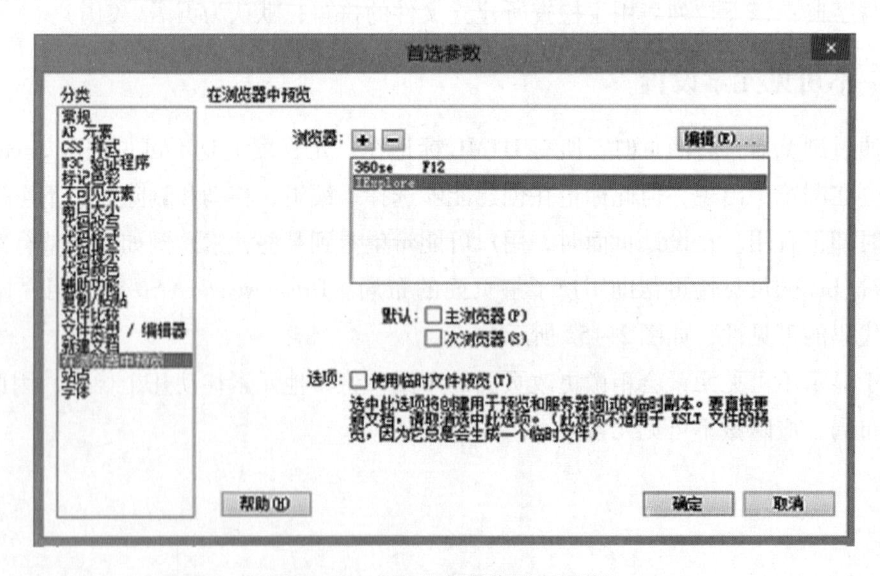

图 2－53　设置“在浏览器中预览”

- 浏览器：可在列表中添加 + 或删除 − 浏览器。若要更改选定浏览器的设置，可单击“编辑”按钮进行更改。
- 默认：通过选择“主浏览器”或“次浏览器”选项，可指定所选浏览器是主浏览器还是次浏览器。
- 选项：选中“使用临时文件预览”，预览时 Dreamweaver CS6 将创建用于预览和服务器调试的临时文件，而不是直接更新当前文档。

例 2－5 自定义快捷键。

(1)启动 Dreamweaver CS6，执行“编辑”/“快捷键”菜单命令，打开如图 2－54 所示的对话框。

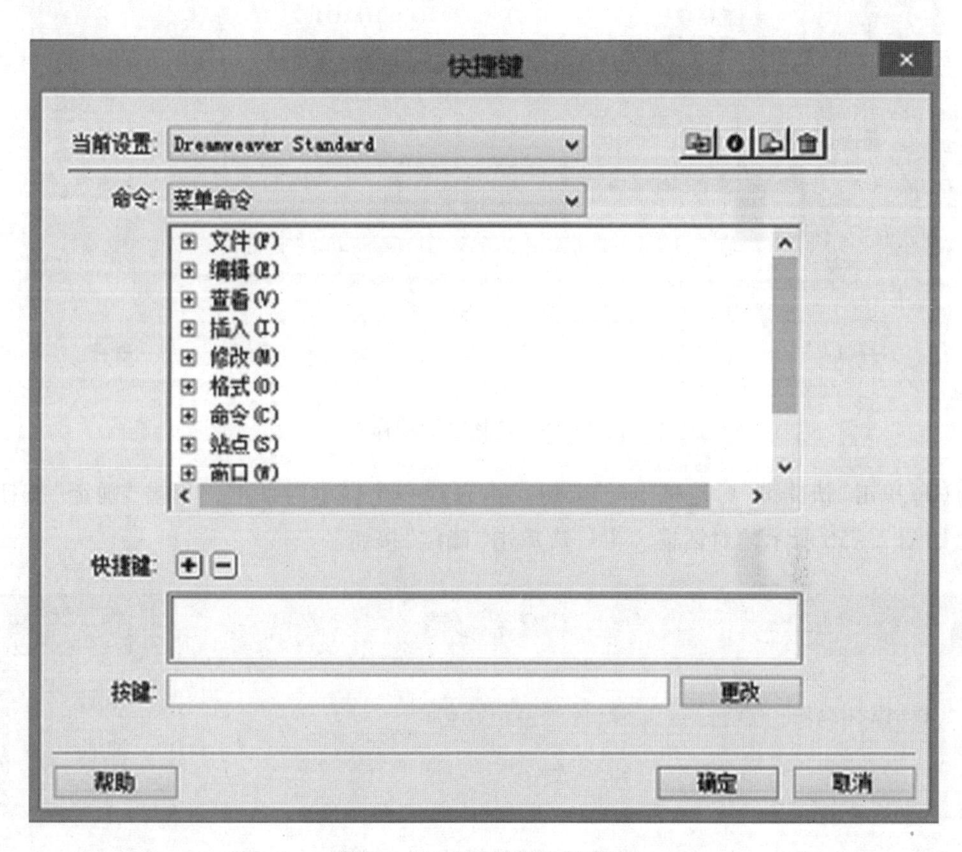

图 2－54 “快捷键”对话框

(2)单击“插入”菜单，在其中选择“标签”命令，如图 2－55 所示。

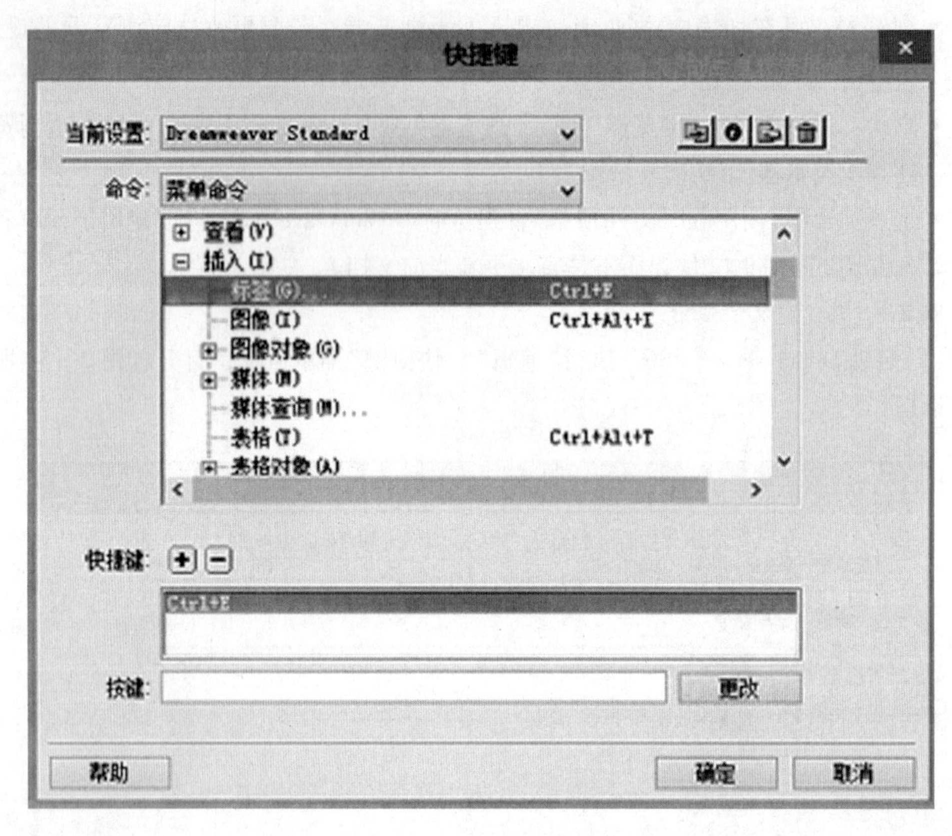

图 2－55　选择“标签”命令

(3)单击“快捷键”旁边的“＋”按钮，将打开一个提示对话框，单击“确定”按钮后弹出如图 2－56 所示的对话框，再一次单击“确定”按钮。

图 2－56　“复制副本”对话框

(4)将光标置于“按键”文本框中，按下任意快捷键(如 Ctrl＋7)，如图 2－57 所示。完成后单击“更改”按钮，设置的快捷键出现在“快捷键”文本框中。

(5)单击“确定”按钮后，按快捷键 Ctrl＋7，打开“标记”对话框。

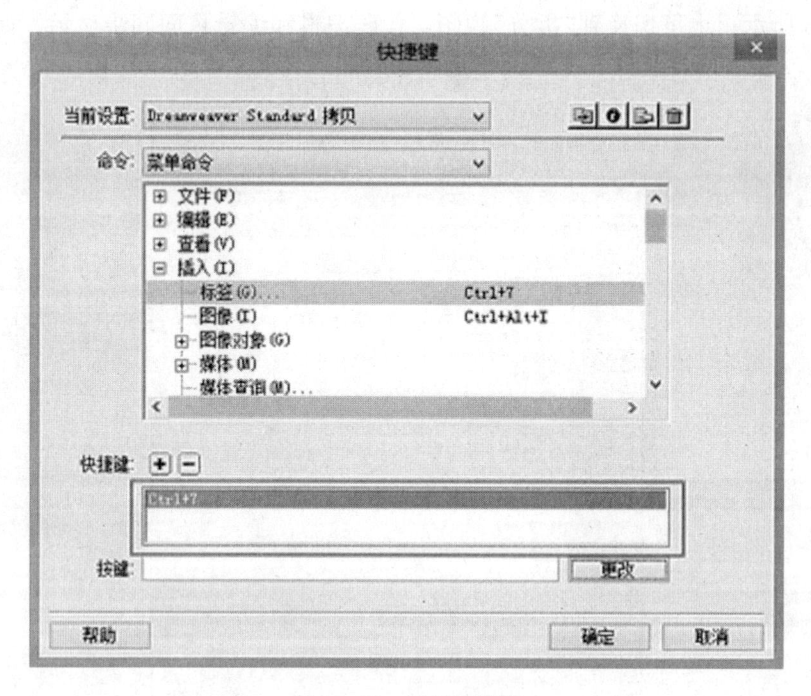

图 2－57　新的快捷键

2.6　使用 HTML 语言编辑网页

在编辑网页的工具中还有一个语言类工具，它可方便地实现 Dreamweaver 不易实现的内容。这个语言就是 HTML 语言，它是以代码方式呈现在我们面前的。本书将把 HTML 分散到各章，结合 Dreamweaver CS6 的内容一起阐述。

2.6.1　HTML 基本概念

HTML(超文本标记语言)是用来编写网页的语言。它不是一种程序设计语言，而是一种页面描述语言，它在很大程度上类似于排版语言。

在使用排版语言制作文本时，需加一些控制标记，用来控制输出的字型、字号等，以获得所需的输出效果。与此类似，编制 HTML 文本时也需加一些标记(Tag)来说明段落、标题、图像、字体等。

HTML 语言是比较基础的语言，只要掌握 HTML 语言的标记、元素等就可建立网页。

用 HTML 编写的超文本文件称为 HTML 文件，它能独立于各种操作系统平台。

2.6.2　HTML 的基本结构

编写 HTML 代码时可切换到 Dreamweaver CS6 编辑窗口的“代码”视图来进行编写，

如图 2－58 所示；也可切换到“拆分”视图，代码编辑和编辑页面同步显示，如图 2－59 所示。

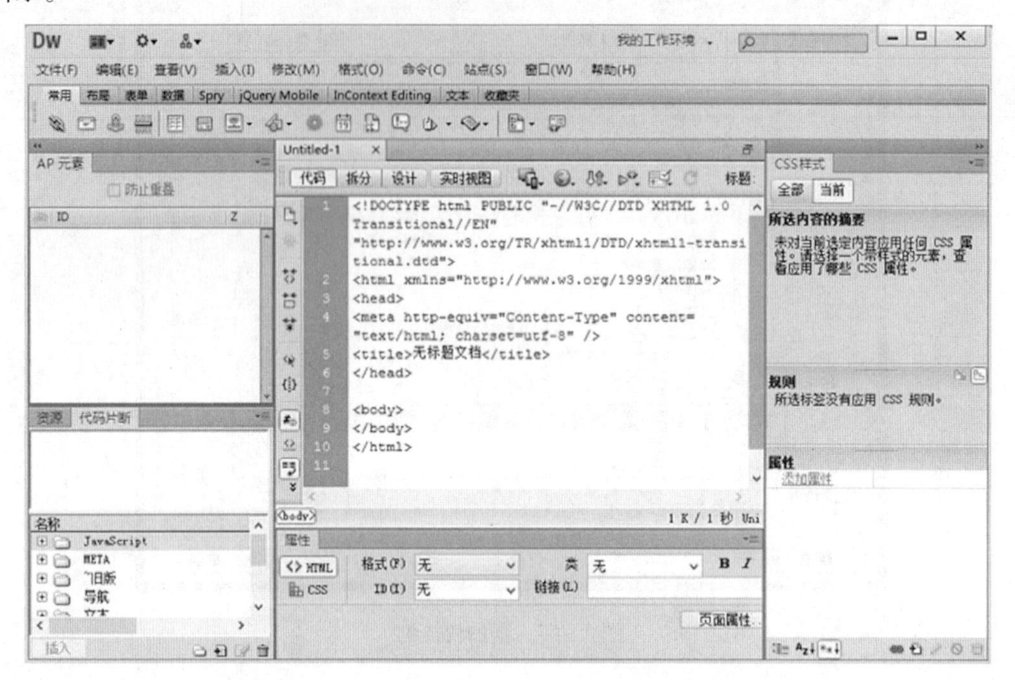

图 2－58 “代码”视图

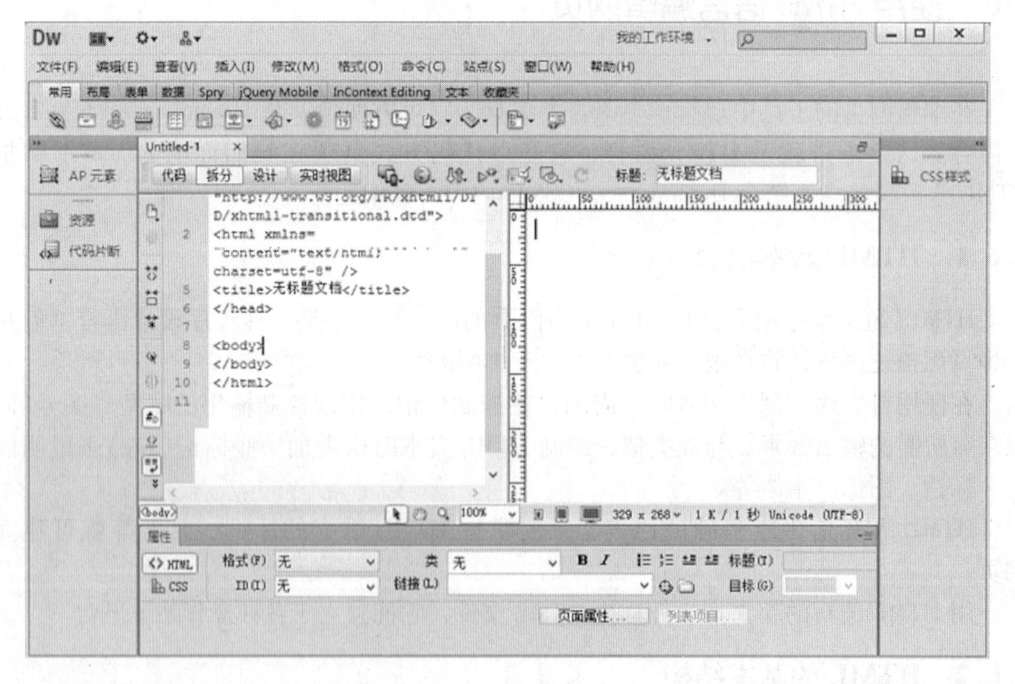

图 2－59 “拆分”视图

知识点 6

编辑 HTML 语言，还可使用 Windows 自带的“记事本”来编辑，但是保存文档时文件名的后缀要改为 . html 或 . htm。

HTML 文件包括文件头(head)和文件体(body)两部分。在文件头里，主要是对这个 HTML 文件进行一些必要的定义，可省略不写。文件体中的内容是真正要显示的各种网页信息。

一般情况下 HTML 文件的基本结构如下：

〈html〉

〈head〉

〈title〉网页的标题内容〈/title〉

〈/head〉

〈body〉

网页的主体显示内容

〈/body〉

〈/html〉

从以上源代码可看出标记是 HTML 文件的重要组成部分。绝大多数标记都有开始标记和结束标记。在开始标记和结束标记之间的部分是要输出的内容，并且不同的标记有各自不同的属性，属性在开始标记内注明。

〈html〉和〈/html〉这对标记在最外层，在这对标记内的就是 HTML 文件的全部内容，它们表示 HTML 文件的开始和结束。

〈head〉和〈/head〉这对标记是用来放置文件头的内容，也称为文件的头部信息，包括网页标题、关键字等。

〈title〉和〈/title〉这对标记是标题标记，其中的内容会显示在浏览器的标题栏中。在 2. 3. 2 节 Dreamweaver CS6 的“页面属性”中可设置它们。

〈body〉和〈/body〉标记是网页的主体标记，其中的内容是浏览器页面中要显示的主体内容。

上面的代码段在 Dreamweaver CS6“拆分”视图中效果如图 2 – 60 所示。

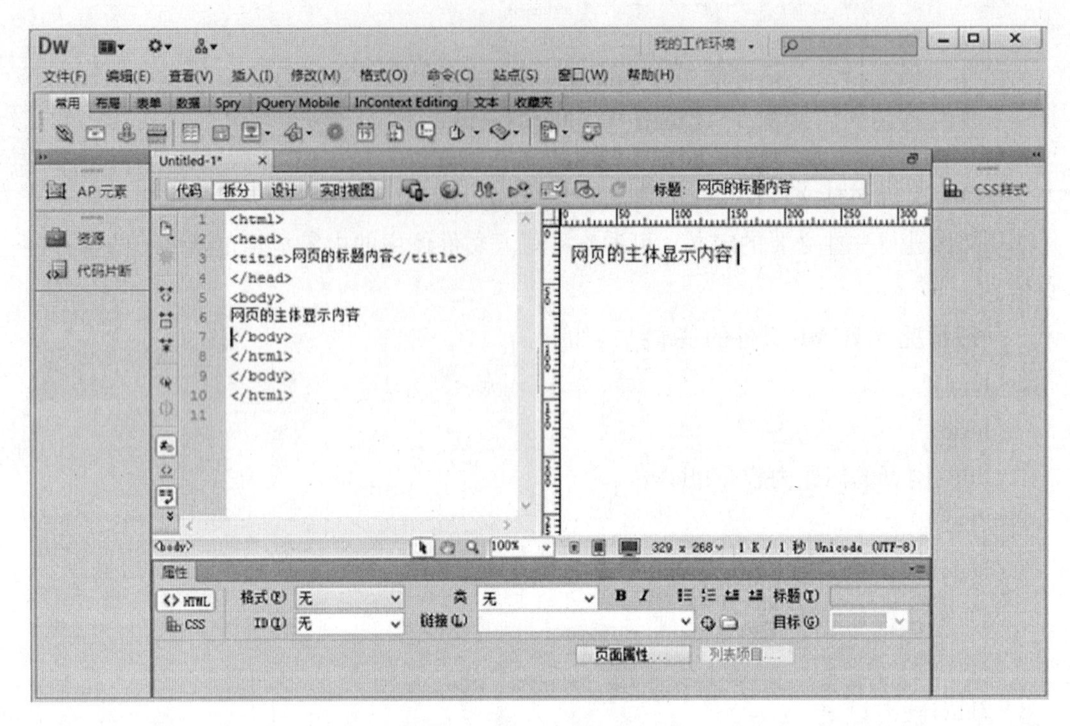

图 2－60 “拆分”视图效果

2.6.3 HTML 标记

在 HTML 文件中包含 3 种不同的标记，分别为单标记、双标记及标记属性。

1. 单标记

某些标记之所以称为“单标记”，是因为它只需单独使用就能完整地表达意思。这类标记的语法如下：

〈标记名称〉

最常用的单标记是〈br〉，表示换行。

2. 双标记

双标记由“开始标记”和“结束标记”两部分构成，需成对使用。其中，“开始标记”告诉 Web 浏览器从此处开始执行该标记所表示的功能，而“结束标记”则告诉 Web 浏览器在这里结束该功能。在开始标记的标记名称前加一个斜杠(/)即为结束标记。这类标记的语法如下：

〈标记名称〉内容〈/标记名称〉

其中，“内容”是要被这对标记施加作用的部分。例如，〈b〉我的个人网站〈/b〉，这段代码就是通过〈b〉标记使“我的个人网站”这段文字加粗显示。

3. 标记属性

许多单标记和双标记的开始标记内都包含一些属性，通过这些属性可对标记进行更进一步的设置，其语法如下：

〈标记名称 属性1="属性值"属性2="属性值"属性3="属性值"…〉

在这段语法中，各个属性之间没有先后次序，属性的值一般使用引号("")括起来。当属性值为数字时，如设置字号级别时，一般不使用引号。

2.6.4 HTML语言编辑页头

2.3.3节介绍了在Dreamweaver CS6中查看和编辑页面头内容。下面介绍如何在HTML语言中编写页面头内容。这些内容都将插入到头标记〈head〉〈/head〉之间，并且都要使用到〈meta〉单标记。

1. 插入作者

在网页中可插入作者的信息。例如，某网页的设计者是张三，代码如下：

〈meta name="author" content="张三"〉

2. 插入关键字

制作的网页要能够在搜索引擎中搜索到，就必须给网页加入关键字。这个功能由以下代码实现：

〈meta name="keywords" content="关键字1，关键字2，……"〉

在代码中content列出了所设置的关键字，内容可自行设置，多个关键字之间用逗号相隔。

3. 插入说明

在网页中可插入网站的说明。这个功能由以下代码实现：

〈meta name="desciption" content="网站说明内容"〉

4. 插入刷新

对于一个网页，可设置其经过一定的时间后自动跳转到另一个网页或另一个站点，这个功能由以下代码实现：

〈meta http-equiv="refresh" content="时间；URL="〉

其中，http-equiv=refresh是指定为动态链接到别的文件或网址。Content属性中指定具体内容，其中时间为延迟的时间，单位是秒；URL为要链接到的网页地址。

例2-6 在Dreamweaver CS6中利用代码编辑一个页面，要求该页面的头文件包含以下信息：作者(张三)、关键字(个人、交流、作品)、说明(这是用于展示自己作品，与朋友进行交流的个人网站)，每隔10秒该页面会自动刷新一次。

(1)新建一个站点mysite，并新建一个index.html网页文件。

(2)双击index.html进行编辑，将Dreamweaver CS6的编辑视图切换到"代码"视图。

(3)Dreamweaver CS6"代码"视图会把网页的结构用HTML语言编辑出来，其中还包括网页编码等信息，在这里，只需将头文件内容或网页主体内容分别在〈head〉〈/head〉或〈body〉〈/body〉这对标记内进行编辑即可。

(4)如图2-61所示，将HTML语言编辑的头文件插入〈head〉〈/head〉中即可。

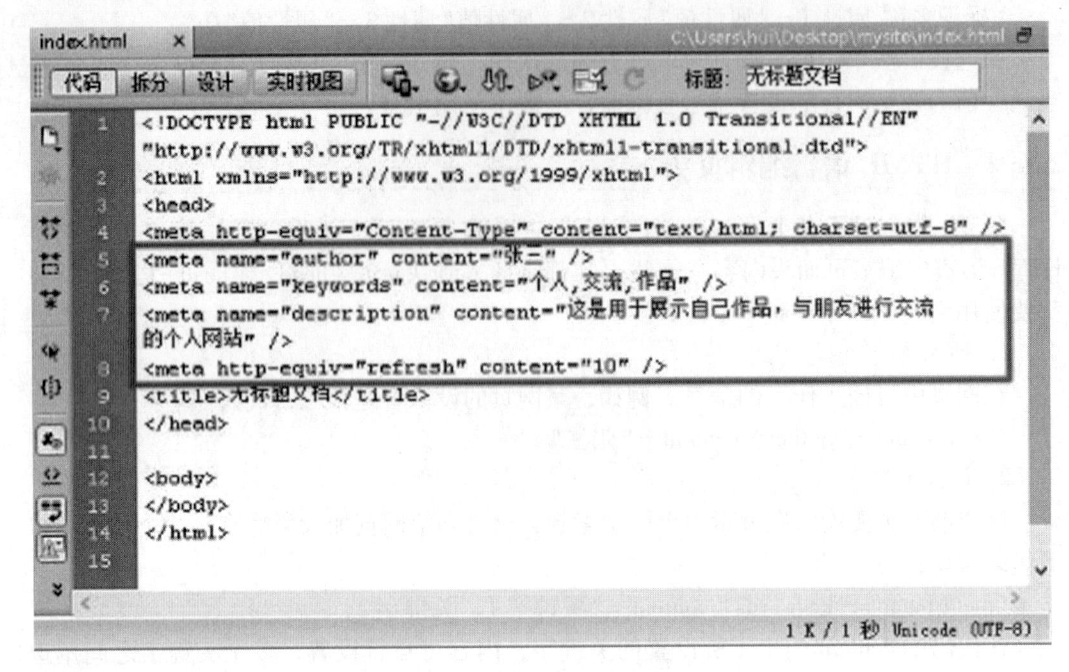

图 2－61　在 HTML 中插入头文件

2.6.5　HTML 语言编辑页面属性

页面属性基本上都是〈body〉元素的属性。

1. bgcolor

〈body〉元素的 bgcolor 属性用于设置 HTML 页面的背景颜色。

例如，〈body bgcolor = "#FFFF00"〉，表示网页背景颜色为黄色；bgcolor 的值可用十六进制表示，也可用有颜色的英文表示，如〈body bgcolor = "yellow"〉。

2. background

〈body〉元素的 background 属性用于设置 HTML 页面的背景图像，其中可使用的图像格式有 GIF、JPEG 等。

例如，〈body background = "images/image1. jpg"〉，表示站点文件夹下的 images 文件夹中 image1. jpg 图片将在网页中作为背景图像。

3. text

〈body〉元素的 text 属性用于设置 HTML 文档中的文本颜色。

例如，〈body text = "#333333"〉，表示网页中的所有文字将设置为“深灰色”，text 的值可用十六进制表示，也可用有颜色的英文表示。

4. link，vlink，alink

〈body〉元素的 link，vlink，alink 属性分别用于设置 HTML 页面中普通超链接、访问过的超链接和当前活动超链接的颜色。

例如，〈body link = "#ff0000" vlink = "#666666" alink = "#000000"〉，表示分别对页

面中的超链接文字、访问过的超链接文字和活动超链接文字设置"#ff0000""#666666""#000000"三种颜色。

5. leftmargin，topmargin

〈body〉元素的 leftmargin，topmargin 属性用于设置网页主体内容距离网页左端和顶端的距离，单位为像素。

例如，〈body leftmargin="20" topmargin="30"〉，表示设置网页主体左端 20 像素距离，顶端 30 像素距离。

6. bgproperties = fixed

bgproperties = fixed 可使背景图像形成水印效果，即图像不随滚动条的滚动而滚动。

知识点 7

作为设置页面的属性，属性标签是可以一起使用的，但是每个属性标签之间要用空格符隔开，而不是用分号“;”隔开。

本章小结

网页文件和网页中插入的元素都是保存在站点中的，如果站点定义不好，网站结构就会变得凌乱不堪，给以后的维护造成很大的困难；而一个网站是由无数网页组成的，网页设计与制作的好坏决定了网站设计的成功与否。因此本章详细介绍了如何创建本地站点及对网页文档的基本操作。同时，从本章开始除了介绍如何利用 Dreamweaver 软件制作网页外，还将介绍如何利用 HTML 语言标签编辑网页。

3 创建网页中的文本

3.1 在网页中插入文本

文字是人类语言最基本的表达方式，在网页中，文本是组成页面内容的主要元素，而文本的使用、样式设计等直接影响着网页界面的美观，因此文本的使用是网站成功与否的最关键因素之一。

3.1.1 插入文本的方式

下面介绍在网页中插入文本的三种方式。

1. 直接在网页窗口中输入文本

将光标置于文档窗口中要插入文本的位置，然后输入文件。这是最基本的输入方式，这和一些文本编辑软件的使用方法是一样的。

在输入文字时，如需分段换行，则需按下 Enter 键。

Dreamweaver 不允许输入多个连续的空格，若要输入多个连续的空格，则需先钩选“首选参数”中的“允许多个连续的空格”复选项，如图 3 - 1 所示，或将输入设置为全角状态，这样才能输入多个连续的空格。

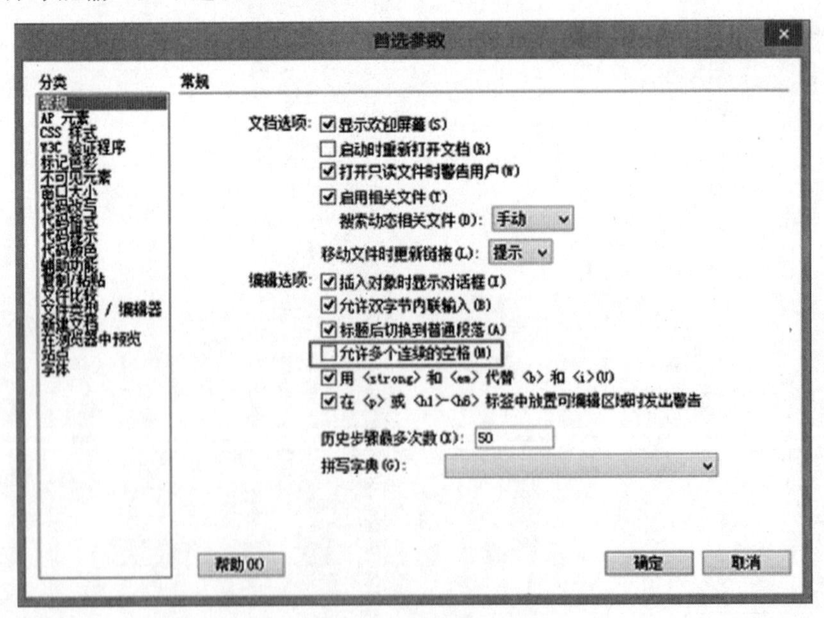

图 3 - 1　设置连续的空格

2. 复制文本

如果要把 Word、记事本等文本编辑软件中的文本放入网页，可直接使用 Dreamweaver 的文本复制功能。具体步骤如下。

打开文本编辑软件，选中要复制的文本，执行“编辑”/“复制”命令或直接使用快捷键 Ctrl + C，之后切换到 Dreamweaver，将光标停留在要插入文本的位置，执行主菜单“编辑/粘贴”命令或直接使用快捷键 Ctrl + V，即可将文本编辑软件中的文本粘贴到网页中。

3. 通过“文件”/“导入”命令

当 Word 文档中的文档太长时，使用复制操作会比较麻烦。这时可直接在 Dreamweaver 中通过“文件”/“导入”/“Word 文档”命令将文档内容全部插入网页中。

3.1.2 文本的编码方式

在 Dreamweaver 中，首先要根据用户语言的不同，选择不同的文本编码方式。错误的文本编码方式会使中文字显示为乱码。

可通过“修改”/“页面属性”命令对文本编码方式进行设置，如图 3 - 2 所示。在“页面属性”对话框的左边“分类”中选择“标题/编码”，右边会出现“编码”下拉列表，从中选择“简体中文(GB2312)”即可。

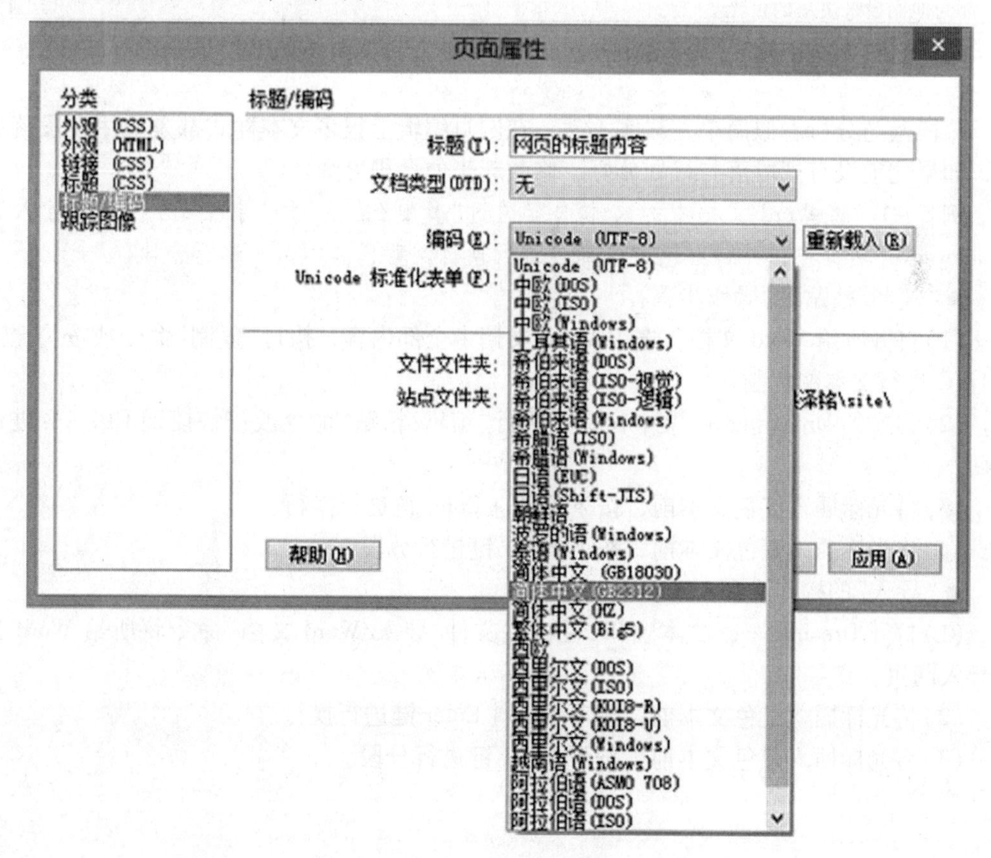

图 3 - 2　设置页面编码

3.1.3　分段落与分行

在 Dreamweaver 中，输入文本时，当一行内容到底时会自动进行分行操作。然而在网页设计时很少有文本内容是横跨整个网页的，此时就需进行强迫分行，人为地将文本进行换行操作。

1. 按下 Enter 键

将光标插入文本某一位置后按下 Enter 键，会使该光标处后面的所有文本另起一段，产生一个新的段落。两个段落之间将留下一条空白行。

2. 按下 Shift + Enter 键

这是强迫换行的操作，将光标插入文本某一位置后按下 Shift + Enter 键，会使该光标处后面的所有文本进行换行，全部内容之间不会留下一条空白行，还在同一段落内。

图 3 –3 和图 3 –4 所示分别为“分段”和“分行”的文本效果。

在一个非常宁静而美丽的小城，有一对非常恩爱的恋人，他们每天都去海边看日出。

晚上去海边送夕阳，每个见过他们的人都向他们投来羡慕的目光。

图 3 –3　分段

在一个非常宁静而美丽的小城，有一对非常恩爱的恋人，他们每天都去海边看日出。
晚上去海边送夕阳，每个见过他们的人都向他们投来羡慕的目光。

图 3 –4　分行

分段落与分行看似简单，其实不然。在网页编辑上很多文本样式都是应用在段落上的，如果之前没有把段落与行划分好，修改起来便会很麻烦。

例 3 –1　将 Word 文档中的文本内容通过“复制/粘贴”和“导入”两种方法输入到 Dreamweaver 网页中，并将红色文本部分进行换行，蓝色文本部分进行分段。

◆“复制/粘贴”的操作步骤：

(1) 打开所给 Word 文档，选中 Word 文档中全部内容，执行“复制”命令或按快捷键 Ctrl + C 进行文本的复制。

(2) 切换到 Dreamweaver 文本窗口，执行“编辑/粘贴”命令或按快捷键 Ctrl + V 进行粘贴。

(3) 将光标插入红色文本前，按下 Shift + Enter 键进行换行。

(4) 将光标插入蓝色文本前，按下 Enter 键进行分段。

◆“导入”的操作步骤：

(1) 打开 Dreamweaver 文本窗口，执行“文件/导入/Word 文档”命令将所给 Word 文档导入网页。

(2) 将光标插入红色文本前，按下 Shift + Enter 键进行换行。

(3) 将光标插入蓝色文本前，按下 Enter 键进行分段。

3.2 设置文本属性

在插入文本后，可对网页中的文本进行字体、颜色、对齐方式等属性的设置，使网页文本看起来更加美观舒适。

在网页中选中要设置属性的文本或将光标插入文本，此时“属性”面板如图 3－5 所示。

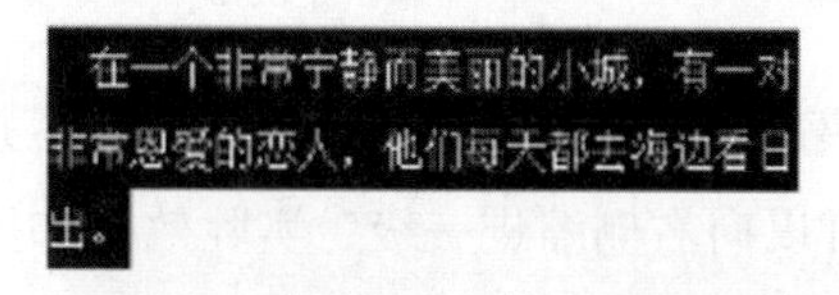

图 3－5　文本属性

3.2.1　格式

“格式”在属性面板的最左边，里面包括 8 种系统默认的标题文本格式，如图 3－6 所示。它们都是针对文章标题进行的操作，主要体现在文本大小上，选中它们将直接格式化光标所在段落中的所有文本。

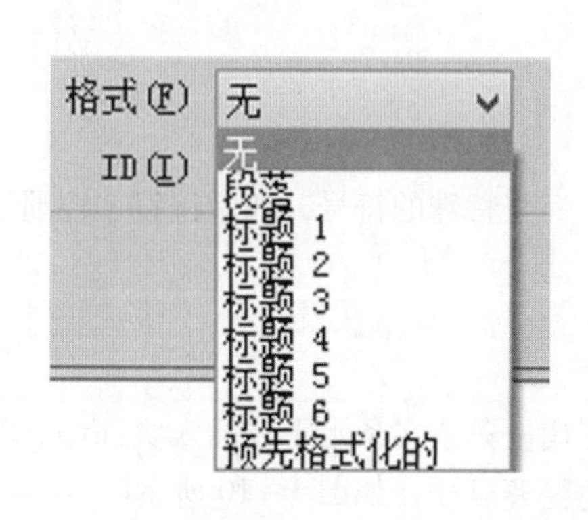

图 3－6　格式选项

这是标题1

这是标题2

这是标题3

这是标题4

这是标题5

这是标题6

图 3－7　标题的显示效果

“标题”选项在浏览器中的效果如图 3－7 所示。

3.2.2 项目列表和编号列表

如果文本中存在条列式的文本内容，那么就可使用“属性”面板中的“项目列表”和“编号列表”。操作方法是选中文本段落并点击 ，就可给段落加上项目符号；若点击 ，就可给段落加入编号，实际效果如图 3－8 所示。

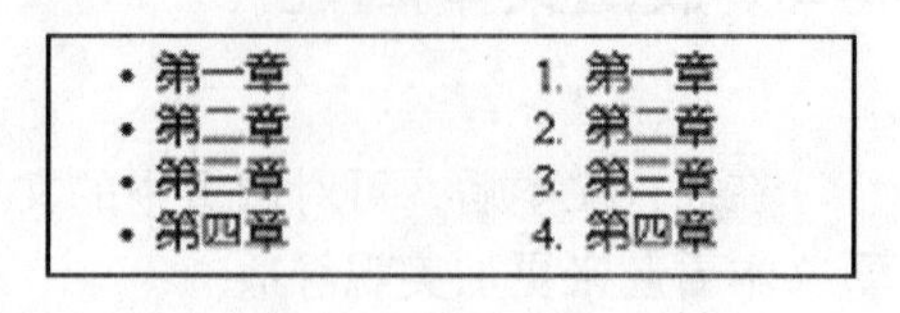

图 3－8 列表项

3.2.3 文本凸出和文本缩进

有时要区分段落，可使用“文本凸出”和“文本缩进”。操作方法是选中文本段落并点击 ，即可向左侧凸出一级；若点击 ，就可以向右侧缩进一级，实际效果如图 3－9 所示。

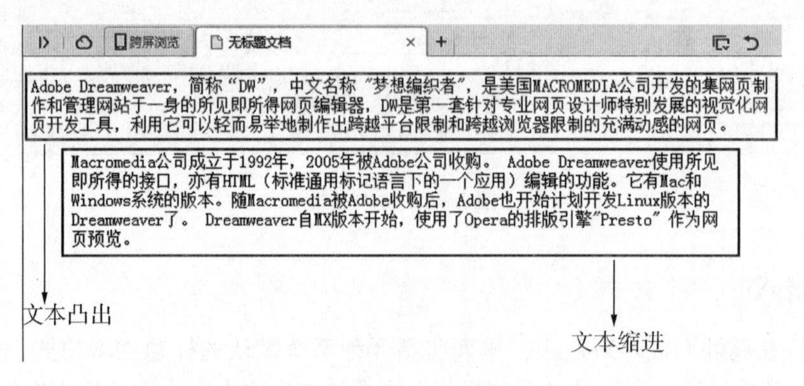

图 3－9 文本凸出/缩进

3.3 插入其他符号

在网页文档中除了插入文本外，有些还会插入一些特殊的符号，如版权符、注册商标号等。

3.3.1 插入水平线

水平线对于组织信息很重要，在页面上，可使用一条或多条水平线插入页面中，将页面中的内容进行分区显示，这样会使得页面排版整齐有序，如图 3－10 所示。

华软导航 学生系统 教师系统 邮箱登陆

广州大学华软软件学院
South china Institute of Software Engineering.GU

学校概况 党的建设 招生就业 人才培养 校园文化 队伍建设 创业学院 图书馆 信息公开

学校概况
学校简介
学院领导
领导致辞
组织机构
系部设置
办学特色
校园地图
华软视频

领导致辞 首页

岁月峥嵘，筚路蓝缕；蓬勃华软，弦歌不辍。2002年9月，迎着雨后的朝阳，华软学院诞生在广州的后花园从化。十多年的风风雨雨，一路改革创新，华软学院声名鹊起，各地学子纷至沓来。

自建校以来，学院以软件产业发展为依托，坚持“以质量求生存，以创新求发展”的办学宗旨，形成了以物联网工程、软件工程、网络工程、信息工程、数字媒体、动画、嵌入式技术、物流管理、工商管理、电子商务为核心的优势学科群，获得了“中国十大品牌独立学院”、“中国十大优势专业院校”、“中国软件学院十强”等荣誉称号。华软学子学有所成，活跃在省内、国内的“挑战杯”大学生课外学术科技作品竞赛、软件大赛、网站设计大赛、游戏设计开发大赛和电子竞技大赛等舞台上，争奇斗艳，硕果累累。

《礼记·大学》言及，大学之道在明明德，在亲民，在止于至善。莘莘学子正处于人生最宝贵时期，如初春，如朝日，如百卉之萌动，如利刃之新发于硎，当以独立之人格，自由之精神培育造就，使之成为人格健全、品德高尚，并掌握最新科技文化的时代弄潮儿。而华软学院美丽优雅的环境、充满人文关怀的氛围，囊括大典的学术讲坛、灵活多样的选课机制，均成为青年学子彰显美德、舒展个性、自由发展、达于至善的基石。

今年，是我们坚持科学发展、打造品牌院校的关键一年。全院师生正在以自强不息的精神，脚踏实地，同心同德，为将学院建设成为全国一流的独立学院而努力拼搏，为国家的发展和民族的复兴做出更大的贡献！

广州大学华软软件学院

采购信息 Purchase Info　视频 Sisa Videos　服务指南 Service Info
校友会 Alumnus　华软微博 Sisa Weibo　华软微信 Sisa Wechat

中国教育新闻网 广东省教育厅 人民网
中青在线 广州市教育局 南方网
中国学信网 广东省就业指导 新华网
中国大学生在线 广州大学 教育部

图 3－10　页面效果

将光标插入到加入水平线的位置，然后单击“插入”面板中的“水平线”，如图3－11所示，此时在光标处就会插入一条水平线。

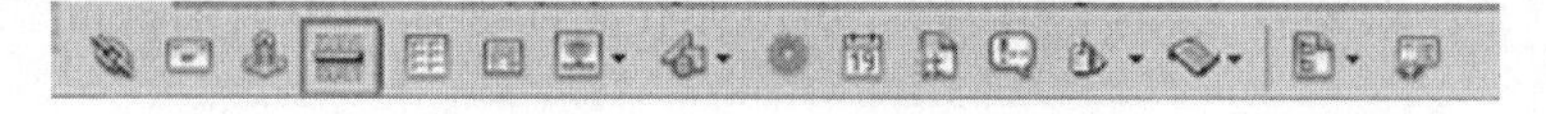

图 3－11　“水平线”工具

用鼠标选中“水平线”，可通过“属性”面板设置“水平线”的相关属性，如图3－12所示。

图 3－12　“水平线”属性

- “水平线”下的文本框：可为“水平线”命名。
- 宽：用来设置“水平线”的宽度，单位可选择“像素”或“%”。“像素”设置“水平线”的绝对宽度值；“%”设置“水平线”相对于插入的页面、表格等元素的宽度。
- 高：用来设置“水平线”的高度，单位只有“像素”。
- 对齐：可设置“水平线”的“左对齐”或“居中对齐”或“右对齐”。
- 类：可通过“样式”来美化“水平线”。
- 阴影：钩选这个选项可为“水平线”加上阴影效果，使其更有立体感。

3.3.2 插入日期

单击“插入栏”的“日期”按钮，会弹出“插入日期”对话框，如图3－13所示。

在出现的对话框中，可选择“星期格式”或“日期格式”或“时间格式”。若希望在每次保存文档时都更新插入的日期，可选择“储存时自动更新”，否则插入的日期将变成纯文本，永远不会更新。

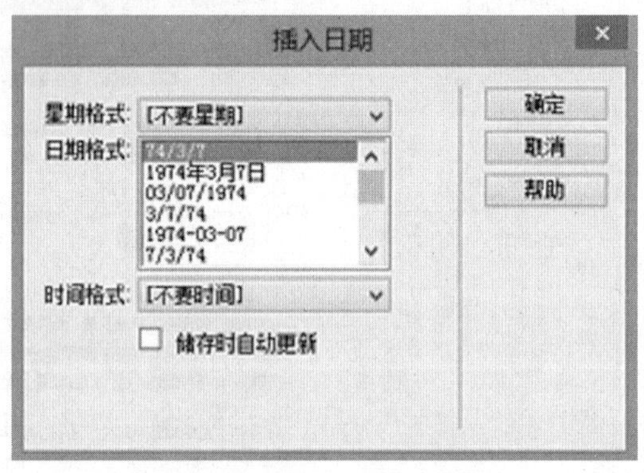

图3－13 “插入日期”对话框

3.3.3 插入特殊字符

某些特殊字符在HTML中以名称或数字的形式表示，它们被称为实体。HTML包含版权符号、注册商标符号、商标符号等字符的实体名称。

选择“插入”面板的“文本”选项卡，点击最右侧的图标，并选择“插入其他字符”，将弹出如图3－14所示的面板，选择所需的字符，如“版权”“注册商标”“商标”，即可在光标位置插入特殊字符。

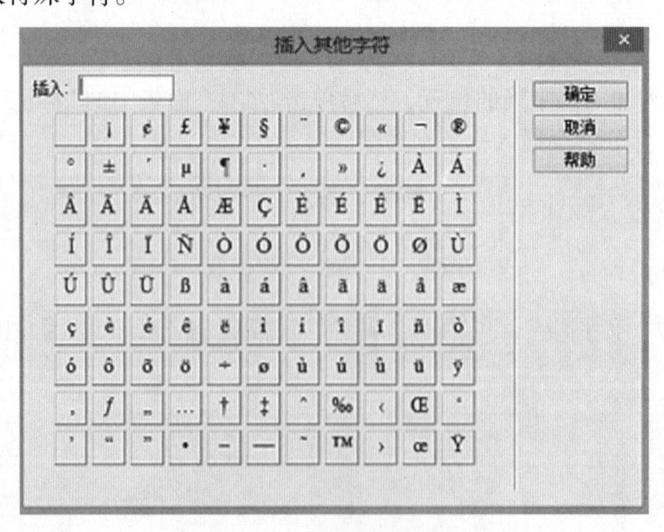

图3－14 插入特殊字符

3.4 在 HTML 语言中使用文本

3.4.1 标题文字的建立

1. 标题文字的标签

标题文字共包含 6 种标签，分别表示 6 个级别的标题，每一级别的字体大小都有明显的区别，从 1 级到 6 级依次减小。其语法形式如下：

1 级标题：〈h1〉…〈/h1〉

2 级标题：〈h2〉…〈/h2〉

3 级标题：〈h3〉…〈/h3〉

4 级标题：〈h4〉…〈/h4〉

5 级标题：〈h5〉…〈/h5〉

6 级标题：〈h6〉…〈/h6〉

代码 3－1 在 Dreamweaver 代码视图中输入下列代码，观察显示效果。

```
<html>
<head>
<title>目录</title>
</head>
<body>
    <h1>第一章 认识 Dreamweaver</h1>
    <h2>1.1Dreamweaver 的功能</h2>
    <h3>1.1.1 新的动态浏览器兼容性强</h3>
    <h4>网站</h4>
    <h5>浏览器</h5>
    <h6>HTTP</h6>
</body>
</html>
```

2. 标题文字的对齐方式

在默认情况下，标题文字是左对齐。可通过 HTML 语言中的 align 参数进行对齐方式的设置。其语法形式如下：

align = 对齐方式

在该语法中，align 属性需要设置在标题标签的后面，标题文字对齐方式的取值如表 3－1 所示。

表 3－1 标题文字的对齐方式

属性值	含义
left	左对齐
center	居中对齐
right	右对齐

代码3-2 在Dreamweaver代码视图中输入下列代码，观察显示效果。

```
<html >
<head>
<title>目录</title>
</head>
<body>
    <h1 align = "center">第一章 认识 Dreamweaver</h1>
    <h2>1.1Dreamweaver 的功能</h2>
    <h3 align = "left">1.1.1 新的动态浏览器兼容性强</h3>
    <h4 align = "right">网站</h4>
    <h5>浏览器</h5>
    <h6>HTTP</h6>
</body>
</html>
```

3.4.2 文字格式的设置

在HTML语言中编辑文字，一般只需在<body>和</body>标签之间输入相应的文字即可。但是，如果要设置文字的效果，则必须在文字格式标签<font>中放置相应的属性标签。

1. 设置文字字体

在HTML语言中，可通过face属性设置文字的字体效果，而设置的字体效果必须在浏览器安装了相应的字体后才可正确浏览，否则这些特殊字体将会被浏览器中的普通字体所代替。因此，在网页中应尽量避免使用过多的特殊字体，以免在用户浏览时无法看到正确的效果。

语法形式如下：

<font face = "字体1，字体2，...">应用字体的文字</font>

face属性的值可以是1个或者多个，在默认情况下，使用第1种字体进行显示，如果第1种字体不存在，则使用第2种字体进行代替，以此类推。如果设置的几种字体在浏览器中都不存在，则会以默认字体显示。

代码3-3 在Dreamweaver代码视图中输入下列代码，观察显示效果。

```
<html>
<head>
<title>目录</title>
</head>
<body>
    <font face = "黑体">静夜思</font><br />
    <font face = "宋体">床前明月光，疑是地上霜。</font><br />
    <font face = "楷体">举头望明月，低头思故乡。</font><br />
</body>
</html>
```

2. 设置字体大小

HTML 语言中 size 标签是用来设置文字的字号属性。其语法形式如下 :

<font size = "字号">文字</font>

代码 3－4 在 Dreamweaver 代码视图中输入下列代码，观察显示效果。

```
<html>
<head>
<title>目录</title>
</head>
<body>
    <font face = "黑体" size = "6">静夜思</font><br />
    <font face = "宋体" size = "5">床前明月光,</font><br />
    <font face = "宋体" size = "4">疑是地上霜。</font><br />
    <font face = "宋体" size = "3">举头望明月,</font><br />
    <font face = "宋体" size = "2">低头思故乡。</font><br />
</body>
</html>
```

文字的字号可设置为 1 ～7，也可是 +1 ～ +7 或是 -7 ～ -1。数字越大，文字也越大。

3. 设置文字颜色

在 HTML 页面中，还可通过不同的颜色来表现不同的文字效果，从而增加网页的亮丽色彩，吸引读者的注意。其语法形式如下：

<font color = "颜色代码">文字</font>

文字颜色代码是十六进制的，也可用有颜色的英文单词表示。

代码 3－5 在 Dreamweaver 代码视图中输入下列代码，观察显示效果。

```
<html>
<head>
<title>目录</title>
</head>
<body>
    <font face = "黑体" size = "6" color = "#000000">静夜思</font><br />
    <font face = "宋体" size = "5" color = "#FF0000">床前明月光,</font><br />
    <font face = "宋体" size = "5" color = "#00FF00">疑是地上霜。</font><br />
    <font face = "宋体" size = "5" color = "#0000FF">举头望明月,</font><br />
    <font face = "宋体" size = "5" color = "#FF00FF">低头思故乡。</font><br />
</body>
</html>
```

4. 粗体(strong)、斜体(em)、下划线(u)

在浏览网页时，还常常看到一些特殊效果的文字，如粗体字、斜体字及有下划线的文字。这些文字效果也可通过设置 HTML 语言的标签来实现，其语法形式如下：

<strong>粗体字</strong>

<em>斜体字</em>

<u>带下划线的文字</u>

粗体效果也可通过标签<b>来实现，斜体字还可使用标签<i>。

3.4.3 段落标签

在网页中段落标签可把文字有条理地显示出来。在网页编辑窗口中，输入完一段文字后按下回车键，即生成了一个段落。

1. 段落标签<p>

在 HTML 语言中，段落通过<p>标签来表示。语法形式如下：

<p>段落文字</p>

代码 3－6 在 Dreamweaver 代码视图中输入下列代码，观察显示效果。

```
<html>
<head>
<title>段落标签</title>
</head>
<body>

蜻蜓悄悄地飞进教堂，落在上帝的肩膀上，它听到下面的恋人对上帝发誓说：我愿意！
它看着那个男医生把戒指戴到昔日恋人的手上，然后看着他们甜蜜地亲吻着。蜻蜓流下了
伤心的泪水。
<hr/>
<p>蜻蜓悄悄地飞进教堂，落在上帝的肩膀上，它听到下面的恋人对上帝发誓说：我愿意！</p>
<p>它看着那个男医生把戒指戴到昔日恋人的手上，然后看着他们甜蜜地亲吻着。蜻蜓流
下了伤心的泪水。</p>
</body>
</html>
```

2. 换行标签

在网页的文字显示过程中，文字经常会自动换行显示。对于不自动换行的文字可使用
标签将文字强制换行。这一换行标签与段落标签不同，段落标签的换行是隔行的，而换行标签能使两行的文字更加紧凑。

是单标签，只需在需换行的位置加入
标签即可。

代码 3－7 在 Dreamweaver 代码视图中输入下列代码，观察显示效果。

```
<html>
<head>
<title>换行</title>
</head>
<body>
```

```
<p >蜻蜓悄悄地飞进教堂,落在上帝的肩膀上,它听到下面的恋人对上帝发誓说: 我愿意!</p>
<p>它看着那个男医生把戒指戴到昔日恋人的手上,然后看着他们甜蜜地亲吻着。蜻蜓流下了伤心的泪水。</p>
<hr />
蜻蜓悄悄地飞进教堂,落在上帝的肩膀上,它听到下面的恋人对上帝发誓说: 我愿意!<br />
它看着那个男医生把戒指戴到昔日恋人的手上,然后看着他们甜蜜地亲吻着。蜻蜓流下了伤心的泪水。<br />
</body>
</html>
```

3. *居中对齐标签<center>*

在 HTML 语言中提供了使文字居中显示的标签<center>，其语法形式如下：

```
<center>文字</center>
```

在标签之间的文字会自动居中显示。

代码3－8 在 Dreamweaver 代码视图中输入下列代码，观察显示效果。

```
<html>
<head>
<title>居中显示</title>
</head>
<body>
<center>
<p >爸爸、妈妈、爷爷、奶奶和 10 个兄弟姐妹,我们是 14 只老鼠的大家庭。
</p>
</center>
</body>
</html>
```

4. *文本的对齐方式*

文本的对齐方式属于标记属性，因此它应加到标记的尖括号中。其中可加入的标记有标题标记和段落标记等。

在 HTML 中的语法如下：

```
<h? align = #>文本内容</h?>
```

其中？是代表标题标签的 1 ～6。

```
<p align = #>文本内容</p>
```

其中#是对齐的方式有 left、center、right，分别代表左对齐、居中对齐和右对齐。

代码3－9 在 Dreamweaver 代码视图中输入下列代码，观察显示效果。

```
<html>
<head>
<title>对齐方式</title>
</head>
```

```
<body>
<h3 align="center">第一集 14 只老鼠大搬家</h3>
<h3 align="center">第二集 14 只老鼠吃早餐</h3>
<h3 align="center">第三集 14 只老鼠挖山药</h3>
    <p align="left">那年 4 月,为替孩子精选最佳图画书,汉声编辑抵达意大利的博洛尼亚,
那里正在举办第十一届世界图书展,宽大的展览场中,来自各国的作家、编辑、书商及抱着书夹的
插画家川流不息,热闹极了。</p>
    <p align="center">正忙于浏览、挑选之间,忽听到有人操着异国腔调的英语在我们背后
高声打招呼:</p>
    <p align="right">"听说汉声已买下岩村和朗的 14 只老鼠的故事,并能出中文版,真高
兴!"</p>
</body>
</html>
```

3.4.4 项目列表和编号列表

在 HTML 语言中，项目列表是由〈ul〉和〈li〉元素定义的，而编号列表是由〈ol〉和〈li〉元素定义的。

1. 无序列表标签〈ul〉

无序列表的特征在于提供一种不编号的列表方式，而在每一个项目文字前，以符号作为分项标识。其语法形式如下：

```
<ul>
    <li>第 1 项</li>
    <li>第 2 项</li>
    <li>第 3 项</li>
     …
</ul>
```

在该语法中，使用〈ul〉〈/ul〉标签表示这个无序列表的开始和结束，而〈li〉则表示每一个列表项的开始。在一个无序列表中可包含多个列表项。

代码 3-10　创建一个包含 4 个列表项的无序列表，具体代码如下。

```
<html >
<head>
<title>无序列表</title>
</head>
<body>
<ul>
<li>第一集 14 只老鼠大搬家</li>
<li>第二集 14 只老鼠吃早餐</li>
<li>第三集 14 只老鼠挖山药</li>
```

```
<li>第四集 14 只老鼠过冬天</li>
</ul>
</body>
</html>
```

2. 无序列表的符号类型

在默认情况下，无序列表的项目符号是●，而通过 type 参数可调整无序列表的项目符号，避免列表符号的单调。其语法形式如下：

```
<ul type = 符号类型>
    <li>第 1 项</li>
    <li>第 2 项</li>
    <li>第 3 项</li>
      …
  </ul>
```

在该语法中，无序列表其他的属性不变，type 属性则决定了列表项开始的符号。它可以设置的值有 3 个，分别是 disc（代表"●"，也是默认的属性值），circle（代表"○"），square（代表"□"）。

代码 3－11 观察以下代码段中无序列表符号的显示样式。

```
<html >
<head>
<title>无序列表</title>
</head>
<body>
<ul>
<li>第一集 14 只老鼠大搬家</li>
<li type = "circle">第二集 14 只老鼠吃早餐</li>
<li type = "disc">第三集 14 只老鼠挖山药</li>
<li type = "square">第四集 14 只老鼠过冬天</li>
</ul>
</body>
</html>
```

3. 有序列表标签<ol>

在有序列表中，各列表项是使用编号而不是符号来进行排列。列表中的项目通常都有先后顺序，一般采用数据或字母作为顺序号。其语法形式如下：

```
<ol>
   <li>第 1 项</li>
   <li>第 2 项</li>
   <li>第 3 项</li>
   …
</ol>
```

在该语法中，〈ol〉和〈/ol〉标签标志着有序列表的开始和结束，而〈li〉标签表示一个列表项的开始，在默认情况下，采用数字序号进行排列。

代码3－12　实现如图3－15所示文本显示效果的代码如下：

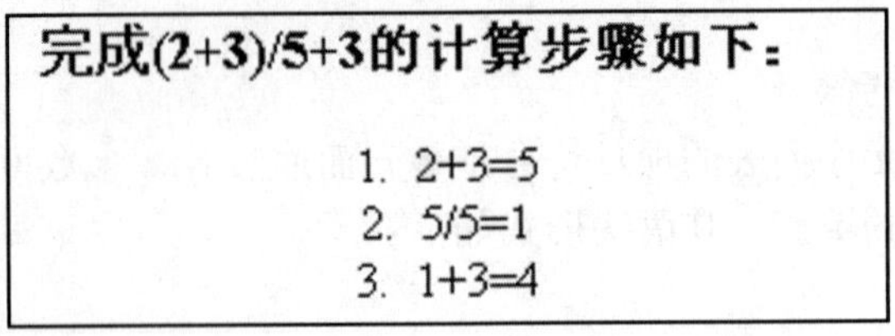

完成(2+3)/5+3的计算步骤如下：

1. 2+3=5
2. 5/5=1
3. 1+3=4

图3－15　实例效果

```
〈html〉
〈head〉
〈title〉有序列表项〈/title〉
〈/head〉
〈body〉
〈h3 align="center"〉完成(2+3)/5+3 的计算步骤如下:〈/h3〉
〈center〉
〈ol〉
〈li〉2+3=5〈/li〉
〈li〉5/5=1〈/li〉
〈li〉1+3=4〈/li〉
〈/ol〉
〈/center〉
〈/body〉
〈/html〉
```

4. 有序列表的序号类型

在默认情况下，有序列表的序号是数字，通过type属性可调整序号的类型，如将其修改成字母等。其语法形式如下：

```
〈ol type=符号类型〉
  〈li〉第1项〈/li〉
  〈li〉第2项〈/li〉
  〈li〉第3项〈/li〉
    …
〈/ol〉
```

在该语法中，无序列表其他的属性不变，type属性则决定了列表项开始的符号。它可设置的值有5个，分别是：1代表“数字1，2，3，4……”，也是默认的属性值；a代表“小写字母a，b，c，d……”；A代表“大写字母A，B，C，D……”；ⅰ代表“小写罗马数字ⅰ，ⅱ，ⅲ，ⅳ……”；Ⅰ代表“大写罗马数字Ⅰ，Ⅱ，Ⅲ，Ⅳ……”。

代码3－13 观察以下代码段中有序列表符号的显示。

```
<html>
<head>
<title>有序列表符号类型</title>
</head>
<body>
<font size="4" color="#990000">网页前台技术</font><br /><br />
<ol type=A>
<li>HTML</li>
<li>CSS</li>
<li>Javascript</li>
<li>Dreamweaver</li>
</ol>
<hr size="2" color="#FF0000" />
<font size="+4" color="#333333">网页后台的学习</font><br /><br />
<ol type=i>
<li>ASP</li>
<li>PHP</li>
<li>数据库</li>
</ol>
</body>
</html>
```

本章小结

文本在网站中具有十分重要的地位。网页中文字内容丰富、排版整齐美观、字体大小和颜色合理、字间距和行间距适当等等，都会增加浏览者对网页的满意度。因此，网页设计者在设计网页时对文本的设计显得非常重要。

4 图像的使用

图像是网页中不可缺少的元素。设计精美的图像可使网页赏心悦目，吸引浏览者的目光。但是，受网络传输的限制，如果网页中使用精度过高、容量过大的图像，将会导致网页的下载速度过慢，从而使浏览者失去等待的耐心，因此，在网页中如何正确使用图像就显得非常重要。

4.1 图像的基本知识

网页设计时，一个美观的首页须限制在100KB以下，一般的页面最好在50KB左右，因此，在网页中使用图像时要尽量缩小文件的大小，然而如果文件过小，画质又会相对降低，这就需要在速度和页面画质间保持一个平衡。

目前网页中最常用的三种图像格式分别是GIF、PNG与JPG，它们在压缩与跨平台方面都有不错的表现。

4.1.1 GIF格式

GIF格式的全名为graphic interchange format，中文为“图像互换格式”。其最早是由CompuSever于1987年发表的。GIF格式具有如下特点。

(1)跨平台能力。GIF格式在一开始就被赋予跨平台传送的能力，这正符合Internet经常须跨越平台显示的要求。

(2)压缩的能力。为了让GIF格式文件能够快速传送，GIF格式须具有减少显示色彩数目而极大压缩文件的能力。压缩不是降低图像的品质，而是减少显示色彩数目。它最多可以显示256种颜色，因此是一种无损压缩。

(3)图像背景透明。GIF格式有支持背景透明的功能，这便于图片更好地融合到其他颜色的背景中。

(4)交错显示。所谓交错显示，就是当你浏览网页时，网页中的图像可先以马赛克的形式显示出来，再慢慢地显示清楚。它的好处是浏览者可较早地知道图像的大致模样，以决定是否继续下载并显示。

(5)动画。这是GIF格式很有用的一个特点，它可将多张静止图像转换为一个动画图像存储起来。这在当今的网站中应用得很广泛，如用于链接的小尺寸图标，如图4－1所示。

图4－1　图例

4.1.2 JPG 格式

在某些情况下，必须使用全彩模式来表现图像时，JPG 格式就是唯一的选择。JPG 又称 JPEG，是由 Joint Photographic Experts Group 发展推动的。它最多可显示的颜色数有 16.7 亿种！

与 GIF 格式一样，它也具有跨平台与压缩文件的能力。而与 GIF 格式不同的是，JPG 格式的压缩是一种有损压缩，即在压缩的过程中，图像的某些细节会被忽略，因此，图像将有可能变得模糊，但一般的浏览是看不出来的。另外，它不支持背景透明和交错显示功能。这种格式适合保存用数码相机拍摄的照片、扫描的照片或使用多种颜色的图片等图像，如图4－2所示。

图 4－2 JPG 格式图像

4.1.3 PNG 格式

PNG 格式是一种替代 GIF 的无专利限制的格式，它包括对索引色、灰度、真彩色图像及 Alpha 通道透明的支持。PNG 是 Macromedia Fireworks 固有的文件格式。PNG 文件可保留所有的原始层、矢量、颜色和效果信息(如阴影)，且所有元素在任何时候都是可编辑的。只有具有 .png 文件扩展名的文件才能被 Dreamweaver 识别为 PNG 文件。

4.2 插入图像

在网页中适当地插入图像可使网页增色不少，更重要的是可借此直观地向浏览者传达信息。

4.2.1 插入图像

准备好图像后，在 Dreamweaver 中，可通过以下步骤将图像插入页面中。

(1)首先将光标放置在要插入图像的页面位置，然后执行“插入/图像”命令，或选择“插入”面板中的“图像”按钮，如图 4－3 所示。

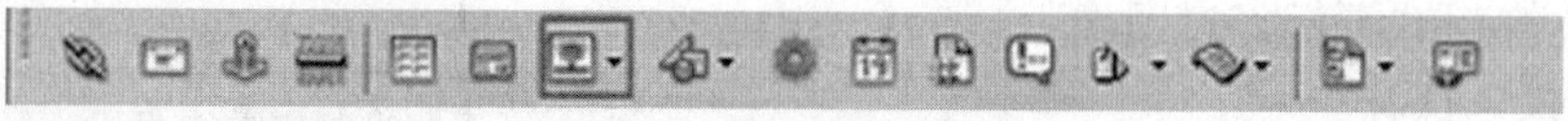

图 4－3 “图像”工具

(2)在弹出的“选择图像源文件”对话框中，选择想要插入的图像文件，如图4－4所示。

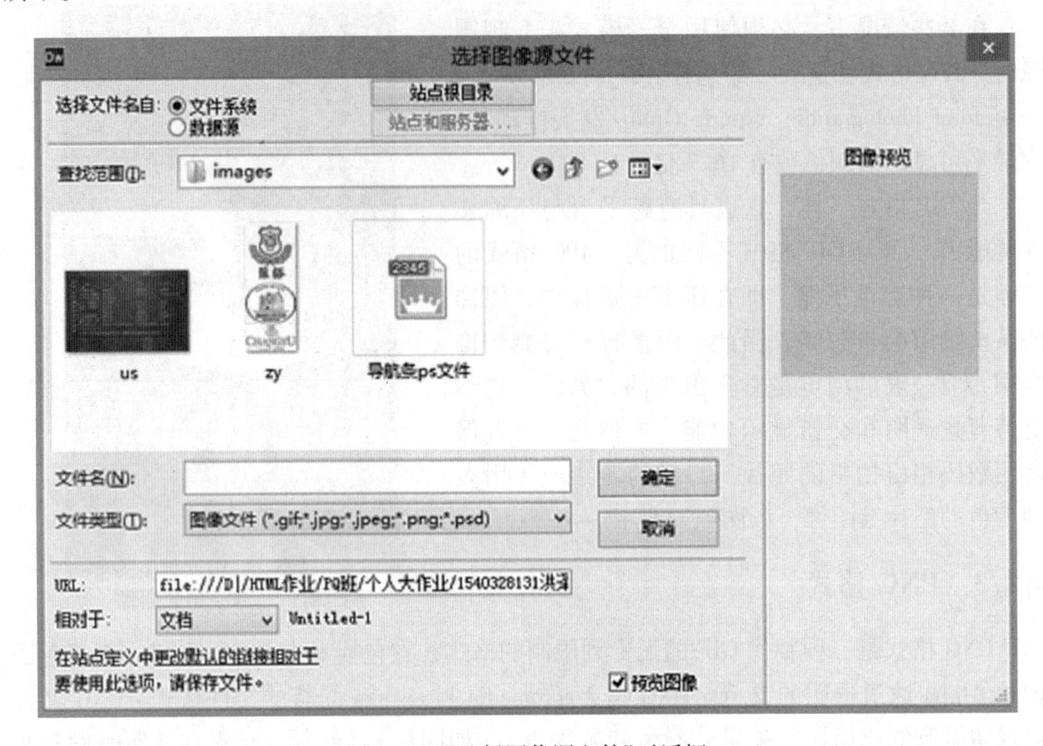

图4－4 “选择图像源文件”对话框

(3)最后单击“确定”按钮，即完成插入图像的操作。

知识点1

如果选中的图像不在本地网站的根目录下，则会弹出一个选择框，要求用户复制图像文件到本地网站的根目录。

4.2.2 插入其他图像元素

执行“插入/图像对象”命令后，可在网页中插入“图像占位符”和“鼠标经过图像”。而点击“插入”面板的“图像”按钮时在下拉菜单中发现除了“图像”外，还有3种其他的图像元素和3种可为图像加入链接的“热区”形状，如图4－5所示。这里将介绍“图像占位符”和“鼠标经过图像”。

图4－5 其他图像元素

1. 图像占位符

在网页制作的过程中，如果图像还没制作完成，而图像的大小和布局却确定了，就可在网页中插入“图像占位符”来代替该图像。“图像占位符”是一种临时图像，在实际的 IE 浏览器中浏览时，它将显示为一个红叉。

具体操作步骤如下：

(1)单击“插入”面板中“图像”按钮下拉菜单中的“图像占位符”，即弹出如图 4－6 所示的对话框。

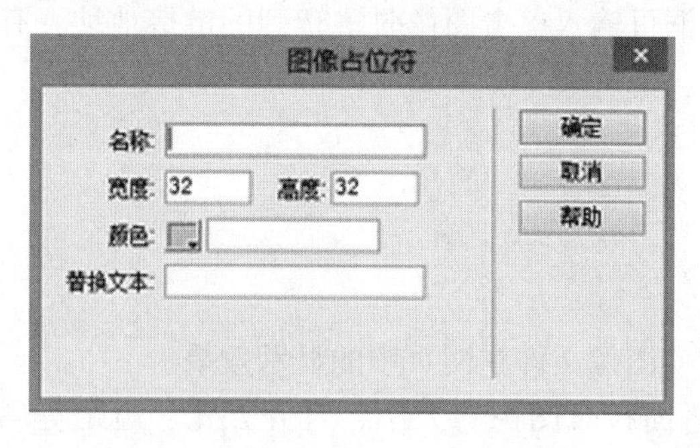

图 4－6 “图像占位符”对话框

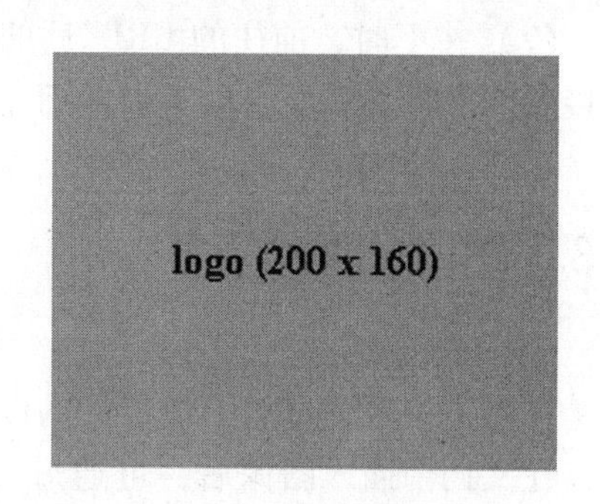

图 4－7 插入“占位符”效果

(2)根据设计需求分别设置“图像占位符”的名称、大小、颜色和替换文本。

(3)设置完成后，单击“确定”按钮，一幅实际中不存在的图像将出现在页面中，如图 4－7 所示。

2. 鼠标经过图像

在网页中有一种图像效果是，当鼠标放到该图像上时图像会发生变化，而当鼠标离开该图像时图像又恢复最初的显示效果。这种效果被称为“鼠标经过图像”。

制作这种图像效果需要两张图像，一张是原始图像，另一张是变化图像。两张图像大小必须相等，如果大小不同，会自动调整为原始图像的大小。

具体操作步骤如下：

(1)单击“插入”面板中“图像”按钮下拉菜单中的“鼠标经过图像”，即弹出如图 4－8所示的对话框。

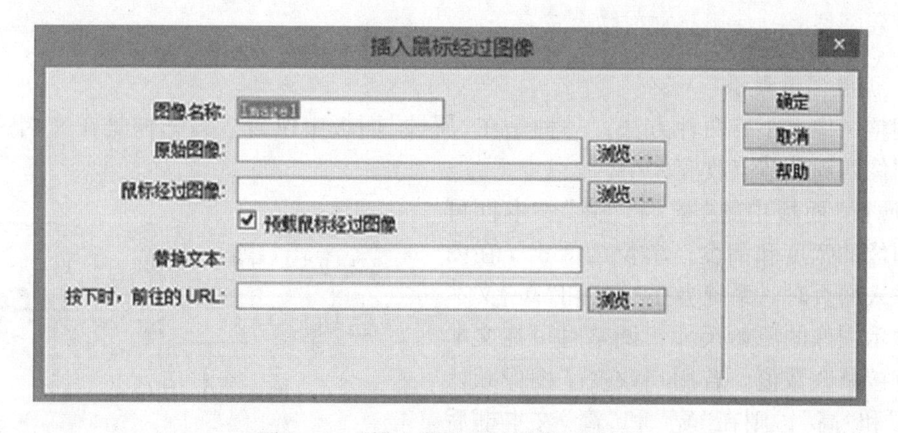

图 4－8 “插入鼠标经过图像”对话框

(2)在“图像名称”文本框中为鼠标经过图像起一个便于记忆的名称。

(3)单击“原始图像”后面的“浏览”按钮，选择一个图像文件作为原始图像。

(4)单击“鼠标经过图像”后面的“浏览”按钮，选择一个图像文件作为变化图像。

(5)选中“预载鼠标经过图像”复选框，可加快图像文件的下载速度。

(6)“替换文本”后的文本框可填入说明文字。

(7)“按下时，前往的URL”后的文本框可输入单击图像时跳转到的链接地址。有关链接的内容将在后面的章节中详细介绍。

4.3 图像的属性

在网页中可通过对图像属性的设置改变图像文件在网页中的显示效果。

在文档中插入图像后，可通过“属性”面板对图像的大小、对齐方式、边距等属性进行设置。

1. 命名图像名称

选中网页中的图像，打开“属性”面板，如图4－9所示。在“ID”文本框中可为图像命名，也可以为空。

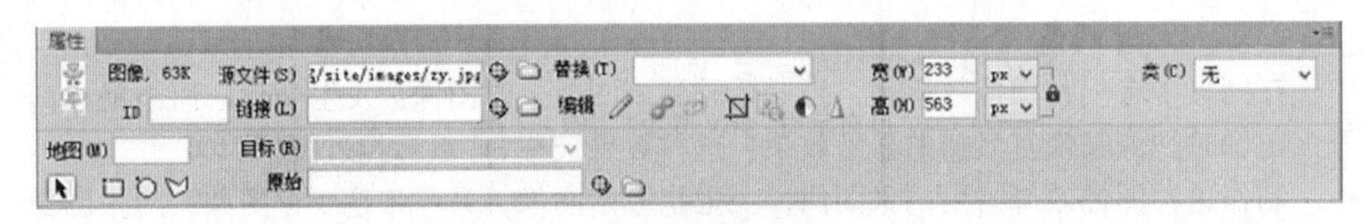

图4－9 “属性”面板

知识点2

给图像命名是为了在使用行为或编写脚本程序时，可引用该图像。此外，在命名图像时，使用英文或数字命名。

2. 调整图像大小

调整图像大小有两种方法，一种是在“属性”面板中设置，另一种是在文档窗口中拖动图像四周的节点改变大小。

“属性”面板中的“宽”和“高”文本框可设置图像的宽度和高度，单位为像素。在图像刚插入网页时，系统会在“宽”和“高”文本框中显示图像的原始尺寸，调整时可在文本框中直接修改数值。若用户改变了图像默认的“宽”和“高”，则在“宽”和“高”文本框后会出现两个图标，如图4－10所示。其中⊘代表恢复图像原始大小，✔代表永久改变图像大小。

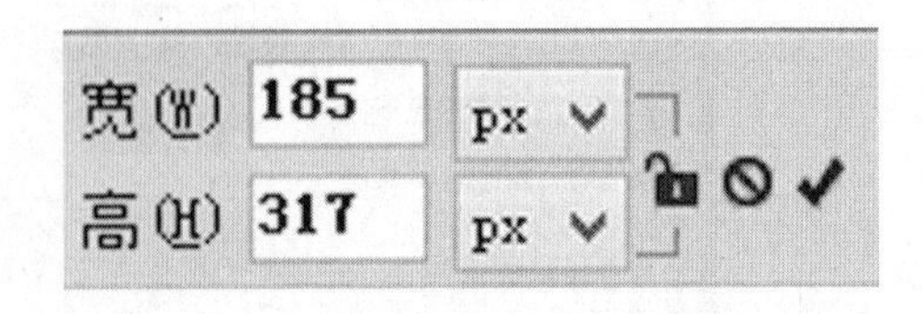

图4－10 图像大小设置

知识点3

图像的大小一般都是根据设计者的要求在外面用图像编辑软件处理加工好大小后再插入网页中，因此建议不要在 Dreamweaver 中修改，因为这样会使图像失真。如果一定要修改，建议使用图像编辑软件重新处理好后再导入网页。

3. 替换图像源文件

在图像"属性"面板的"源文件"中显示当前图像的路径，也可拖动后面的"指向文件"图标至"文件浮动面板"本地网站中的图像文件，还可单击后面的文件夹图标按钮，直接选择图像文件的路径和文件名。

4. 添加替换文本

在"属性"面板的"替换"文本框中可输入图像的说明文字。在浏览器中，当鼠标停留在图片上或图像不能被正确显示时，在其位置将显示说明文字。

5. 调整图像的明暗度和对比度

单击图像"属性"面板中的"亮度/对比度"按钮，打开"亮度/对比度"对话框，可拖动"亮度"选项滑块调整图像的明暗度；拖动"对比度"选项滑块可调整图像的对比度，选中"预览"复选框，可即时预览页面中的图像对比，如图 4－11 所示。

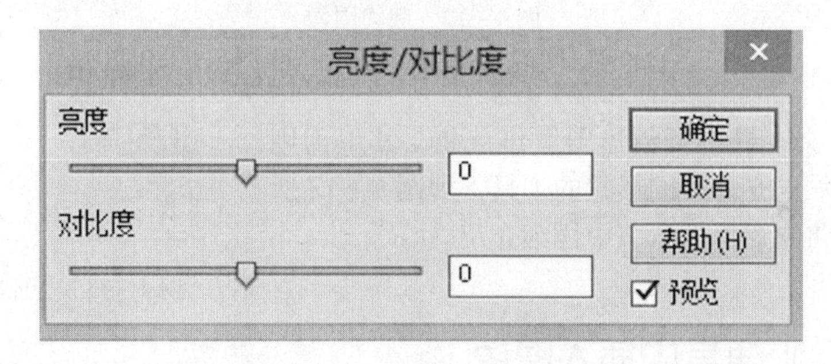

图 4－11 "亮度/对比度"设置

6. 裁切图像

裁切图像可将图像中不需要的部分剪切掉。选中图像后，打开"属性"面板，单击"裁切"按钮，选中的图像周围会显示阴影边框，如图 4－12 所示。

调整阴影边框，双击或按下 Enter 键，即可裁切图像，阴影部分的图像将被剪切掉。

图 4－12　裁切图像

7. 地图

在“地图”文本框中可创建图像热点集，其下面则是创建热点区域的 3 种不同形状的工具，如图 4－13 所示。地图工具将在后面的章节中详细介绍。

图 4－13　“地图”工具

4.4　在 HTML 语言中插入图像

4.4.1　添加图像

在 HTML 语言中插入图像的标记为〈img〉，其语法形式如下：

〈img src = "图像文件的地址"〉

在该语法中，src 参数用来设置图像文件所在的路径，这一路径可以是相对路径，也可以是绝对路径。

代码 4－1　在一段文字后面插入一张图片的具体代码如下：

```
<html>
<head>
<title>插入图片</title>
```

```
</head>
<body>
<p>绿湖国际城会所，设计华丽，品质时尚，适应业主的多种需求，可与星级酒店媲美。会所内
有中西餐厅、韵律馆、桌球室、乒乓球室、棋艺房和多功能才艺厅，大型户外园林泳池及日光晒台，
视觉上仿如与碧海相连，让业主充分享受尊贵和悠闲的生活。</p><br />
<img src = " f43. jpg" />
</body>
</html>
```

页面浏览的效果如图 4 – 14 所示。

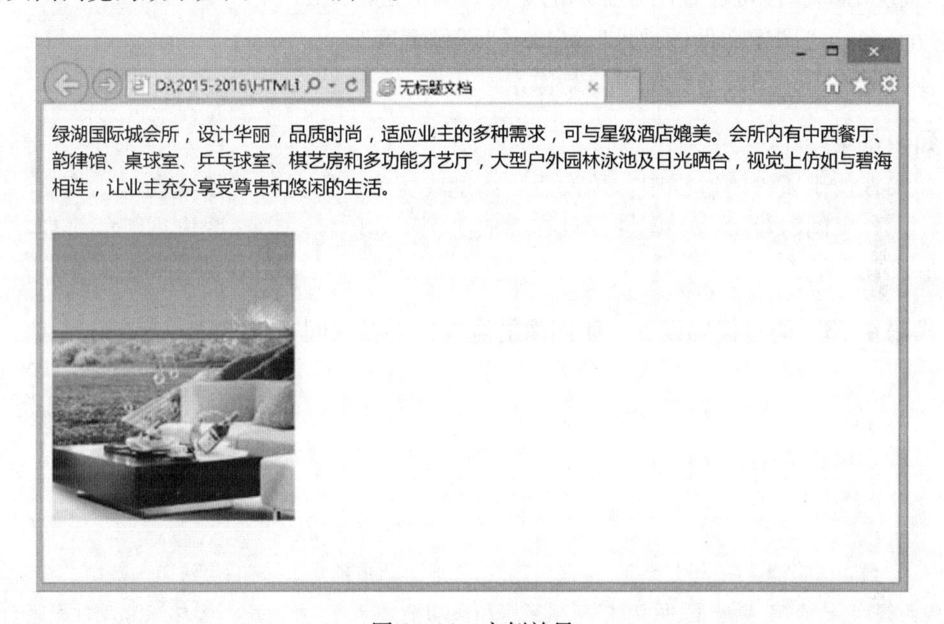

图 4 – 14　实例效果

4.4.2　设置图像属性

〈img〉标记有 7 项属性，分别为 height，width，hspace，vspace，border，align 及 alt 属性。

1. 图像高度(height)

通过 height 属性可设置图片显示的高度，其语法形式如下：

〈img src = "图像文件的地址" height = "图像高度"〉

在该语法中，图像的高度单位是像素。

代码 4 –2　设置代码 4 – 1 中的图片高度为 300 像素的代码如下：

```
<html>
<head>
<title>设置高度</title>
</head>
```

```
<body>
<p>绿湖国际城会所，设计华丽，品质时尚，适应业主的多种需求，可与星级酒店媲美。会所内有中西餐厅、韵律馆、桌球室、乒乓球室、棋艺房和多功能才艺厅，大型户外园林泳池及日光晒台，视觉上仿如与碧海相连，让业主充分享受尊贵和悠闲的生活。</p><br/>
<img src = "images/f43. jpg" height = "300" />
</body>
</html>
```

2. 图像宽度(width)

通过 width 属性可设置图片显示的宽度，其语法形式如下：

<img src = "图像文件的地址" width = "图像宽度">

在该语法中，图像的宽度单位是像素。

知识点 4

如果在使用属性的过程中，只设置了高度或宽度，则另一个参数会等比例变化。如果同时设置两个属性，且在缩放比例不同的情况下，图像很可能会变形。

代码 4-3 通过代码设置一张图像的宽度，再设置同一张图像的宽度和高度。

```
<html>
<head>
<title>设置宽度</title>
</head>
<body>
<p>绿湖国际城会所，设计华丽，品质时尚，适应业主的多种需求，可与星级酒店媲美。会所内有中西餐厅、韵律馆、桌球室、乒乓球室、棋艺房和多功能才艺厅，大型户外园林泳池及日光晒台，视觉上仿如与碧海相连，让业主充分享受尊贵和悠闲的生活。</p><br />
<img src = "images/f43. jpg" /><br /><br />
<img src = "images/f43. jpg"  width = "300"/><br /><br />
<img src = "images/f43. jpg"  width = "300" height = "208"/><br /><br />
</body>
</html>
```

3. 图像水平边距(hspace)

通过 hspace 属性可设置图像左、右空白空间，以免文字或其他图像过于贴近，默认值为 0，其语法形式如下：

<img src = "图像文件的地址" hspace = "图像水平方向空白">

在该语法中，图像水平方向空白值为数字，单位是像素。

4. 图像垂直边距(vspace)

通过 vspace 属性可设置图像上、下空白空间，以免文字或其他图像过于贴近，默认值为 0，其语法形式如下：

〈img src="图像文件的地址" vspace="图像垂直方向空白"〉

在该语法中，图像垂直方向空白值为数字，单位是像素。

代码4-4 通过代码设置一张图像水平边距为20，垂直边距为10。

```
〈html〉
〈head〉
〈title〉设置图像四周边距〈/title〉
〈/head〉
〈body〉
〈p〉绿湖国际城会所，设计华丽，品质时尚，适应业主的多种需求，可与星级酒店媲美。会所内
有中西餐厅、韵律馆、桌球室、乒乓球室、棋艺房和多功能才艺厅，大型户外园林泳池及日光晒台，
视觉上仿如与碧海相连，让业主充分享受尊贵和悠闲的生活。〈/p〉〈br /〉
〈img src="images/f43.jpg" hspace="20" vspace="10" /〉
〈/body〉
〈/html〉
```

5. 图像边框(border)

通过border属性可设置图像是否显示边框，边框宽度为多少像素，默认值为0。其语法形式如下：

〈img src="图像文件的地址" border="边框宽度"〉

代码4-5 通过代码给图像添加3个像素的边框。

```
〈html〉
〈head〉
〈title〉设置图像边框〈/title〉
〈/head〉
〈body〉
〈p〉绿湖国际城会所，设计华丽，品质时尚，适应业主的多种需求，可与星级酒店媲美。会所内
有中西餐厅、韵律馆、桌球室、乒乓球室、棋艺房和多功能才艺厅，大型户外园林泳池及日光晒台，
视觉上仿如与碧海相连，让业主充分享受尊贵和悠闲的生活。〈/p〉〈br /〉
〈img src="images/f43.jpg" border="3" /〉
〈/body〉
〈/html〉
```

6. 图像对齐方式(align)

当图像与文本混合排放时，通过align属性可设置图像在水平或垂直方向上的位置，选项包括：

(1)Top，middle，bottom：依次设定文字位置为顶端对齐、居中对齐和底部对齐。

(2)Left，right：依次设定文字左对齐和右对齐。

其语法形式如下：

〈img src="图像文件的地址" align="对齐方式"〉

代码4-6 观察下列代码，熟悉图像的各属性设置。

```
<html>
<head>
<title>设置图像属性</title>
</head>
<body>
<img src="images/f43.jpg" width="90" height="125" hspace="20" vspace="10" border="5" align="left"/>绿湖国际城会所，设计华丽，品质时尚，适应业主的多种需求，可与星级酒店媲美。会所内有中西餐厅、韵律馆、桌球室、乒乓球室、棋艺房和多功能才艺厅，大型户外园林泳池及日光晒台，视觉上仿如与碧海相连，让业主充分享受尊贵和悠闲的生活。
</body>
</html>
```

7. 图像替代(alt)

alt 属性的作用是当浏览器不能正确显示图片时，以 alt 设定的文字取代图片显示在原本为图片的位置。

其语法形式如下：

```
<img src="图像文件的地址" alt="图像替代文本">
```

本章小结

图像是网页设计中必不可少的元素，因此掌握图像的操作是非常重要的。本章主要介绍了图像的属性设置、如何制作翻转图像，以及如何在 HTML 中使用图像标签。

5 超链接

网站是由多个网页组织而成的整体，这些网页之间的组织方式就是“超链接”。

超链接(hyperlink)是网页互相联系的桥梁，可看作一个“热点”。它可从当前网页跳转到另一个网页，也可从当前网页的特定位置跳转到其他位置。这里的其他位置，包括当前页的某个位置以及 Internet、本地硬盘或局域网上的其他文件，甚至声音、图像等多媒体文件。

在 Dreamweaver 中，如果以超链接的媒介来划分，则可分为文字链接、图像链接、热区链接、内部链接和外部链接、E-mail 链接、锚链接、文件下载链接共 7 种形式。

5.1 文字链接

文字链接即通过鼠标点击文字完成网页的跳转，它是网页中最常使用的链接形式。下面将通过实例介绍文字链接的操作步骤。

实例 5 - 1 网页之间通过文字的链接操作。

(1)在 Dreamweaver 中通过执行“站点/新建站点”命令，将所给资料中的“第 5 章”文件夹中的“实例 5 - 1”创建为站点，如图 5 - 1 所示。

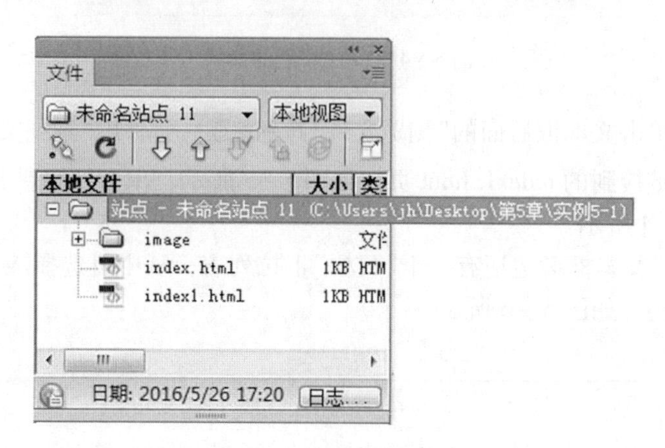

图 5 - 1 创建站点

(2)双击打开 index. html 页面，选中“产品展示”文字。

(3)打开“属性”面板，其中包括一个“链接”文本框，如图 5 - 2 所示。

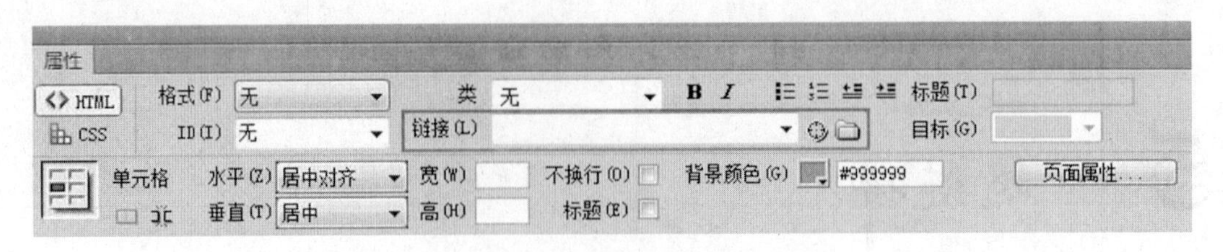

图 5－2 “链接”文本框

(4)通过以下两种方法把 index. html 页面与同一站点的 index1. html 页面进行链接。

• 方法一　用鼠标拖动文本框后面的“指向文件”按钮，至“文件”浮动面板中要链接到的 index1. html 页面，如图 5－3 所示。松开鼠标，地址即插入到“链接”文本框中，如图 5－4 所示。

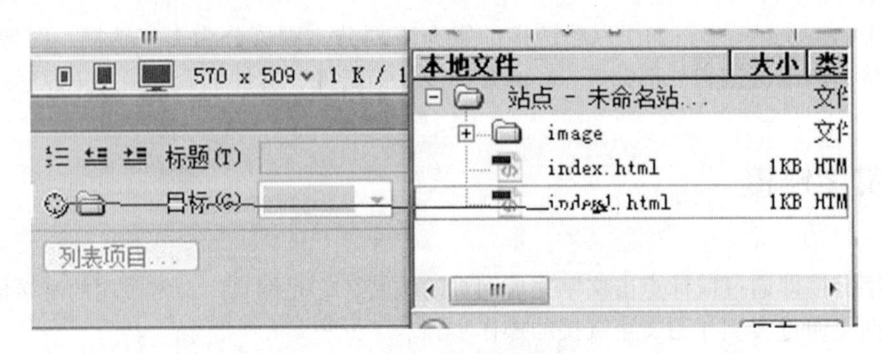

图 5－3 使用“指向文件”按钮效果

图 5－4 “链接”后的样式

• 方法二　单击文本框后面的“浏览文件”按钮，会弹出“选择文件”对话框，从中选择要链接到的 index1. html 页，如图 5－5 所示，单击“确定”后“链接”文本框也如图 5－4 所示。

(5)在“链接”文本框旁边还有一个“目标”下拉列表，从中可选择链接页面显示的窗口方式，共有 4 种，如图 5－6 所示。

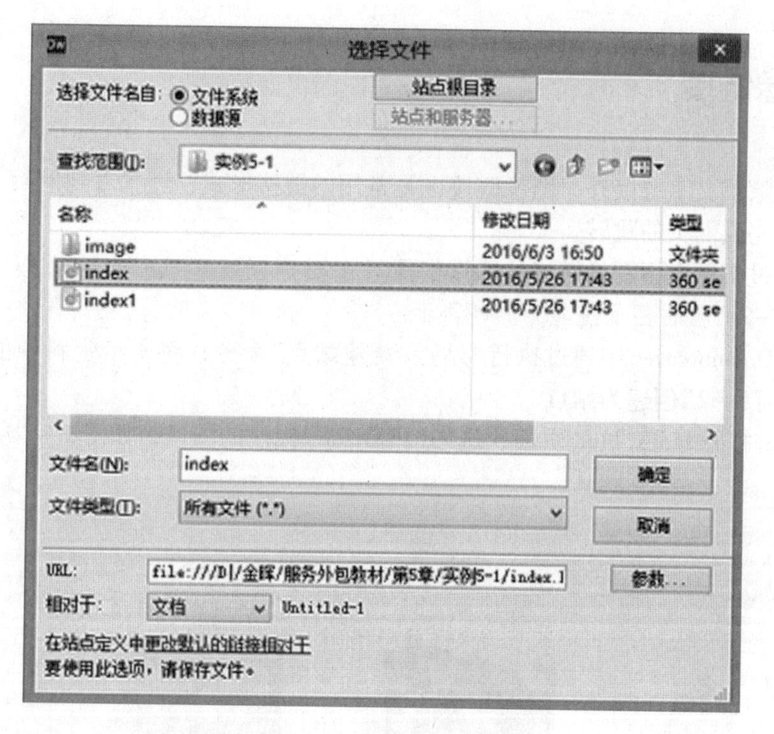

图5－5　选择链接文件

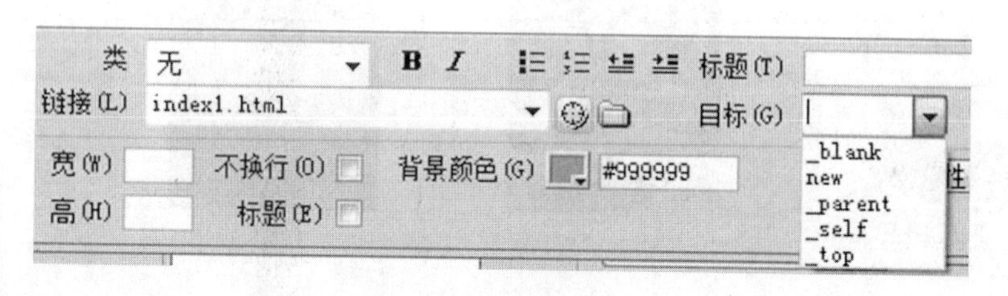

图5－6　链接目标

- _blank：打开一个新的浏览器窗口，原来的网页窗口仍存在。
- _parent：网页中使用“框架”时，新链接的网页将回到上一级“框架”所在的窗口中。
- _self：表示在当前窗口打开新的网页。
- _top：表示在链接所在的最高级窗口中打开。(使用多级框架时)

本实例选择_blank，在新的浏览器窗口打开 index1. html 页面。

(6)至此，index. html 页面通过点击“产品展示”文字链接到 index1. html 页面的操作就完成了。

(7)保存 index. html 网页，按下 F12 键预览网页，“产品展示”文字因为进行了超链接，所以文字颜色为“蓝色”、有下划线。鼠标移入时，光标指针变为手形，单击鼠标页面会跳转到 index1. html 页面。

5.2 图像链接

网页中除了文字链接外，图像链接也是常用的链接形式，经常看到网页上通过点击某些小图标完成网页的跳转。

下面通过实例介绍图像链接的操作步骤。

实例5-2 点击图像跳转到其他页面。

(1)在Dreamweaver中通过执行“站点/新建站点”命令，将所给资料中的“第5章”文件夹“实例5-2”创建为站点。

(2)双击打开index.html页面，选中“PEOPLE”标注的图像，如图5-7所示。

图5-7 index.html页面效果

(3)打开“属性”面板，选择“链接”文本框后面的“指向文件”按钮或“浏览文件”按钮，用“实例5-1”的方法创建链接到本地站点的people.html页面，如图5-8所示。

图 5-8　链接设置

(4)选择"目标"下拉列表，从中选择链接页面显示的窗口方式。本实例选择 _blank，在新的浏览器窗口打开 people. html 页面。

(5)至此，index. html 页面通过点击"people"图像链接到 people. html 页面的操作就完成了。

(6)保存 index. html 网页，按下 F12 键预览网页，此时在浏览器窗口显示的"PEOPLE"图片会出现蓝色边框，如图 5-9 所示。

图 5-9　网页预览效果

(7)所有添加了链接的图像都会出现蓝色边框，该边框可通过修改 HTML 代码中 img 标记的 border = "0" 进行取消。修改后页面的浏览效果如图 5-10 所示。

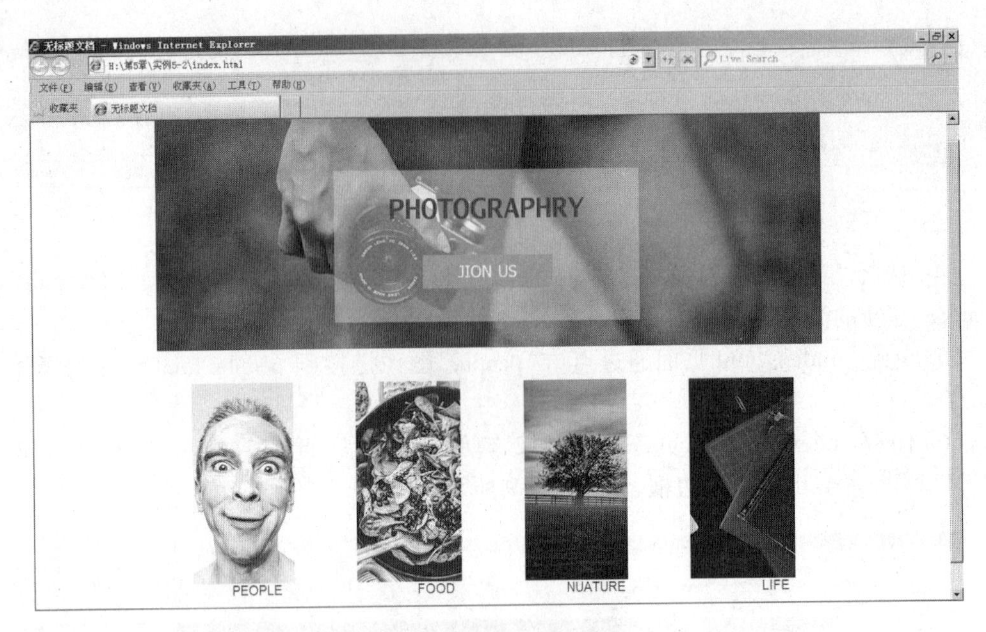

图5-10　无图片边框效果

5.3　热区链接

所谓“热区”，就是在网页上进行了链接的一个区域，也就是在网页上鼠标箭头变成小手的那个区域。例如，一个网页中有一张大的图像，操作时不是对整体进行一次链接操作，只是在该图像的不同区域进行不同的链接操作，这些不同的区域称为热区。

下面通过实例介绍热区链接的操作步骤。

实例5-3　点击页面中的小动画，出现介绍。

(1)在 Dreamweaver 中通过执行“站点/新建站点”命令，将所给资料中的“第5章”文件夹“实例5-3”创建为站点。

(2)在该站点内部创建两个页面，分别命名为 index.html 和 zebra.html，如图5-11所示。

(3)打开 index.html 页面，插入 images 文件夹下的 animals.jpg 图像文件，如图5-12所示。

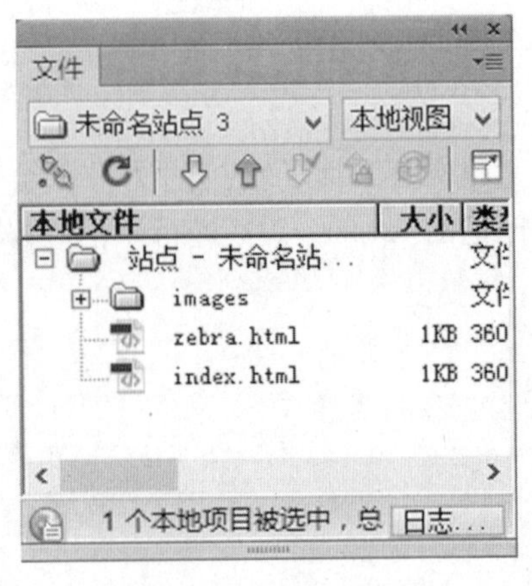

图5-11　新建两个页面

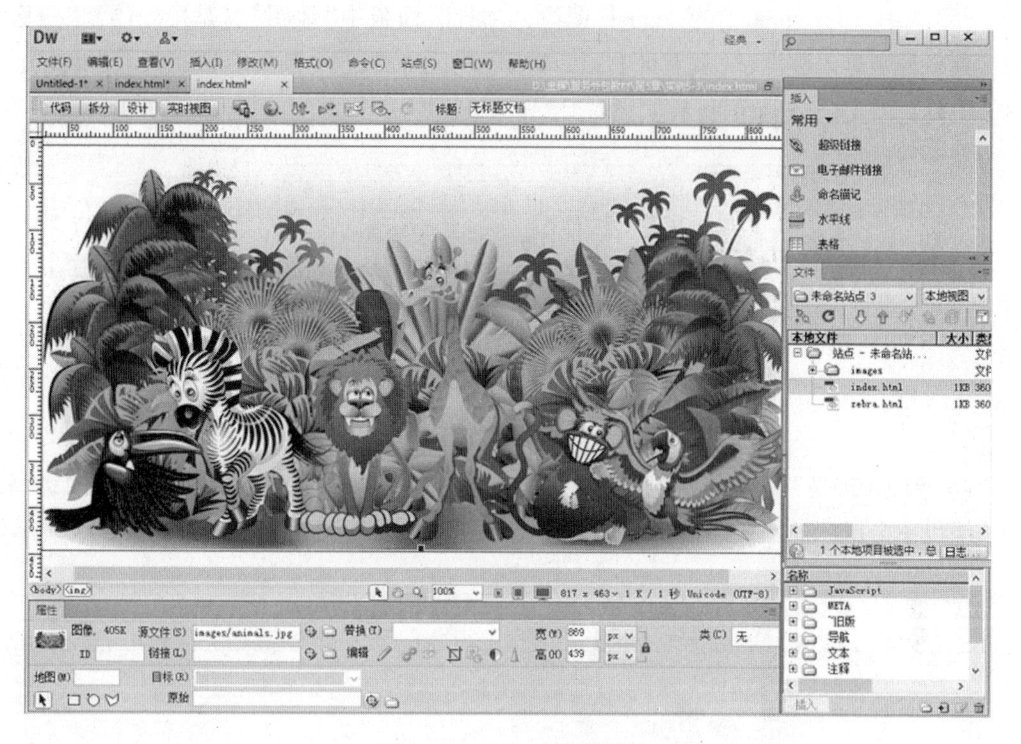

图 5－12　index 页面效果

(4)打开 zebra. html 页面，复制斑马的介绍到该页，如图 5－13 所示。

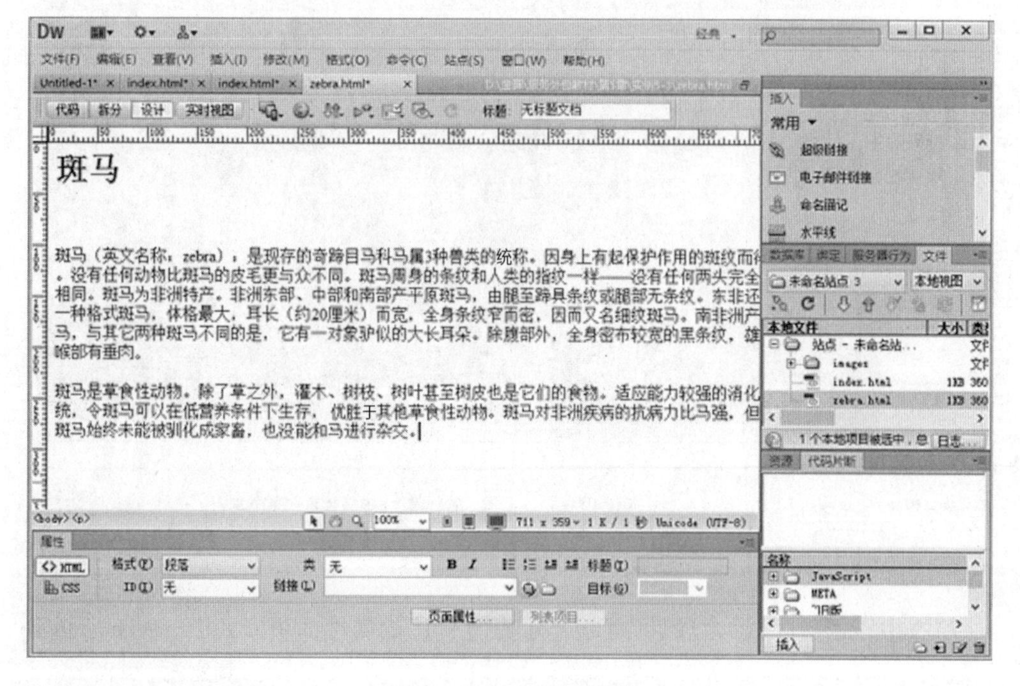

图 5－13　zebra 页面内容

(5)选中 index. html 中的 animals 图像，“属性”面板中“地图”就是用来绘制“热区”的工具，分别有 3 种类型(从左至右)，即矩形热区工具、圆形热区工具和多边形热区工具，如图 5 - 14 所示。

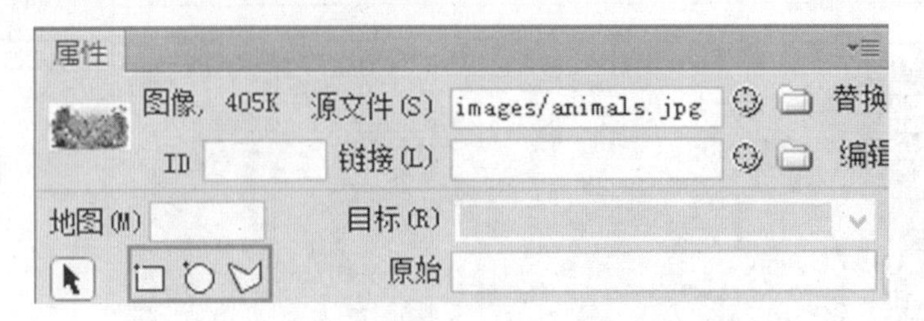

图 5 - 14　热区工具

(6)因为“斑马”区域为多边形区域，所以选择“多边形热区工具”，沿着“斑马”的边缘以单击鼠标的形式绘制出一个包含“斑马”的“绿色”透明区域，如图 5 - 15 所示。

图 5 - 15　设置“斑马”热区

(7)选中该透明区域，“属性”面板显示为“热点”的属性面板，如图 5 - 16 所示。

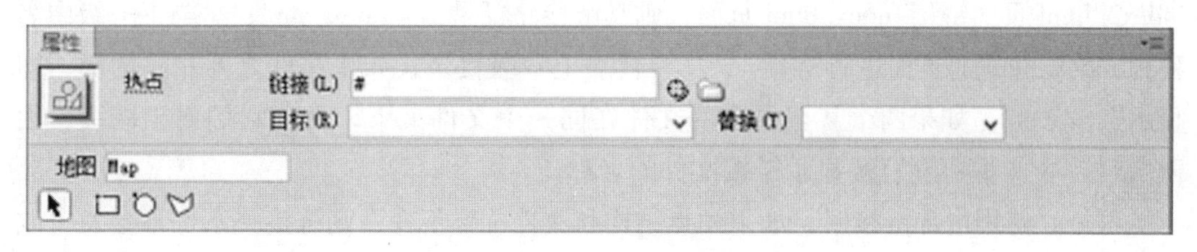

图 5－16 “热点”属性面板

(8)选择“链接”文本框后面的“指向文件”按钮或“浏览文件”按钮，链接到本地站点的 beijin. html 页面，如图 5－17 所示。

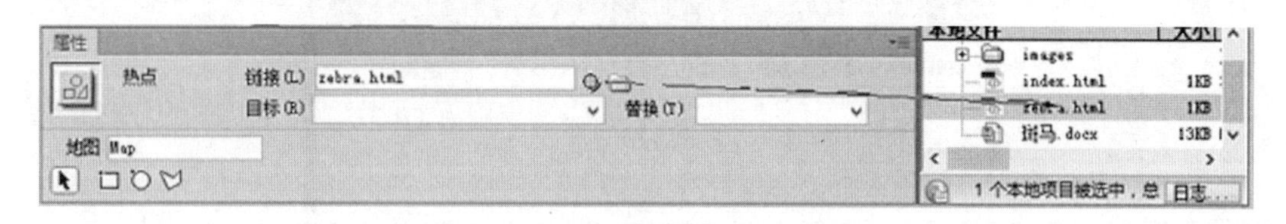

图 5－17 热区“链接”zebra 页面

(9)保存 index. html 网页，按下 F12 键预览网页，此时点击地图上的“斑马”将打开 zebra. html 页面。

知识点 1

可以通过拖动热区节点的方式对区域的形状和大小进行修改；选中热区，按下 Delete 键就可将整个热区删除。

5.4 内部链接和外部链接

5.4.1 内部链接

内部链接是指同一站点内各级页面之间互相链接跳转。如前面几个实例中的 index. html 页面都是链接到本地站点下的其他页面，这就是内部链接。内部链接也可称为站内链接。下面以图 5－18 所示的网站结构为例。

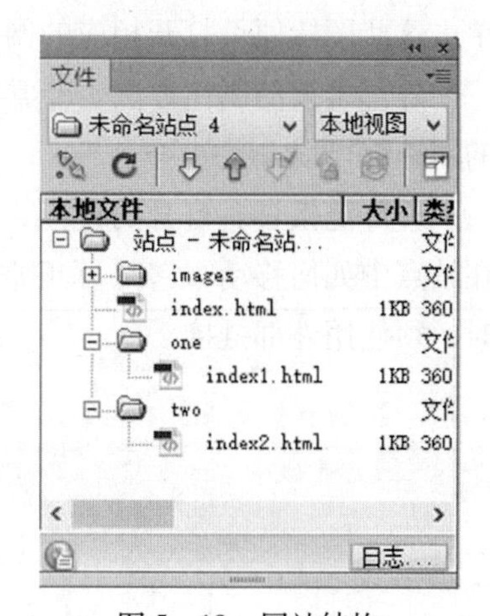

图 5－18 网站结构

若要 index. html 页面链接 index1. html 页面，其内部链接的路径是 one/index1. html，这是 index1. html 页面相对首页的路径，是和 index. html 页面同级的名为 one 的文件夹下的 index1. html 进行链接。若要

index2. html 页面链接 index. html 页面，则其链接路径是../index. html，是与上一级中名称为 index. html 的页面进行链接。“../”代表上一级目录，如果文件之间相隔两级，即显示“../../”。如果两个甚至更多的文件在同一个文件夹下，由于它们属于同级，因此“链接”文本框中会直接显示链接文件的名称。

可见，使用内部链接时，如果站点结构和文档位置不变，则链接关系也不会发生改变。即使整个站点移植到其他地址的站点中，也不需修改文档中的链接路径，这是它的优点。但是，如果修改了站点结构或移动了文档，则文档中的相对链接关系就会被破坏。此时 Dreamweaver 将出现如图 5－19 所示的“更新文件”提示窗口。

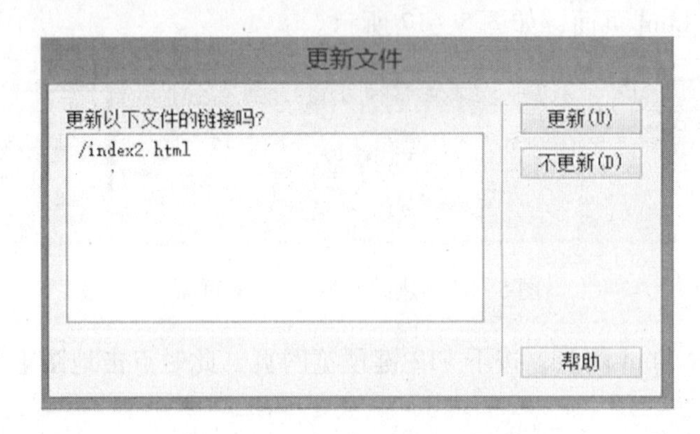

图 5－19 “更新文件”提示窗口

5.4.2 外部链接

外部链接比内部链接更好理解，即在“链接”文本框中直接用键盘输入该网页在 Internet 上的“网址”，包括使用的协议(如 http：//)。外部链接多用于网站间友情链接的内容。

如图 5－20 所示网站“新女报全媒体”一栏，列出了和本站相关或友情链接的站点，单击这些图标便可打开相应的网页。

外部链接的制作方法也非常简单，只需在“属性”面板的“链接”文本框中输入相应的网址就可以。

外部链接具有自身的优点，那就是“网址”与链接本地站点根目录无关，无论文档在站点中如何移动，它都可正常实现跳转而不会发生错误。在链接不同站点上的文档时，须使用外部链接。

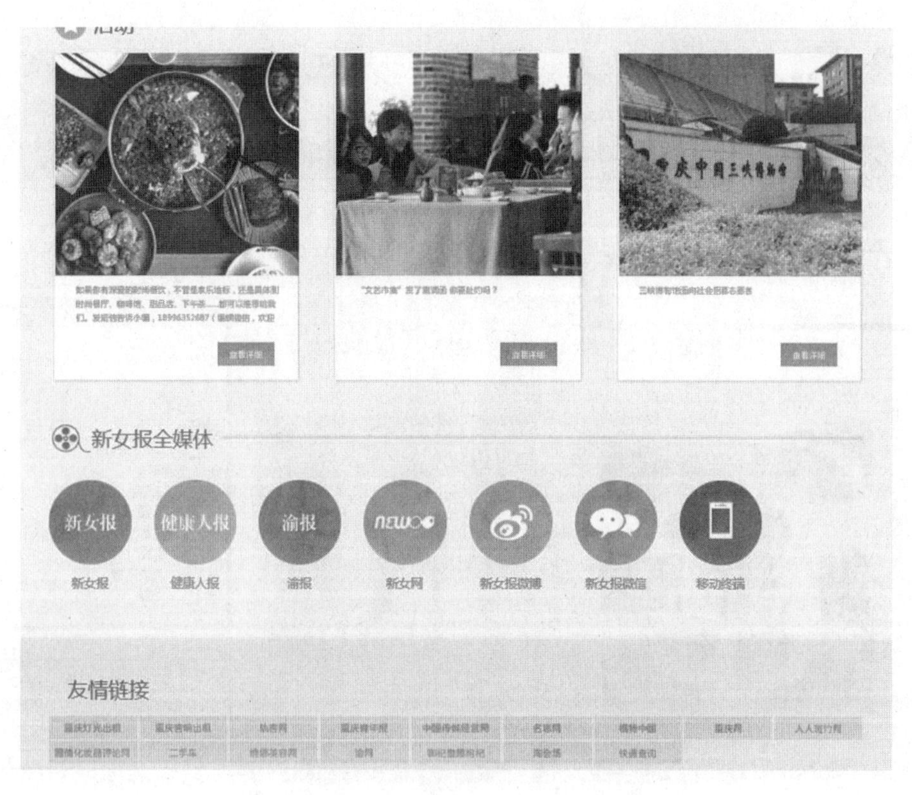

图 5－20 “新女报全媒体”栏目

5.5 E-mail 链接

E-mail 链接就是用户发送邮件的操作，当浏览者单击该链接后，将启动用户的 E-mail客户端软件（如 Outlook Express），并打开一个空白的新邮件，供浏览者撰写内容与网站联系人联系。

下面将通过实例介绍 E-mail 链接的操作步骤。

实例 5－4 发送邮件的链接操作。

（1）在 Dreamweaver 中通过执行“站点/新建站点”命令，将所给资料中的“第 5 章”文件夹“实例 5－4”创建为站点。

（2）双击打开站点内的 index. html 页面，如图 5－21 所示。

（3）选中页面底部的“联系我们”图像就可创建 E-mail 链接了。在“属性”面板的“链接”文本框中输入：mailto：（邮箱地址）。此时输入作者的邮箱地址，mailto：51851791 @ qq. com，如图 5－22 所示。

（4）保存 index. html 网页，按下 F12 键预览网页，此时点击“联系我们”图像会自动启动邮箱软件。

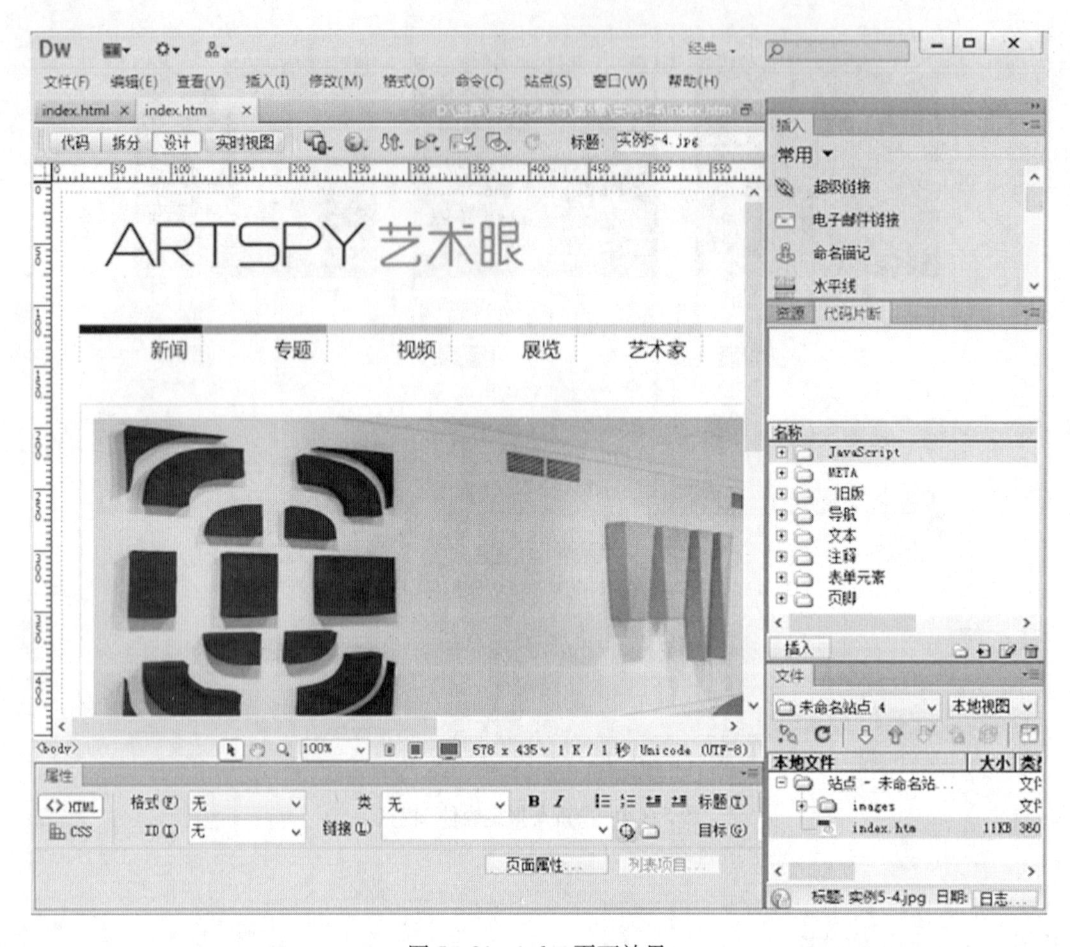

图 5－21　index 页面效果

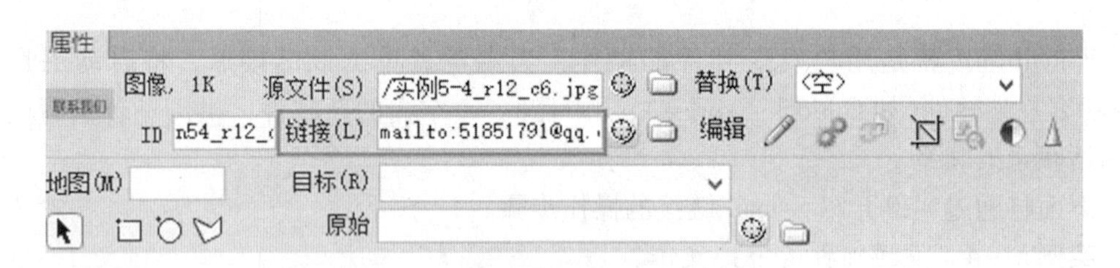

图 5－22　邮箱链接

上面的方法是在页面中选中某个元素，例如文字、图像等添加 E-mail 链接；还有另一种方法是，点击“插入”面板中“电子邮箱链接”按钮，此时会弹出一个对话框，如图 5－23 所示。在“文本”框中输入进行链接的文字，可以是中文或英文；“电子邮件”文本框输入网站联系的邮箱地址。

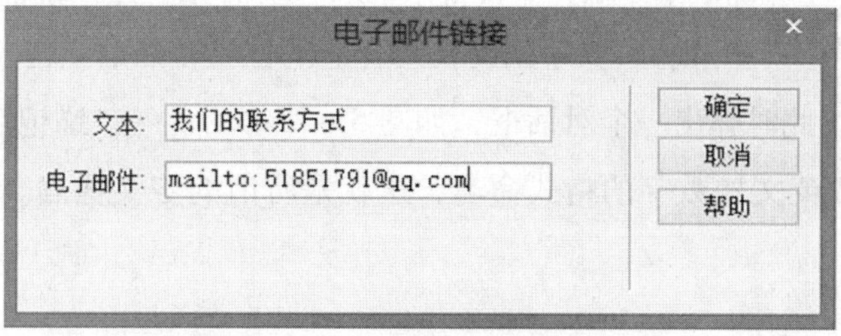

图 5－23 “电子邮件链接”对话框

5.6 锚链接

前面阐述的链接都是在不同页面之间进行的链接操作。在设计网页时，除了可对不同页面或文件进行链接外，用户还可对同一网页的不同部分或不同网页的不同部分进行链接。这种链接称为锚链接。

锚链接必须先定义锚点，然后才能定义链接。

下面将通过实例介绍锚链接的操作步骤。

实例 5－5 锚链接操作。

(1) 在 Dreamweaver 中通过执行“站点/新建站点”命令，将所给资料中的“第 5 章”文件夹“实例 5－5”创建为站点。

(2) 双击打开 index. html 页面，该页面内容是一篇幅很长的教学文档，如图 5－24 所示。

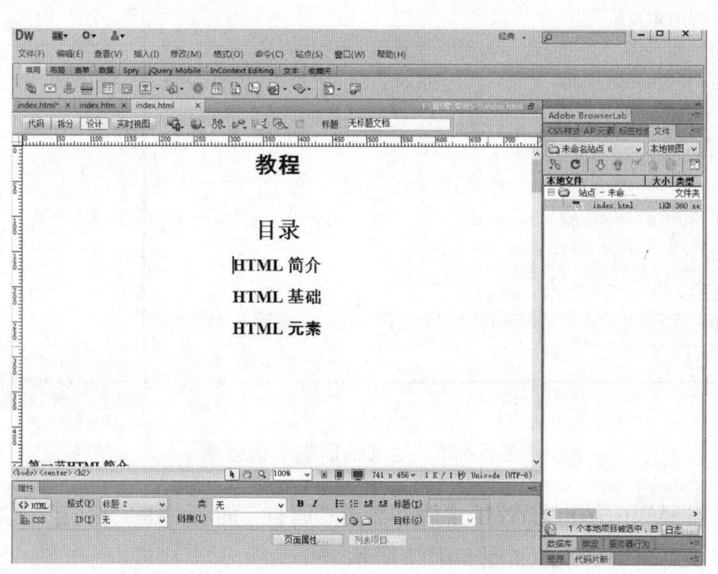

图 5－24 index 页面

(3)本例通过点击目录快速跳转显示每小节的教学内容，这就要使用锚链接。

(4)在“第一节 HTML 简介”文字四周找到合适的位置，然后点击“插入”面板的“命名锚记”按钮，此时弹出一个对话框，如图 5－25 所示。在“锚记名称”文本框中输入文字，用英文或英文加数字的格式命名，这就是所谓的定义锚点。此例输入“no1”，点击“确定”按钮。

图 5－25　“命名锚记”对话框

(5)定义完锚点后，Dreamweaver 编辑窗口“第一节 HTML 简介”文字旁边会出现图标，如图 5－26 所示。如果没出现该图标，检查步骤 4 是否正确或执行“查看/可视化助理”命令，在弹出的子命令中钩选“不可见元素”。

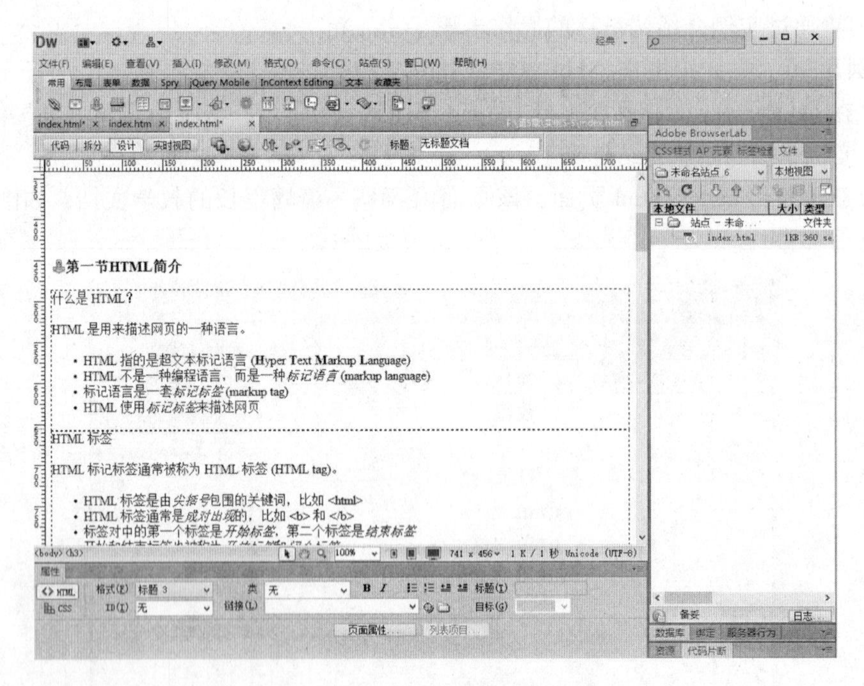

图 5－26　定义锚后的页面效果

(6)选中“目录”下方的“HTML 简介”，在“属性”面板中的“链接”文本框中输入锚链接，格式为“#锚记名称”，如图 5－27 所示。

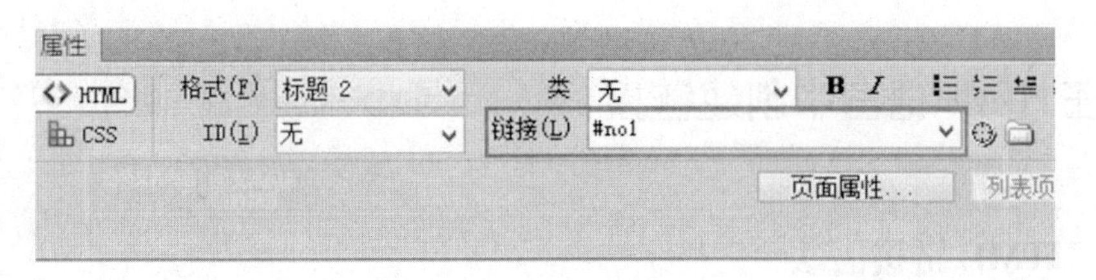

图 5－27　设置“锚链接”

(7)保存 index. html 网页，按下 F12 键预览网页，此时点击“HTML 简介”，页面会滚动到“第一节 HTML 简介”的内容位置。

5.7　文件下载链接

“文件下载链接”就是当浏览器无法识别文件类型时，将直接把文件保存到本地计算机中。

下面将通过实例介绍文件下载链接的操作步骤。

实例 5－6　文件下载链接操作。

(1)在“实例 5－6”文件夹中有一个命名为 text 的 Word 文档。现在通过操作将该文件下载到本地电脑中。

(2)在 Dreamweaver 中通过执行“站点/新建站点”命令，将所给资料中的“第 5 章”文件夹“实例 5－6”创建为站点。

(3)新建一个 download. html 页面，在该页面输入“下载文件”文本。

(4)选中“下载文件”，然后选择“属性”面板的“链接”文本框中后面的“指向文件”按钮或“浏览文件”按钮，链接到本地站点的 text. doc 页面，如图5－28所示。

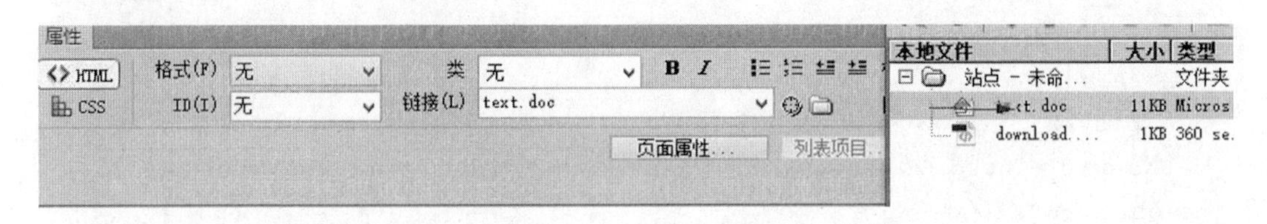

图 5－28　链接下载文档

(5)保存 download. html 网页，按下 F12 键预览网页，此时点击“下载文件”页面会弹出“文件下载”选择框，单击其中的“保存”按钮，文件即保存到本地电脑中。

5.8 在 HTML 语言中创建链接

5.8.1 HTML 链接语法

在 HTML 中通过使用〈a〉标签创建链接，其语法形式如下：

〈a href = " url" 〉链接的对象〈/a〉

其中，href 定义了链接目标的地址，〈a〉和〈/a〉之间的对象被作为超链接来显示。

代码 5 -1 以下代码效果是通过点击“新浪”文字，可以链接到“新浪”的网址。

```
〈html 〉
〈head〉
〈titlc〉链接〈/titlc〉
〈/head〉
〈body〉
〈a href = "http://www. sina. com"〉新浪〈/a〉
〈/body〉
〈/html〉
```

知识点 2

“链接对象”不一定是文本，图片或其他 HTML 元素都可创建链接。

代码 5 -2 以下代码效果是通过点击“新浪”图标链接到“新浪”首页。

```
〈html〉
〈head〉
〈title〉图片链接〈/title〉
〈/head〉
〈body〉
〈a href = "http://www. sina. com"〉〈img src = "images/sina. jpg" width = "151 "
height = "58 " /〉〈/a〉
〈/body〉
〈/html〉
```

代码 5 -3 以下代码效果是点击“联系我们”给作者发邮件。

```
〈html〉
〈head〉
〈title〉邮件链接〈/title〉
〈/head〉
〈body〉
```

```
<a href="mailto:51851791@qq.com">联系我们</a>
</body>
</html>
```


5.8.2 HTML 链接属性

1. Target 属性

使用 Target 属性，可定义被链接的文档在何处显示。Target 属性与 Dreamweaver 中“目标”下拉列表中的内容是一样的，包括_blank、_parent、_self 和_top。

代码 5-4 以下代码链接内容将在一个新窗口打开。

```
<html>
<head>
<title>新窗口打开链接</title>
</head>
<body>
<a href="http://www.sina.com" target="_blank"><img src="images/sina.jpg" width="151" height="58" /></a>
</body>
</html>
```

2. name 属性

name 属性规定锚的名称，在5.6节“锚链接”中已介绍了使用锚链接时可创建直接跳至锚名(如页面中某个小节)的链接，这样浏览者就无需不停地滚动页面来寻找需要的信息了。

命名锚的语法形式如下：

<a name="label">锚(显示在页面上的文本)</a>

其中“label”就是锚名。

实例 5-7 利用 HTML 创建锚链接。效果是点击页尾的“页首”文字，页面将跳至页首。

(1)在 Dreamweaver 中通过执行“站点/新建站点”命令，将所给资料中的“第5章”文件夹中的“实例5-7”创建为站点。

(2)打开 index.html 页面文档，切换到“拆分”窗口，光标插入代码段的“首页”文字位置，利用 HTML 定义锚名，如图5-29所示。

(3)定义锚名后，创建锚链接。将光标插入代码段的“返回”前面，利用 HTML 创建锚链接，如图5-30所示。

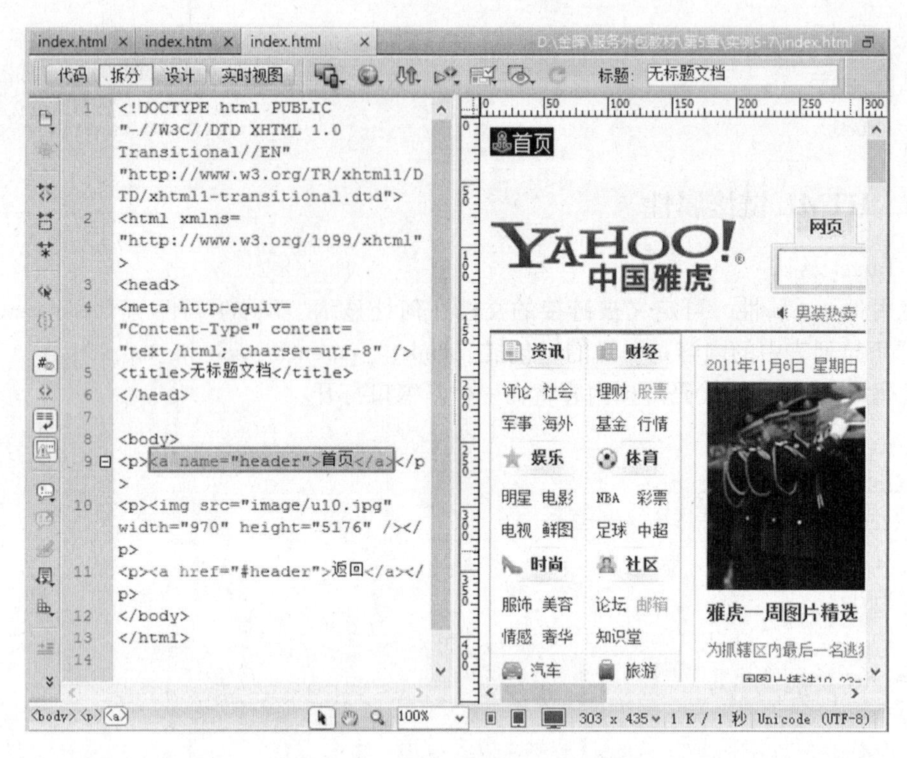

图 5－29　定义“锚”的 HTML 标签

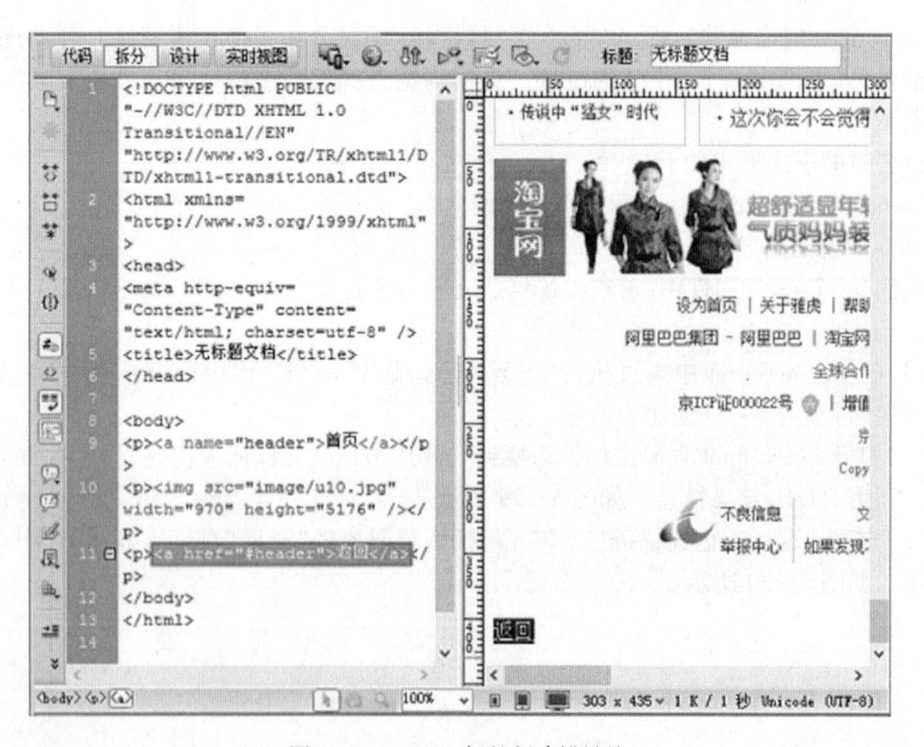

图 5－30　HTML 标签创建锚链接

(4)完整代码如下：

```
<html>
<head>
<title>锚链接</title>
</head>
<body>
<p><a name = "header">首页</a></p>
<p><img src = "image/u10. jpg" width = "970" height = "5176" /></p>
<p><a href = "#header">返回</a></p>
</body>
</html>
```

(5)保存 index. html 网页，按下 F12 键预览网页，滚动浏览页面到页尾后，点击“返回”即可跳转到页首。

本章小结

页面须通过链接才能构成网站。正确的链接是优秀网站的标准之一。因此，如何正确使用链接是本章所要解决的问题。本章介绍了文字链接、图像链接、热区链接、内部链接和外部链接、E-mail 链接、锚链接、文件下载链接等链接的制作方式，并阐述了如何在 HTML 中使用链接标签。

6 表 格

表格是用于在 HTML 网页上进行数据统计和显示数据的，早期也是进行页面布局的强有力工具。但目前利用 CSS + DIV 技术进行页面布局已成为网页设计的趋势。

6.1 表格的操作

表格由一行或多行组成，每行又由一个或多个单元格组成。

6.1.1 插入表格

Dreamweaver 提供了极为方便地插入表格的方法，并且可设置插入表格的相关属性，如边距、间距、宽度等。

选择"插入"/"表格"命令，或者单击"插入"面板上的"表格"按钮，打开"表格"对话框，如图 6-1 所示。

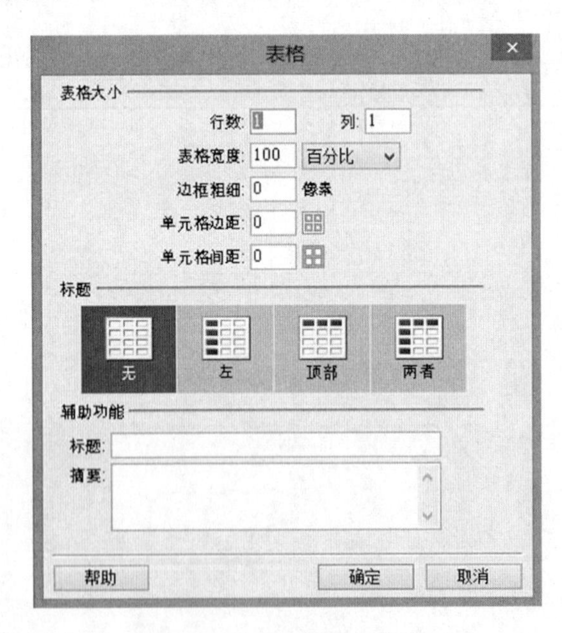

图 6-1 "表格"对话框

在“表格”对话框中可对插入的表格进行设置。该对话框分为3个设置区域，分别为“表格大小”“页眉”和“辅助功能”。

(1)“表格大小”区域中可设置的选项有如下几种。

行数：可在文本框中输入表格的行数。

列数：可在文本框中输入表格的列数。

表格宽度：可在文本框中输入表格的宽度，在右边的下拉列表中选择度量单位，可选择“百分比”或“像素”。

边框粗细：可在文本框中输入表格边框的粗细。

单元格边距：可在文本框中输入单元格中的内容与单元格边框之间的距离值。

单元格间距：可在文本框中输入单元格与单元格之间的距离值。

> **知识点1**
> 如果在设置边框粗细为0时看不到边框，请执行“查看”/“可视化助理”/“表格边框”选项。

(2)“页眉”区域中可为表格设置拥有标题的行或列，如图6－2所示。

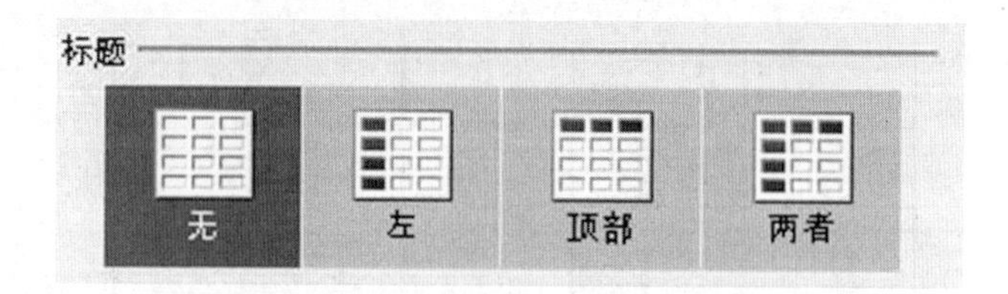

图6－2　表格的标题设置

无：不使用行或列标题。

左：将表格的第1列作为标题列，以便为表格中的每一行输入一个标题。

顶部：将表格的第1行作为标题列，以便为表格中的每一列输入一个标题。

两者：可在表格中输入行标题和列标题。

(3)“辅助功能”区域中可设置的选项如图6－3所示。

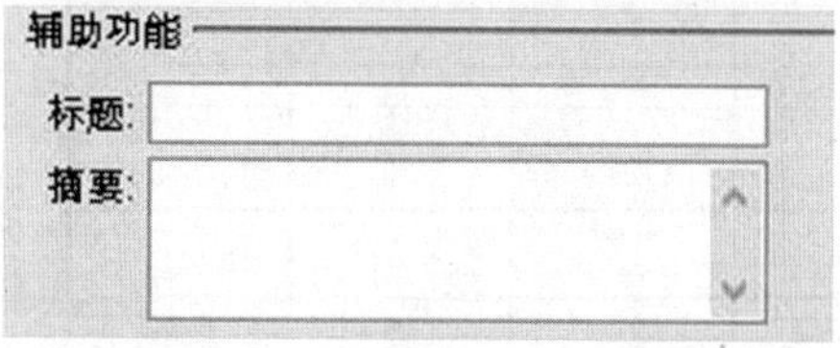

图6－3　表格的辅助功能

标题：提供一个显示在表格外的表格标题。

摘要：可键入表格的说明文本。屏幕阅读器可读取摘要文本，但该文本不会显示在用户的浏览器中。

6.1.2 调整表格大小

可通过拖动选中表格时显示的3个选择柄来调整表格的大小。要在水平方向调整表格的大小，可拖动右边的选择柄，如图6－4所示；要在垂直方向调整表格的大小，可拖动底部的选择柄，如图6－5所示；要在两个方向调整表格的大小，可拖动右下角的选择柄，如图6－6所示。

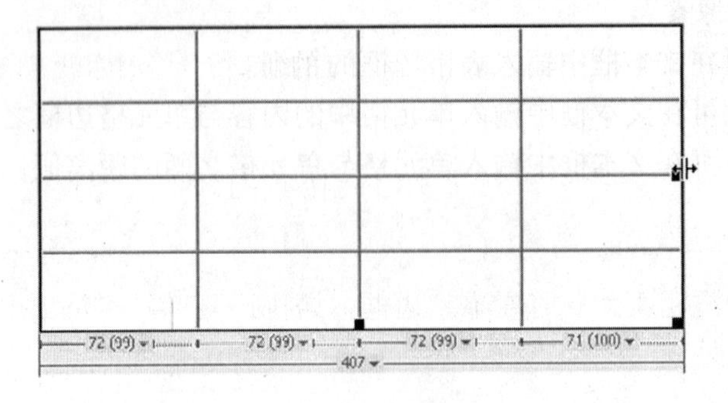

图6－4 水平方向调整表格

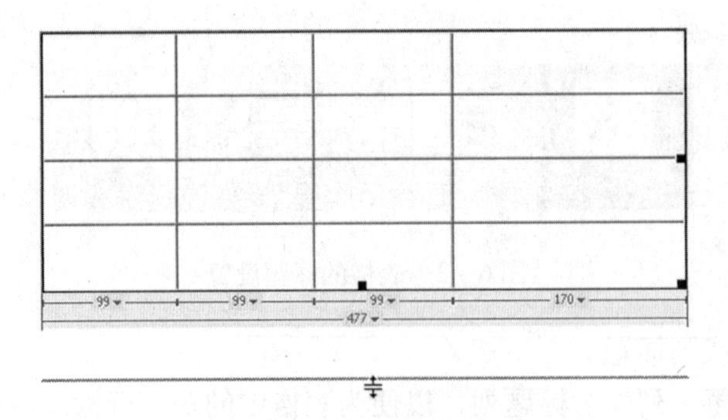

图6－5 垂直方向调整表格

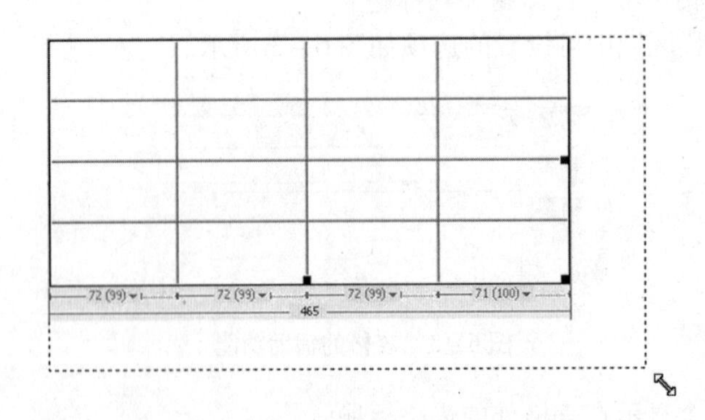

图6－6 垂直与水平方向调整表格

6.1.3 选择表格

选择表格是对表格进行编辑操作的前提。在 Dreamweaver 中，可一次选择整个表格，也可选择行或列，还可选择连续的单元格。

1. 选择整个表格

选择整个表格对象，常用以下几种方法。

(1)将光标移动到表格的左上角或右下角的位置，当光标变成“表格”光标时，单击鼠标，即可选中整个表格。

(2)单击表格中任何一个单元格，然后在文档窗口左下角的标签选择器中选择〈table〉标签，即可选中整个表格。

(3)单击表格单元格，然后选择“修改”/“表格”/“选择表格”命令，即可选中整个表格。

(4)将光标移到任意单元格上，按住 Shift 键，单击鼠标，即可选中整个表格。

2. 选择表格中的行或列

在对表格进行操作时，有时需选中表格中的某一行或某一列。如果要选择表格的某一行或列，常用以下几种方法。

(1)将光标移至表格的上边缘位置，当光标显示为向下箭头时，单击鼠标，可选中整列；将光标移到表格的左边缘位置，当光标显示为向右箭头时，单击鼠标，可选中整行。

(2)单击单元格，水平拖动鼠标，即可选择整行；垂直拖动鼠标选择整列。同时，还可拖动选择多行和多列。

3. 选择单个单元格

选择单个单元格，常用以下几种方法。

(1)单击单元格，然后在文档窗口左下角的标签选择器中选择〈td〉标签，即可选中该单元格。

(2)单击单元格，然后选择“编辑”/“全选”命令，或按下 Ctrl + A 键，即可选中该单元格。

4. 选择连续的单元格

在对表格进行操作时，如果要选择连续的单元格，常用以下几种方法。

(1)单击单元格，从一个单元格拖到另一个单元格即可。

(2)选择一个单元格，按住 Shift 键，单击另一个单元格即可。

5. 选择不连续的单元格

按住 Ctrl 键，将光标移至任意单元格上，光标会显示一个“矩形”图形，单击所需选择的单元格、行或列，即可将不连续的单元格选中。

6.1.4 增加与删除行或列

在表格的操作过程中，可很方便地添加或删除表格的行或列。

1. 增加单行或单列

- 将光标置于单元格内，执行“修改”/“表格”/“插入行”或“插入列”命令，如图 6－7 所示。

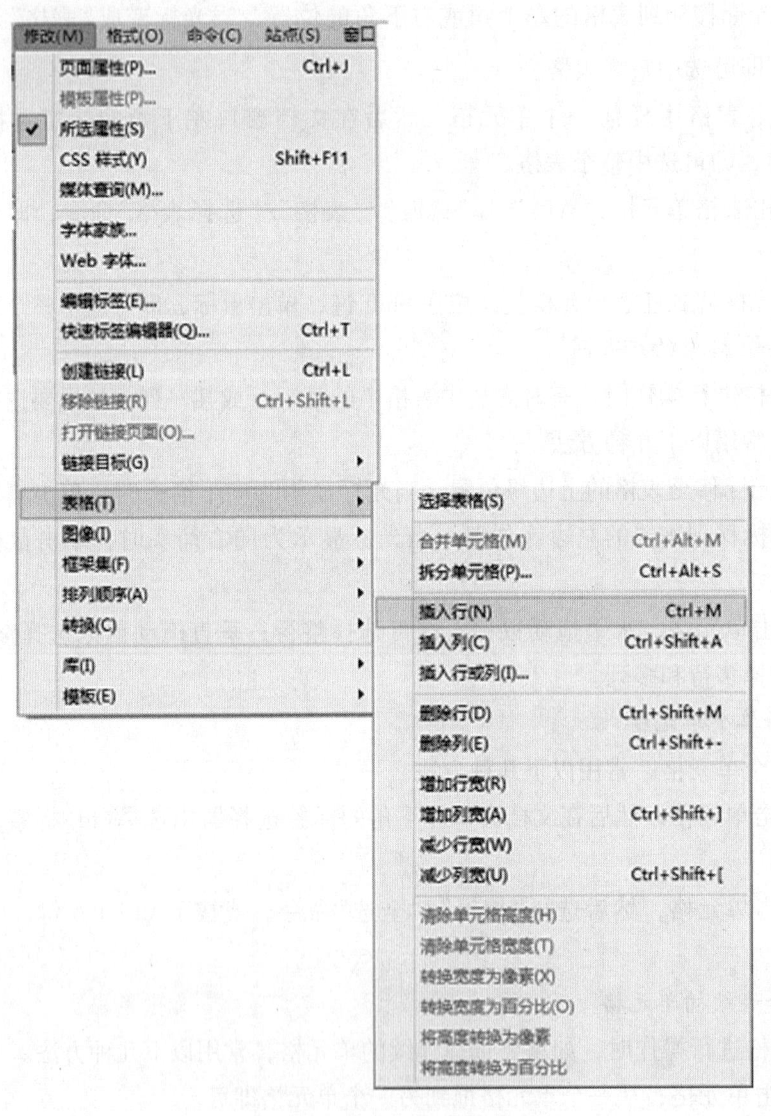

图 6－7 修改表格的命令

- 将光标置于单元格内，然后单击鼠标右键，在弹出的快捷菜单中选择“表格”/“插入行”或“插入列”命令，如图 6－8 所示。

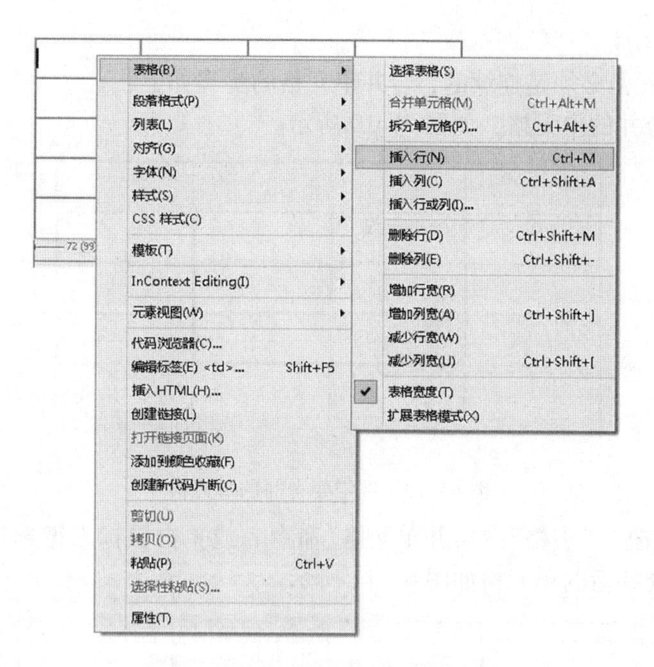

图 6－8　修改表格的快捷菜单

2. 增加多行或多列

单击一个单元格，选择“修改”/“表格”/“插入行或列”命令，会出现“插入行或列”对话框，如图 6－9 所示。

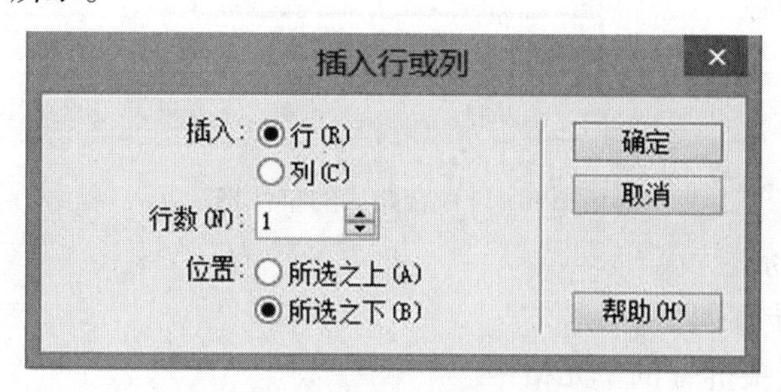

图 6－9　“插入行或列”对话框

- 插入：选择插入行或列。
- “行数”或“列数”：填入插入的行或列的数目。
- 位置：指定新行或新列应显示在所选单元格所在行或列的前面或后面。

3. 删除行或列

将光标放在单元格内，执行“修改”/“表格”/“删除行”或“删除列”命令，就可删除单元格所在行或列。

6.1.5　单元格的合并及拆分

在利用表格进行网页布局时，需对表格进行合并或拆分单元格的操作。

1. 单元格的合并

要合并的单元格必须是连续的，合并单元格的步骤如下：

(1)选定要合并的单元格，如图6－10所示。

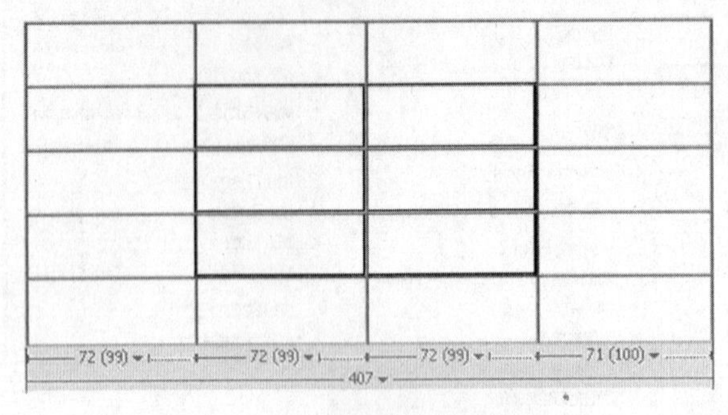

图6－10　选定要合并的单元格

(2)执行“修改”/“表格”/“合并单元格”命令，或单击鼠标右键选择“表格”/“合并单元格”命令，合并后的单元格如图6－11所示。

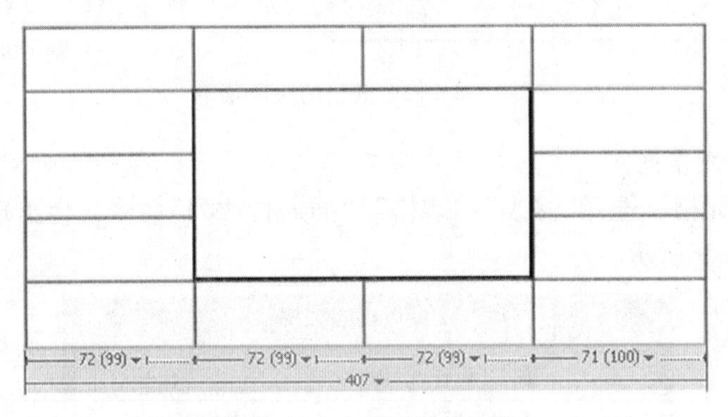

图6－11　合并后的单元格

2. 单元格的拆分

拆分单元格的步骤如下。

(1)将光标置于要拆分的单元格中。

(2)执行“修改”/“表格”/“拆分单元格”菜单命令，或单击鼠标右键，在弹出的快捷菜单中选择“表格”/“拆分单元格”命令，弹出如图6－12所示的“拆分单元格”对话框。

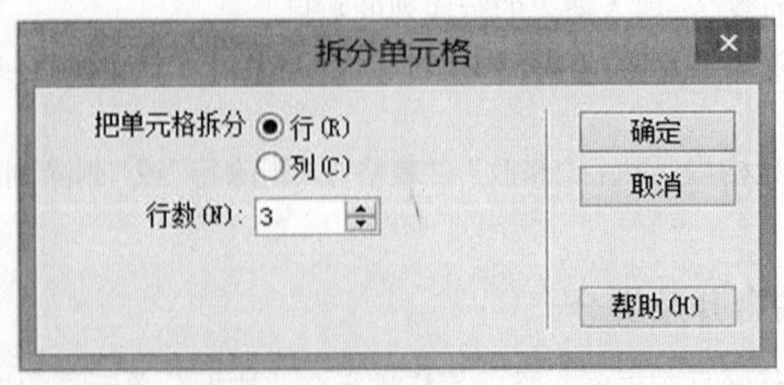

图6－12　“拆分单元格”对话框

(3)在“拆分单元格”对话框中，选择是拆分为“行”还是“列”，然后输入行数或列数。

实例6－1 利用表格完成图6－13所示的网页页面布局。

图6－13 实例效果

(1)在Dreamweaver中通过执行“站点/新建站点”命令，将所给资料中的“第6章”文件夹中的“实例6－1”创建为站点。

(2)在本地站点下新建index.html页面，双击打开该页面。

(3)根据图6－13所示的效果插入一个9行4列的表格，参数设置如图6－14所示。

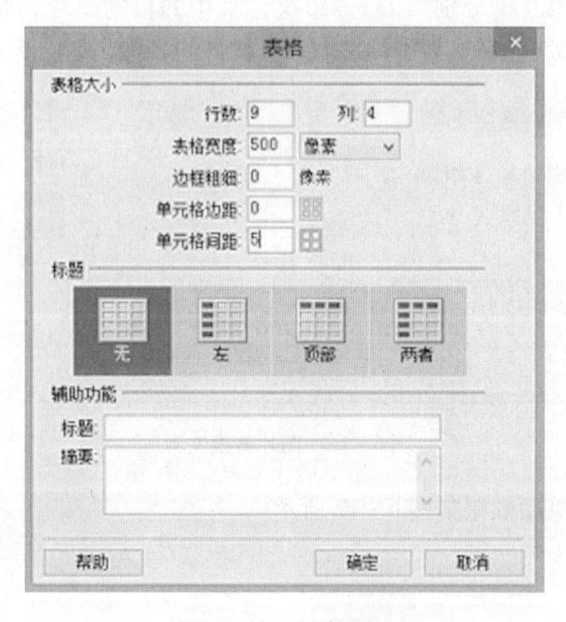

图6－14 创建表格

(4)插入表格的页面效果如图 6-15 所示。

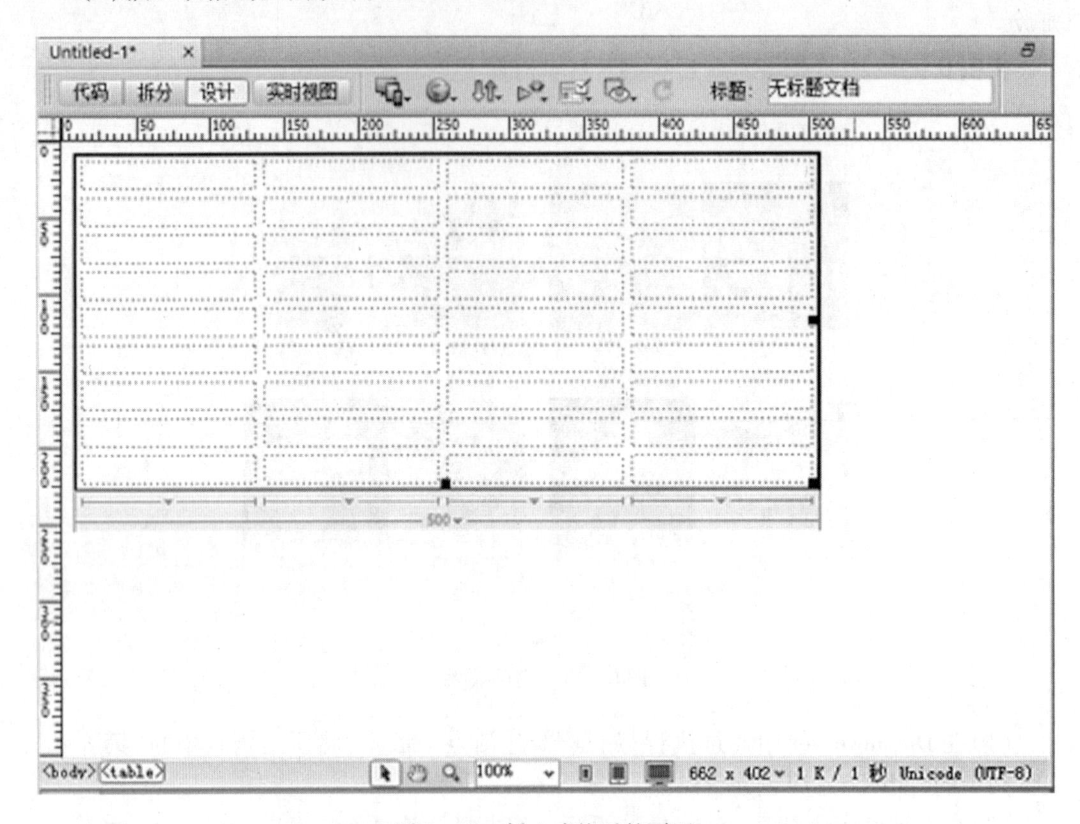

图 6-15　插入表格后的页面

(5)在第 3 行和第 6 行分别插入 image 文件夹中的植物图片。插入图片时，在弹出的对话框中的“替换文本”文本框中分别输入各植物的名称，如图 6-16 所示。

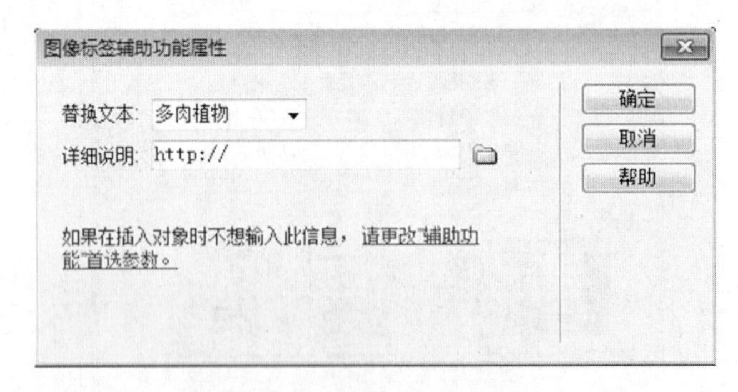

图 6-16　图片替换文本

(6)插入图片的页面效果如图 6-17 所示。

图 6－17　插入图片效果

(7) 分别在表格 4、5、7、8 行输入相应图片名称、数量等文字内容，效果如图 6－18所示。

图 6－18　输入植物信息后的页面

(8)分别合并第1、2、9行各单元格，效果如图6-19所示。

图6-19　合并单元格

(9)分别在第1、2、9行输入如图6-13所示相应文字内容，效果如图6-20所示。

图6-20　最终页面效果

(10)保存 index. html 网页，按下 F12 键预览网页。

此例中各元素的对齐方式不作要求，此知识点将在下一节介绍。

6.2 表格中“属性”面板的表格及单元格属性设置

在完成表格的插入操作后，可通过“属性”面板对表格及单元格进行属性的设置，如表格的背景、背景颜色、边距，单元格的大小、对齐方式等。

6.2.1 设置表格属性

选中表格，“属性”面板如图 6－21 所示。

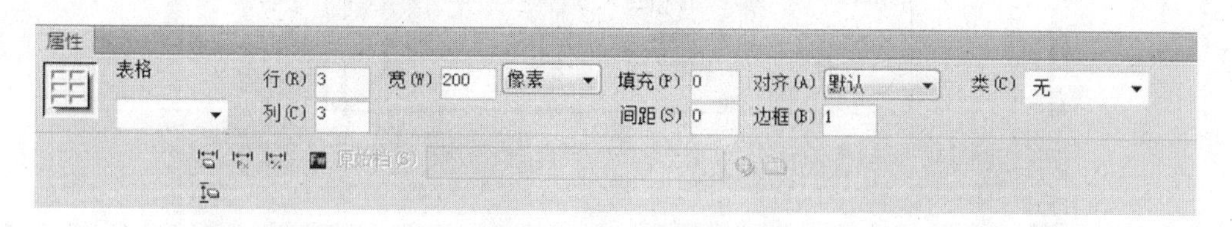

图 6－21　表格属性面板

- “表格”文本框：可输入表格的 ID。
- “行”和“列”文本框：设置表格的行数和列数。
- “宽”和“高”文本框：设置表格的宽度和高度，在右边的下拉列表中可选择高度和宽度的单位，选择像素为单位或按占浏览器窗口宽度的百分比为单位。
- “填充”文本框：设置单元格内容和单元格边界间的像素数。
- “间距”文本框：设置相邻的表格单元格间的像素数。
- “对齐”下拉列表框：设置确定表格相对于同一段落中其他元素的显示位置。
- “边框”文本框：设置表格边框的宽度，单位为像素。
- “清除列宽”和“清除行高”：从表格中删除所有指定的行高或列宽值。
- “将表格宽度转换成像素”：将表格中每列的宽度或高度设置为以像素为单位的当前宽度。
- “将表格宽度转换成百分比”：将表格中每列的宽度或高度设置为按占文档窗口宽度百分比表示的当前宽度。

如实例 6－1 在完成表格插入后，表格中所有内容都显示在页面左侧，此时可通过表格“属性”面板中的“对齐”设置“居中对齐”，将内容显示在页面中间，如图 6－22 所示。

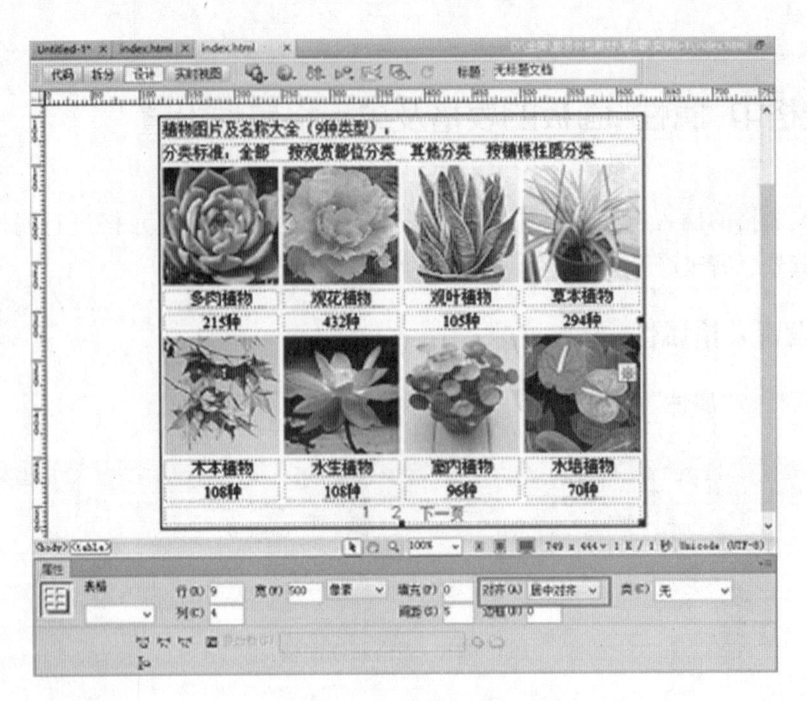

图6－22　设置表格居中对齐

6.2.2　设置单元格、行和列的属性

除了设置表格属性外，还可设置单元格、行或列的属性。

实例6－1中所有单元格中的内容都可通过属性设置使其居中对齐，操作步骤如下：

(1)把光标放置在某个单元格中或拖动鼠标选中某行某列，此时“属性”面板如图6－23所示。

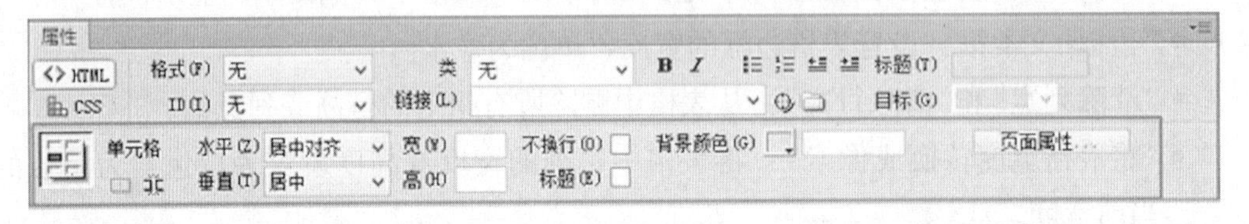

图6－23　单元格“属性”面板

- “单元格”下面分别是“合并单元格”和“拆分单元格”按钮。
- “水平”下拉列表框：指定单元格、行或列内容的水平对齐方式。
- “垂直”下拉列表框：指定单元格、行或列内容的垂直对齐方式。
- “宽”和“高”文本框：设置单元格的宽度和高度。
- “背景颜色”按钮：设置单元格、列或行的背景颜色。
- “不换行”复选框：防止换行，从而使给定单元格中的所有文本都在一行上。
- “标题”复选框：将所选的单元格格式设置为表格标题单元格。默认情况下，表格标题单元格的内容为粗体且居中显示。

(2)把鼠标放置在实例6－1表格左上角的第一个单元格中，拖动鼠标选中所有的单元格，然后设置“属性”面板中的“水平”下拉列表为“居中对齐”，“垂直”下拉列表为“居中”，如图6－24所示。此时各单元格内容全部居中显示。

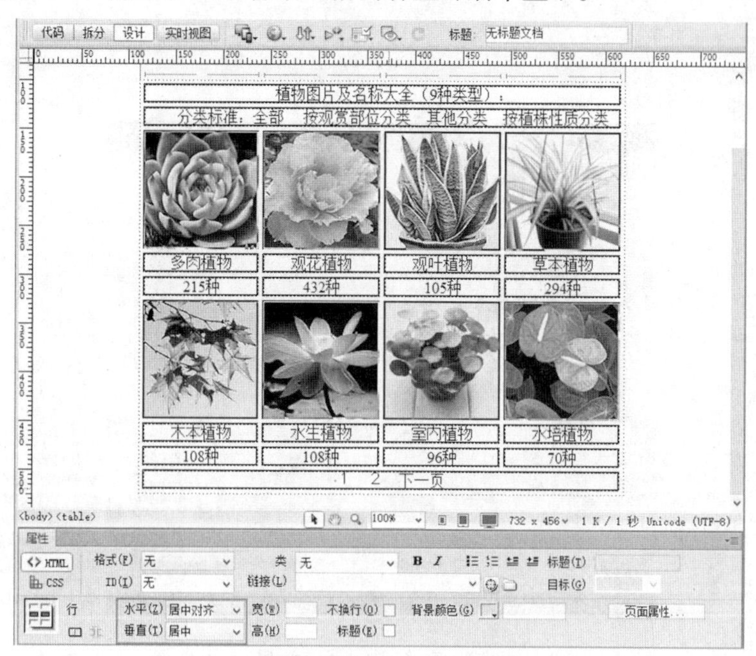

图6－24 设置单元格内容居中对齐

6.3 利用表格布局

对表格可进行排版，但表格的布局要用到“表格的嵌套”。在表格或单元格中插入表格，称为“表格的嵌套”，如图6－25所示。

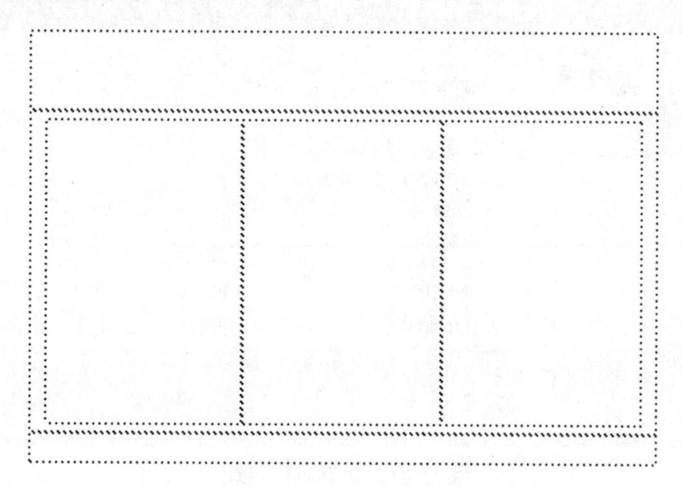
图6－25 表格的嵌套

下面通过一个实例来介绍如何利用表格完成如图 6－26 所示页面的布局。

图 6－26　实例页面效果

实例 6－2　利用表格完成图 6－26 所示的网页页面布局。

(1) 在 Dreamweaver 中通过执行“站点/新建站点”命令，将所给资料中的“第 6 章”文件夹中的“实例 6－2”创建为站点。

(2) 在本地站点下新建 index. html 页面，双击打开该页面。

(3) 执行“修改”/“页面属性”命令，设置“页面字体”为“宋体”，“大小”为“12px”，“文本颜色”为“#000000”，“背景颜色”为“#E6E6E6”，如图 6－27 所示。

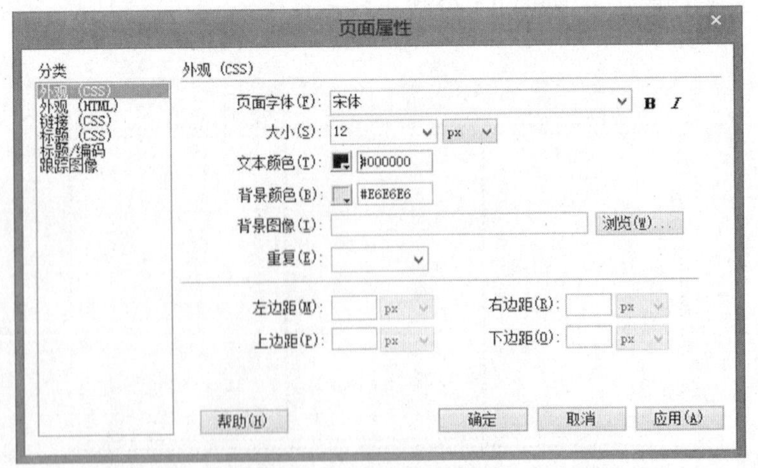

图 6－27　设置页面属性

(4)在页面插入一个3行1列、宽度为960像素、边框粗细为0、单元格边距为0、单元格间距为0的表格，如图6-28所示。

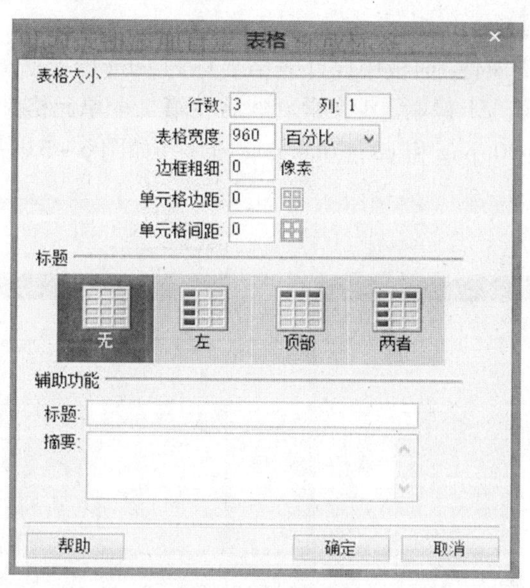

图6-28　表格参数设置

(5)选中表格，在“属性”面板中设置表格名称为table1，对齐方式为“居中对齐”。

注意：根据图6-26，以下步骤中所有子表格及单元格的对齐方式都设置为水平和垂直方向“居中”对齐的方式。

(6)将光标放入第一行，在“单元格属性”面板设置行高为204像素；再放入第二行，设置行高为687像素；插入第三行，设置行高为39像素，拖选所有行设置背景颜色为“白色”，如图6-29所示。此时的页面结构为上中下结构，分别为页头、页体和页尾。

图6-29　table1的最终效果

图6-30　插入“页头”表格

(7)根据图6－26，页面上部分别包括Logo、导航和分隔线(这些在网页中属于页头)，因此在第一行插一个3行1列、宽度为100%、边框粗细为0、单元格边距和间距分别为0的表格，如图6－30所示。

(8)选中该表格在"属性"面板中设计表格名称为table1_1，分别设置该表格的三个单元格高度为149像素、51像素、4像素。然后在第二个单元格和第三个单元格分别插入images文件夹下的u20. png和u22_line. png图片，如图6－31所示。

图6－31　插入图片后的页头

图6－32　插入Logo的页面

(9)根据图6－26，table1_1的第一个单元格为左中右结构，因此将第一个单元格拆分为3列，分别设置列宽为229像素、500像素和301像素。在左边单元格中插入images文件下的u4. jpg，右边单元格设置对齐方式水平"右对齐"，垂直"居中对齐"，再输入相关文字：首页、帮助、登录雅芳艾碧网，如图6－32所示。

(10)根据图6－26，在table1_1的中部插入3行1列，宽度为100%，边框粗细、单元格间距和边框均为0的表格，命名为table1_2，分别设置第一、二、三行的行高为420像素、196像素和76像素，如图6－33所示。

图6－33　插入页体的效果

图6－34　插入banner. jpg

（11）table1_2 第一行需插入 images 文件夹下的 banner. jpg 图片，如图 6－34 所示。

（12）由于 table1_2 第二行需插入 5 张图片，且每张图片间有大约 2 像素的间距，因此在第二行插入一个 1 行 5 列、宽度为 100%、边框粗细为 0、单元格边距为 0、单元格间距为 2 像素的表格，命名为 table1_2_1，设置所有单元格的水平和垂直方向“居中对齐”，最后在每个单元格分别插入 images 文件夹下的 u35. jpg、u37. jpg、u39. jpg、u41. jpg、u43. jpg 五张图片，如图 6－35 所示。

图 6－35　插入五张图片

图 6－36　插入三张图片

（13）根据 6－26，table1_2 第三行需插入 3 张图片，因此在第三行插入一个 1 行 3 列、宽度为 100%、边框粗细为 0、单元格边距为 0、单元格间距为 0 的表格，命名为 table1_2_2。设置所有单元格的水平和垂直方向“居中对齐”，最后在每个单元格分别插入 images 文件夹下的 u45. jpg、u47. jpg、u49. jpg 三张图片，如图 6－36 所示。

（14）由于 table1 的最后一行为页尾，包括两个元素，因此拆分单元格为两行，设置行高为 4 像素和 39 像素。然后分别插入 images 文件夹下的 u22_line. png 和 u51. png 图片，如图6－37所示。

（15）保存 index. html 网页，按下 F12 键预览网页，利用“表格”进行页面布局的制作就完成了。

图 6－37　页面的最终效果

知识点2

利用表格进行布局，表格及单元格的宽度和高度是由设计师在界面设计时确定的，然后在 Dreamweaver 中根据界面设计时页面与各元素大小设置表格及单元格的宽度和高度。

6.4 在 HTML 语言中使用表格

本节将介绍如何在 HTML 语言中使用表格。

6.4.1 表格的基本语法结构

在 HTML 中表格的语法比较复杂，结构如下：

〈table〉
〈th〉 〈/th〉
〈tr〉
〈td〉 〈/td〉
〈/tr〉
〈/table〉

(1)〈table〉标签：用来定义一个表格。每一个表格只有一对〈table〉和〈/table〉。

(2)〈th〉标签：用来定义表格的表头，默认为居中且加粗。实际应用中可根据需要省略。

(3)〈tr〉标签：用来定义表格的行，一对〈tr〉和〈/tr〉代表一行。如果是多行的表格就须出现多对〈tr〉和〈/tr〉标签。

(4)〈td〉标签：用来定义表格的单元格，一对〈td〉和〈/td〉代表一个单元格，每行中出现几个单元格，就须出现几对〈td〉和〈/td〉标签。

注意：〈td〉标签必须在〈tr〉标签中，〈tr〉标签必须在〈table〉标签中，如图 6 – 38 所示。

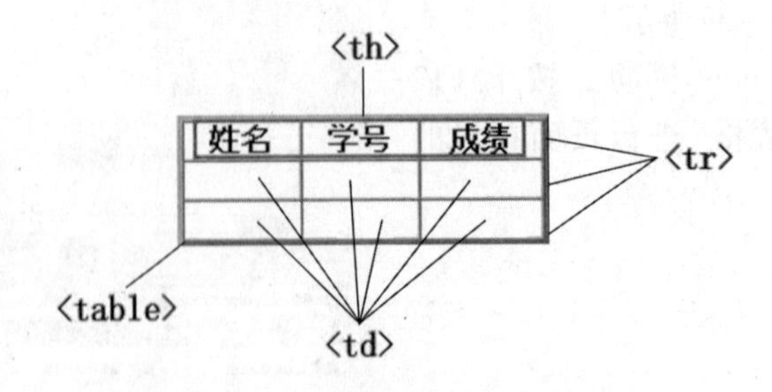

图 6 – 38 HTML 中表格对应的标签

代码 6 – 1 利用 HTML 语言编辑一个 3 行 3 列的表格。代码如下：

```
〈html〉
〈head〉
〈title〉3 行 3 列的表格〈/title〉
〈/head〉
〈body〉
〈table〉
〈tr〉
〈td〉〈/td〉
〈td〉〈/td〉
〈td〉〈/td〉
〈/tr〉
〈tr〉
〈td〉〈/td〉
〈td〉〈/td〉
〈td〉〈/td〉
〈/tr〉
〈tr〉
〈td〉〈/td〉
〈td〉〈/td〉
〈td〉〈/td〉
〈/tr〉
〈/table〉
〈/body〉
〈/html〉
```

此时 3 行 3 列的表格代码完成，但浏览时在页面上显示不了该表格，这是因为没有设置表格的边框及单元格的内容。

6.4.2 表格的属性标签

表格标签〈table〉有很多属性，最常用的属性如表 6－1 所示。

表 6－1 表格属性标签

属性标签	描 述	语法结构
width	表格的宽度（以像素或百分比为单位）	〈table width = "200"〉 〈table width = "80%"〉
height	表格的高度（以像素或百分比为单位）	〈table height = "800"〉 〈table height = "90%"〉
align	表格在页面的水平摆放位置（有 left，center，right 三个取值）	〈table aligh = "center"〉

续表 6－1

属性标签	描　述	语法结构
background	表格的背景图片	<table background = " big. jpg">
bgcolor	表格的背景颜色	<table bgcolor = "#99CCCC">
border	表格边框的宽度(以像素为单位)	<table border = "1">
bordercolor	表格边框颜色 (border≥1)	<table border = "1" bordercolor = "#FF0000">
bordercolorlight	表格边框明亮部分的颜色(border≥1)	<table border = "1" bordercolorlight = "#996600">
bordercolordark	表格边框昏暗部分的颜色(border≥1)	<table border = "1" bordercolordark = "#0066FF">
cellspacing	单元格间的间距	<table cellspacing = "5">
cellpadding	单元格内容与单元格边界间空白距离的大小	<table cellpadding = "3">

代码 6－2　利用 HTML 语言编辑如图 6－39 所示的表格，要求表格居中，宽度 200 像素，单元格间距 5 像素。代码如下。

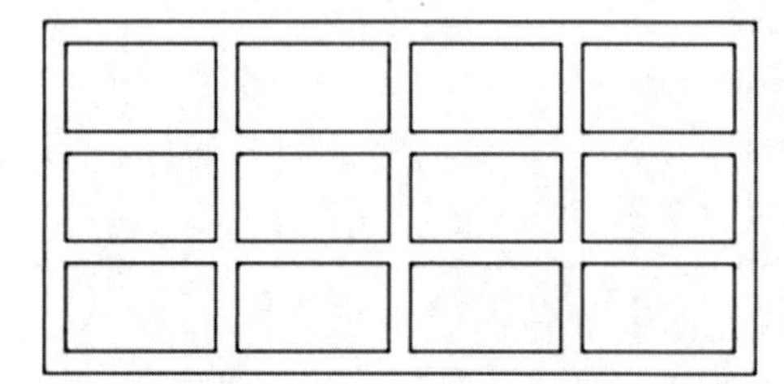

图 6－39　实例效果

```
<html>
<head>
<title>代码 6 -2</title>
</head>
<body>
<table width = "200" border = "1" cellspacing = "5" cellpadding = "0"
bordercolor = "#FF0000" align = "center">
  <tr>
    <td> </td>
    <td> </td>
    <td> </td>
    <td> </td>
  </tr>
  <tr>
    <td> </td>
```

```
      <td> </td>
      <td> </td>
      <td> </td>
    </tr>
    <tr>
      <td> </td>
      <td> </td>
      <td> </td>
      <td> </td>
    </tr>
  </table>
  </body>
  </html>
```

其中“ ”标签为空格符，如果没有该标签，表格中的单元格将显示不出来。

6.4.3 表格行的设定

表格是由行和列(单元格)组成的，一个表格有几行就有几组行标签<tr></tr>，行标签也有自己独立的属性标签，如表6－2所示。

表6－2 行属性标签

属　性	描　　述
height	行高
align	行内容的水平对齐方式
valign	行内容的垂直对齐方式
bgcolor	行的背景颜色
bordercolor	行的边框颜色
bordercolorlight	行的亮边框颜色
bordercolordark	行的暗边框颜色

代码6－3 利用HTML语言编辑以下代码，浏览器将显示如图6－40所示表格。

姓名	性别	年龄	职业
陈晓	男	18	学生
李楠	女	17	学生

图6－40 实例效果

```
<html >
<head>
<title>行的设定</title>
</head>
<body>
<table width = "80% "  height = "150"  border = "1" align = "center">
  <tr align = "center">
    <th>姓名</th>
    <th>性别</th>
    <th>年龄</th>
    <th>职业</th>
  </tr>
  <tr align = "center" bordercolor = "#336600" bgcolor = "#c1ffc1">
    <td>陈晓</td>
    <td>男</td>
    <td>18</td>
    <td>学生</td>
  </tr>
  <tr align = "center" height = "50" bordercolor = "#666666" bgcolor = "#
99FF33" valign = "bottom">
    <td>李楠</td>
    <td>女</td>
    <td>17</td>
    <td>学生</td>
  </tr>
</table>
</body>
</html>
```

6.4.4 单元格的设定

<th></th>和<td></td>这两对标签都是插入单元格的标签，这两个标签必须嵌套在<tr>标签内。<th>用于表头标签，表头标签一般位于首行或首列，标签之间的内容就是位于该单元格内的标题内容，其中文字以粗体居中显示。数据标签<td>就是该单元格中的具体数据内容，<th>和<td>标签的属性是一样的，具体如表6-3所示。

表6-3 单元格属性标签

属　性	描　述
width/height	单元格的宽度和高度
colspan	单元格水平跨列数

续表 6-3

属　　性	描　　述
rowspan	单元格垂直跨行数
align	单元格内容水平对齐方式
valign	单元格内容垂直对齐方式
bgcolor	单元格的背景颜色
bordercolor	单元格的边框颜色
bordercolorlight	单元格的亮边框颜色
bordercolordark	单元格的暗边框颜色
background	单元格的背景图片
nowrap	禁止单元格内容自动换行。如果不设置 table 元素的 width 属性，nowrap 不起作用

1. 水平跨列(colspan)

单元格水平跨列是指在复杂的表格结构中，有些单元格是跨多个列的，其语法形式如下：

〈td colspan = 跨的列数〉

“跨的列数”就是这个单元格跨列的个数，也可说是单元格向右打通的单元格个数。

产品价格表	
电冰箱	电视机
2 060	1 899

图 6-41　实例效果

代码 6-4　利用 HTML 语言编辑以下代码，浏览器将显示如图 6-41 所示表格。

```
<html>
<head>
<title>代码 6-4</title>
</head>
<body>
  <table width = "400" border = "1" bordercolor = "#000000" align = "center"
cellpadding = "0" cellspacing = "0">
    <tr>
      <td height = "30" colspan = "2" align = "center" valign = "middle"
bgcolor = "#00FFFF">产品价格表</td>
    </tr>
    <tr>
      <td width = "50%" height = "30" align = "center" valign = "middle"
bgcolor = "#FFFF99">电冰箱</td>
```

```
    <td height="30" align="center" valign="middle" bgcolor="#FFFF99">电
视机</td>
   </tr>
   <tr>
    <td width="50%" height="30" align="center" valign="middle" bgcolor
="#FF6699">2060</td>
    <td height="30" align="center" valign="middle" bgcolor="#FF6699">
1899</td>
    </tr>
   </table>
   </body>
   </html>
```

2. 垂直跨度(rowspan)

单元格除了可在水平方向下跨列，还可在垂直方向上跨行。跨行设置需使用rowspan参数，其语法形式如下：

<td rowspan=单元格跨行数>

与水平跨度相对应，rowspan设置的是单元格在垂直方向上跨行的个数，也可以说是单元格向下打通的单元格个数。

代码6-5 利用HTML语言编辑以下代码，浏览器将显示如图6-42所示表格。

系部	专业
艺术设计系	视觉传达专业
	影视设计与制作
	多媒体设计与制作
计算机系	游戏程序
	软件开发
	网络工程
	通信工程

图6-42 实例效果

```
   <html>
   <head>
   <title>代码6-5</title>
   </head>
   <body>
   <table width="400" border="1" bordercolor="#666666" align="center"
cellpadding="0" cellspacing="0">
    <tr bgcolor="#CCCCCC">
     <td width="40%" align="center" valign="middle">系部</td>
     <td width="60%" align="center" valign="middle">专业</td>
```

```
    </tr>
    <tr>
      <td width="40%" rowspan="3" align="center" valign="middle">艺术设
计系</td>
      <td width="60%" align="center" valign="middle">视觉传达专业</td>
    </tr>
    <tr>
      <td width="60%" align="center" valign="middle">影视设计与制作</td>
    </tr>
    <tr>
      <td width="60%" align="center" valign="middle">多媒体设计与
制作</td>
    </tr>
    <tr>
      <td rowspan="4" align="center" valign="middle">计算机系</td>
      <td align="center" valign="middle">游戏程序</td>
    </tr>
    <tr>
      <td align="center" valign="middle">软件开发</td>
    </tr>
    <tr>
      <td align="center" valign="middle">网络工程</td>
    </tr>
    <tr>
      <td align="center" valign="middle">通信工程</td>
    </tr>
  </table>
  </body>
  </html>
```

6.5 表格的嵌套

在实际应用中，表格并不是单一出现的，往往需在表格内嵌套其他的表格来实现页面的整体布局。一般情况下需使用一些可视化软件来实现布局，这样看起来比较直观，容易达到预期目的。但也可直接通过输入代码实现。

最简单的表格嵌套，如图 6－43 所示。

图 6－43 所示嵌套表格的代码如下：

图 6－43　表格嵌套

```
<html>
<head>
<title>表格嵌套</title>
</head>
<body>
<table width="300" border="1" cellspacing="0" cellpadding="0">
  <tr>
  <td height="150">
      <table width="85%" border="1" align="center" cellpadding="0"
cellspacing="0">
          <tr>
          <td height="100"> </td>
          </tr>
        </table>                                嵌套表格的代码
    </td>
  </tr>
</table>
</body>
</html>
```

代码6-6 利用HTML语言通过代码实现如图6-44所示的表格布局效果。

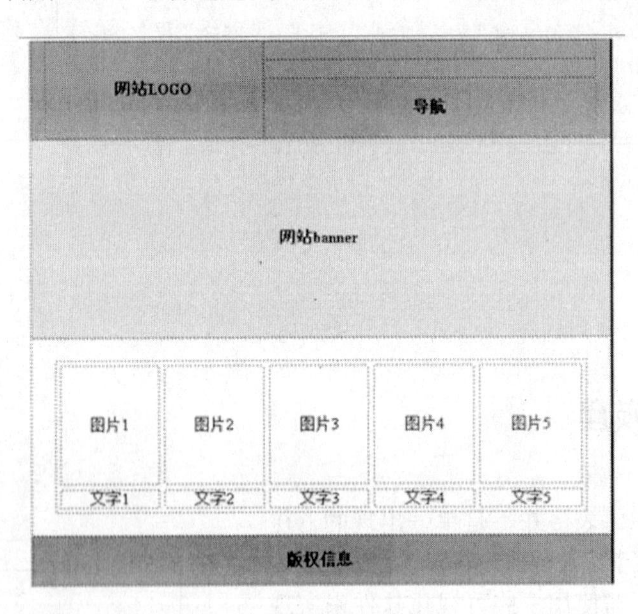

图6-44 表格布局效果

```
<html>
<head>
<title>表格嵌套布局</title>
</head>
<body>
<table width = "600" border = "0" align = "center" cellpadding = "0" cellspacing = "0">
  <tr>
    <td height = "100" bgcolor = "#999999"><table width = "95%" border = "0" align = "center" cellpadding = "0" cellspacing = "0">
      <tr>
        <td height = "100" rowspan = "3" align = "center" valign = "middle"><strong>网站 Logo</strong></td>
        <td width = "60%"> </td>
      </tr>
      <tr>
        <td> </td>
      </tr>
      <tr>
        <td height = "60" align = "center" valign = "middle"><strong>导航</strong></td>
      </tr>
    </table></td>
  </tr>
  <tr>
    <td height = "200" align = "center" valign = "middle" bgcolor = "#99FF99"><strong>网站 banner</strong></td>
  </tr>
  <tr>
    <td height = "200"><table width = "550" border = "0" align = "center" cellpadding = "0" cellspacing = "5">
      <tr>
        <td width = "110" height = "120" align = "center" valign = "middle">图片 1</td>
        <td width = "110" align = "center" valign = "middle">图片 2</td>
        <td width = "110" align = "center" valign = "middle">图片 3</td>
        <td width = "110" align = "center" valign = "middle">图片 4</td>
        <td width = "110" align = "center" valign = "middle">图片 5</td>
      </tr>
      <tr>
        <td align = "center" valign = "middle">文字 1</td>
```

```
            <td align = "center" valign = "middle">文字 2</td>
            <td align = "center" valign = "middle">文字 3</td>
            <td align = "center" valign = "middle">文字 4</td>
            <td align = "center" valign = "middle">文字 5</td>
          </tr>
        </table></td>
      </tr>
      <tr>
        <td height = "50" align = "center" valign = "middle" bgcolor = "#999999">
<strong>版权信息</strong></td>
      </tr>
    </table>
    </body>
    </html>
```

本章小结

早期网页元素的排版都是通过表格进行定位布局的。虽然现在已使用 DIV 设计进行排版布局，但表格有时也配合着 DIV 一起进行布局。本章重点阐述如何使用表格对网页元素进行定位布局，同时也介绍了表格在 HTML 中的结构标签和属性标签。

7 表 单

随着网络的发展，用户已不满足于单纯地浏览页面，希望能实现与网页的互动，甚至参与到网页活动中来。而表单是最基本、最简单的实现用户和网页交流的工具之一。Dreamweaver 中可通过创建文本域、密码域、单选按钮、复选框、弹出菜单、按钮及其他输入类型的表单实现用户与网页的交互，这些输入控件称为表单对象。

最常用的表单设计页面就是用户注册页面，如图 7－1 所示。

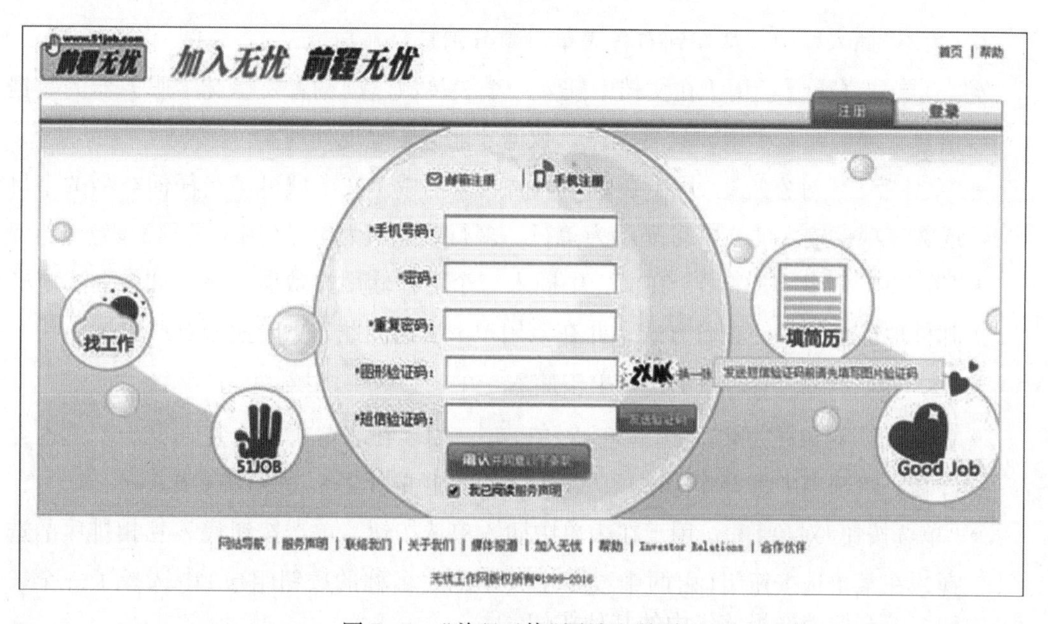

图 7－1 “前程无忧”网站注册页面

一个完整的表单设计应分为两个部分：表单对象部分和应用程序部分，它们分别由网页设计师和程序设计师设计完成。其过程为：首先由网页设计师制作一个可让浏览者输入各项资料的表单页面，这部分内容可在显示器上看到，此时的表单只是一个外壳，不具备真正工作的能力，需后台程序的支持；然后由程序设计师通过程序语言编写处理各项表单资料和反馈信息等操作所需的程序，这部分内容浏览者虽看不见，却是表单处理的核心。本书对表单的介绍只涉及界面设计部分。

7.1 表单对象

表单在网页中是提供给浏览者填写信息的区域，从而可收集客户端信息，使网页具有交互的功能。

在 Dreamweaver 的“插入”面板有一个“表单”分类，选择该分类，可插入的表单对象如图 7 – 2 所示。

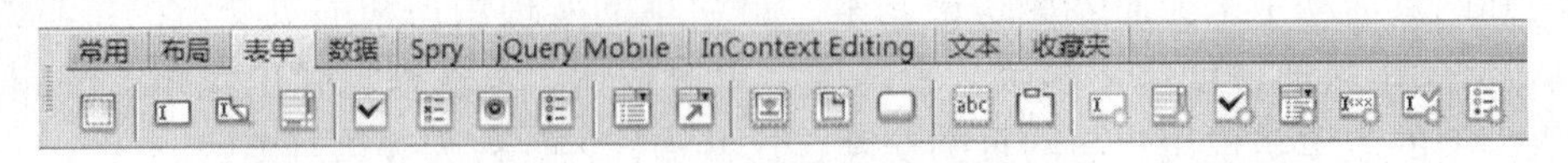

图 7 – 2　“表单”插入工具

在“表单”插入栏中，从左到右各表单对象分别是：

- “表单”对象：用于在文档中插入一个表单域。浏览者要提交给服务器的数据信息必须放在表单里，只有这样，数据才能被正确地处理。
- “文本字段”对象：用于在表单中插入文本域。文本域可接受任何类型的字母或数字项，输入的文本可显示为单行、多行或显示为星号(用于显示密码)。
- “隐藏域”对象：用于在文档中插入一个可存储用户数据的域。如姓名、电子邮件地址或常用的查看方式，并在该用户下次访问此站点时使用这些数据。
- “文本域”对象：用于在表单中插入一个多行文本区域。
- “复选框”对象和“复选框组”对象：用于在表单中插入复选框。复选框允许在一组选项中选择多个选项。浏览者可任意选择多个适用的选项。
- “单选按钮”对象：用于在表单中插入单选按钮。单选按钮代表互相排斥的选择，在某单选按钮组(由两个或多个共享同一名称的按钮组成)中选择了一个按钮，就会取消选择该组中的其他按钮。
- “单选按钮组”对象：用于插入共享同一名称的单选按钮的集合。
- “列表/菜单”对象：用于在表单中插入列表或菜单。“列表”选项在一个滚动列表中显示选项值，浏览者可从该滚动列表中选择多个选项。“菜单”选项则是在一个菜单中显示选项值，浏览者只能从中选择某个选项。
- “跳转菜单”对象：用于在文档中插入一个导航条或弹出式菜单。这种菜单中的每个选项都拥有链接属性，单击即可跳转到其他网页或文件。
- “图像域”对象：用于在表单中插入一幅图像。该图像用于生成图形化的按钮，如“提交”或“重置”按钮。
- “文件域”对象：用于在文档中插入空白文本域与“浏览”按钮。用户使用文件域可浏览硬盘上的文件，并将这些文件作为表单数据上传。

- “按钮”对象：用于在表单中插入文本按钮。按钮在单击时执行任务，如提交或重置表单，也可为按钮添加自定义名称或标签。

“表单”分类最后还有两个对象按钮，分别是“标签”对象和“字段集”对象。由于它们和表单界面的关系不密切，因此本书不作介绍。

7.1.1 插入表单域

表单域是非常重要的表单对象，所有其他的表单对象都必须插入到表单域。点击“表单”插入面板中的“表单”按钮，编辑区将显示一个红色虚线框，如图 7 – 3 所示。

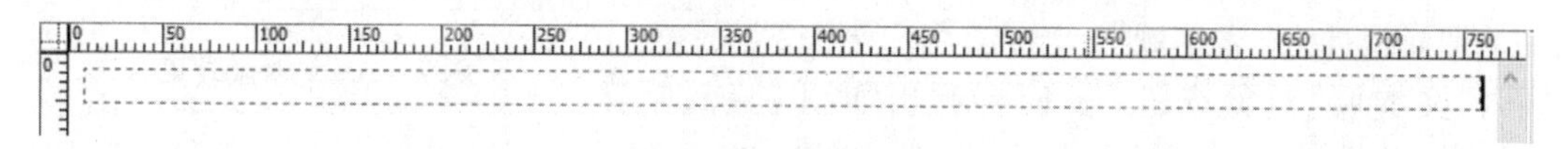

图 7 – 3 插入表单域

选中“表单”对象，“属性”面板如图 7 – 4 所示。

图 7 – 4 “表单”属性面板

- “表单 ID”文本框：用于输入表单的唯一名称。页面中插入的第一个表单域默认为 form1，第二个表单为 form2，以此类推。
- “动作”文本框：用于指定处理该表单的动态页或脚本的路径。可键入完整的路径，也可单击文件夹图标指定到同一站点中包含该脚本或应用程序页的相应文件夹。如果在“动作”文本框中键入 mailto：（电子邮件地址），表示提交的信息将会发送到作者的邮箱中。
- “方法”列表：用于选择将表单数据传输到服务器的方法。其中 GET 方法传输速度快但传递的数据量少，而 POST 方法可传递大量数据但传输的速度相对较慢。POST 方法在数据保密方面做得很好，因此，一般情况下使用 POST 方法。
- “目标”列表：用于指定打开窗口的方式，该窗口将显示被调用程序所返回的数据。
- “编码类型”列表：用于指定对提交给服务器进行处理的数据使用编码类型。默认设置 application/x – www – form – urlencode 通常与 POST 方法协同使用。若要创建文件上传域，则需指定 multipart/form – data MIME 类型。
- “类”列表：可使用定义好的 CSS 样式。有关 CSS 样式的内容将在后面章节阐述。

> **知识点 1**
> 如果插入表单域后没有显示红色的虚线框，只要选择“查看”/“可视化助理”/“不可见元素”命令即可在编辑窗口显示。表单域的虚线框只在编辑窗口显示，浏览器窗口是不显示的。

7.1.2 插入文本对象

如图 7－5 所示，若需要浏览者输入用户名、密码等文字资料时，设计者应在制作页面时就使用“文本域”对象，它在浏览器中将显示为一个文本框。

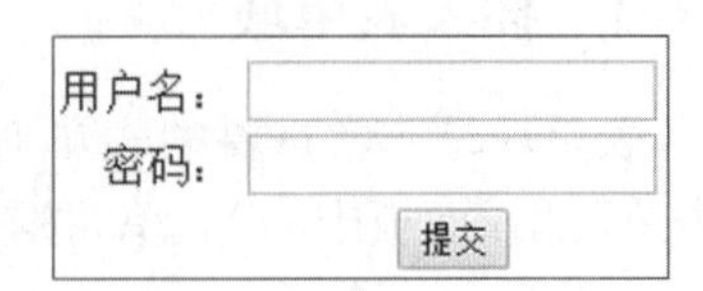

图 7－5　文本域效果

把光标插入“表单域”，输入“用户名”文字，然后插入“文本域”对象按钮，此时会弹出如图 7－6 所示“输入标签辅助功能属性”对话框。单击“确定”按钮，在编辑窗口将插入一个文本框，如图 7－7 所示。

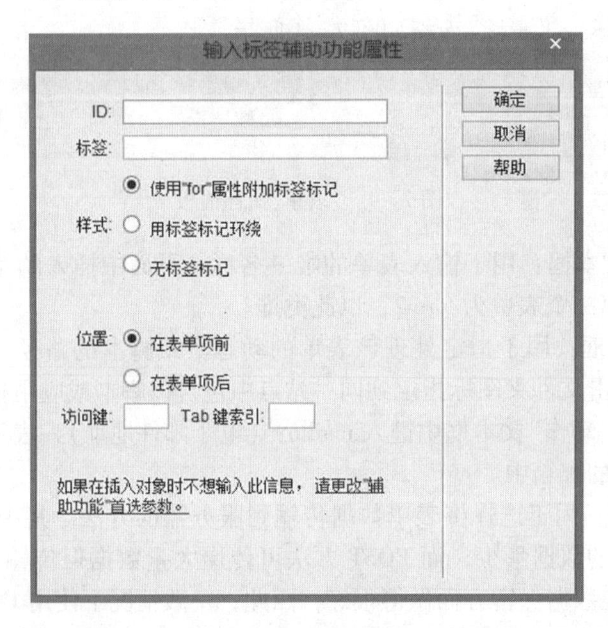

图 7－6　“输入标签辅助功能属性”对话框

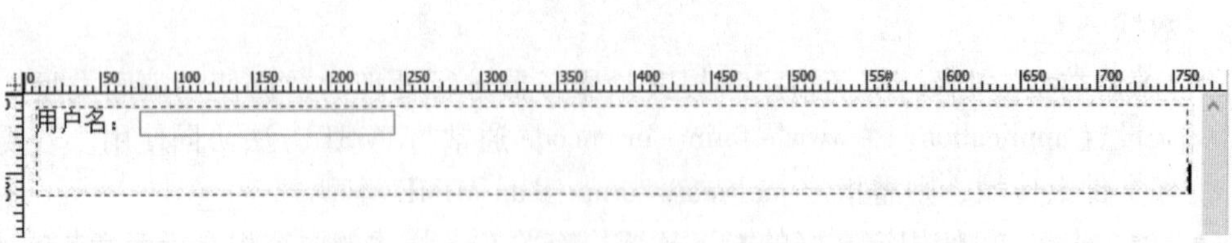

图 7－7　插入一个文本框

选中“文本域”对象，“属性”面板如图 7－8 所示。

- “文本域”文本框：为该文本域指定一个名称。每个文本域都须有一个唯一名称，

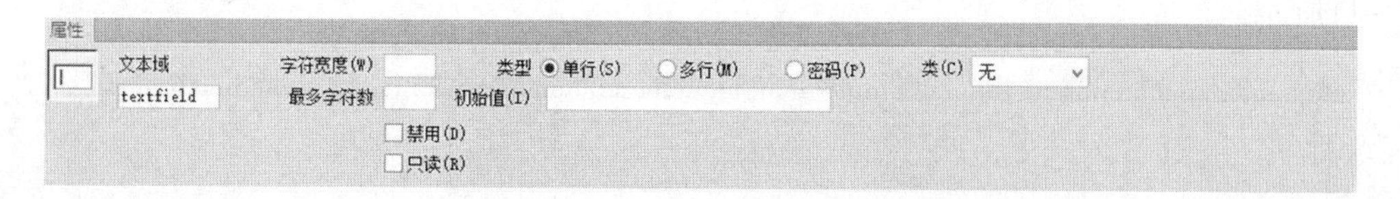

图 7－8 “文本域”属性面板

表单对象名称不能包含空格或特殊字符，但可使用字母数据字符和下划线的任意组合。命名最好便于理解和记忆，系统默认名称为 textfield。

- “字符宽度”文本框：用来设置文本字段中最多可显示的字符数。
- “最多字符数”文本框：用于设置文本字段中允许输入的最大字符数目，这个值将定义文本字段的大小。配合“类型”选项，如果选择“多行”，则该文本字段将变成可输入多行的区域，该选项将变为“行数”设置项；如果选择“密码”，则该文本字段将变为密码框，输入的内容将不会具体显示。
- “初始值”文本框：用于输入文本字段中浏览器默认显示的文本内容。

实例 7－1 利用 Dreamweaver 设计如图 7－9 所示的表单页面。

（1）利用 Dreamweaver 创建一个名为“实例 7－1”的本地站点。

（2）在该站点新建一个“index. html”页面，打开该页面，插入“表单”对象，此时编辑窗口显示表单域的红色虚线框。

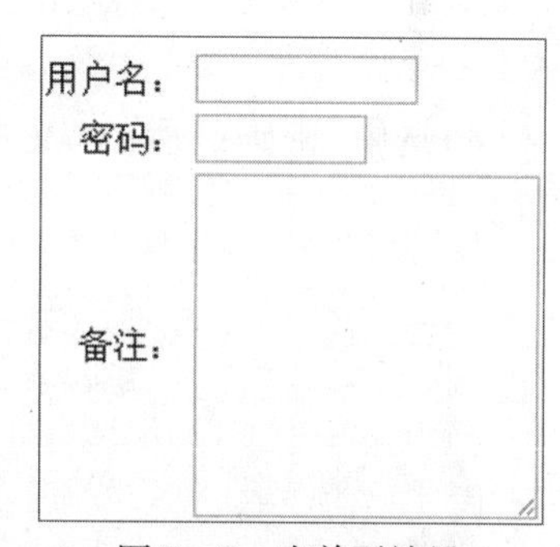

图 7－9 表单页效果

注意：如图 7－9 所示，由于页面的内容由“用户名”“密码”和“备注”三部分组成，因此要利用第 6 章所述“表格”进行页面布局。

（3）将光标插入表单域，然后插入一个 3 行 2 列、宽度为 400 像素、边框粗细为 0、单元格边距为 0、单元格间距为 5、无标题的表格，如图 7－10 所示。

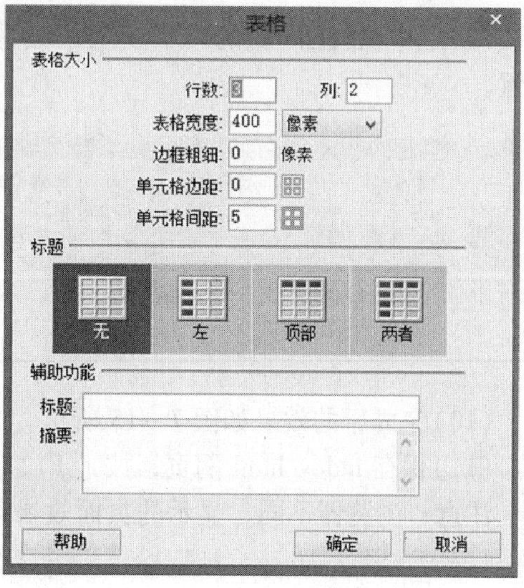

图 7－10 插入布局表格

（4）选中表格，通过“属性”面板设置表格对齐方式为“居中对齐”。

（5）拖选表格左列的所有单元格，通过“属性”面板设置左列“水平”对齐方式为“右对齐”，“垂直”对齐方式为“居中”；选中右列的所有单元格，设置右列“水平”对齐方式为“左对齐”，“垂直”对齐方式为“居中”。

（6）分别在左列的 3 行插入“用户名:”“密码:”和“备注:”文本，在右列的 3 行插入 3 个“文本字段”对象，如图

7－11所示。

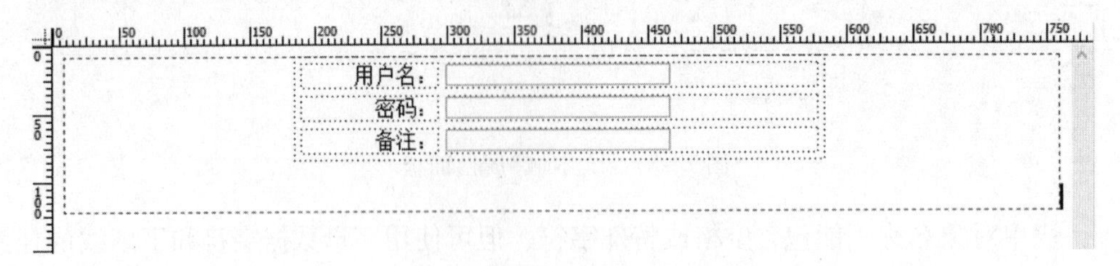

图7－11　插入表单对象

(7)选中“用户名:”后的“文本字段”对象，通过“属性”面板进行如图7－12的属性设置。

图7－12　设置“用户名”属性

(8)选中“密码:”后的“文本字段”对象，通过“属性”面板进行如图7－13的属性设置。

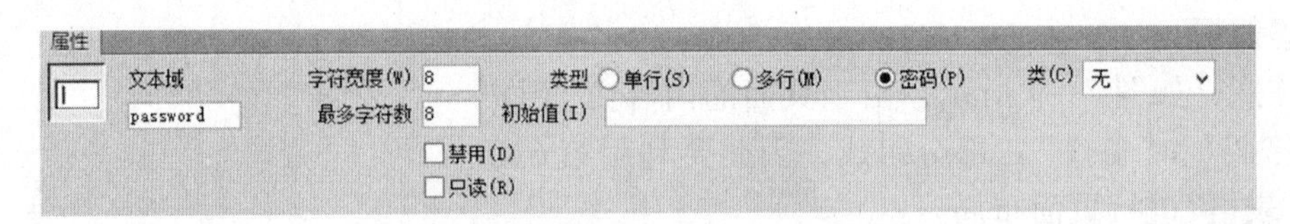

图7－13　设置“密码”属性

(9)选中“备注:”后的“文本字段”对象，通过“属性”面板进行如图7－14的属性设置。

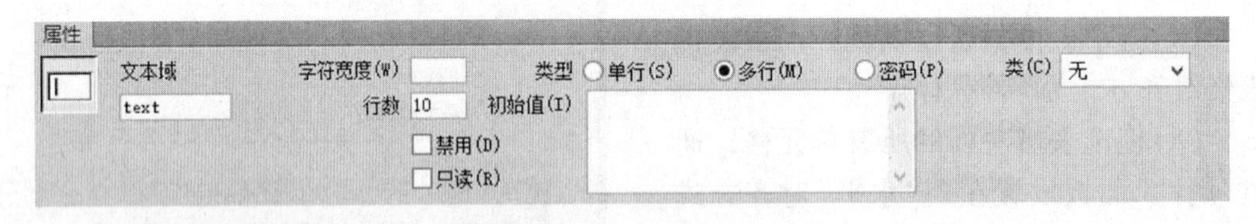

图7－14　设置“备注”属性

(10)完成后的效果如图7－15所示。

(11)保存index. html网页，按下F12键预览网页。

注意：浏览器不同，显示的页面效果会有区别。

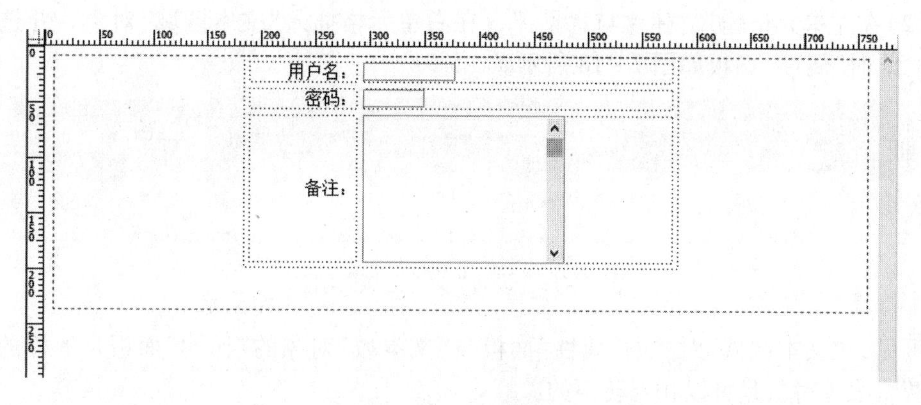

图 7－15　最终效果

7.1.3　插入文本区域对象

文本区域是一个多行的文本域，在“实例 7－1”中可添加一行“建议与意见:”栏，插入的效果如图 7－16 所示。

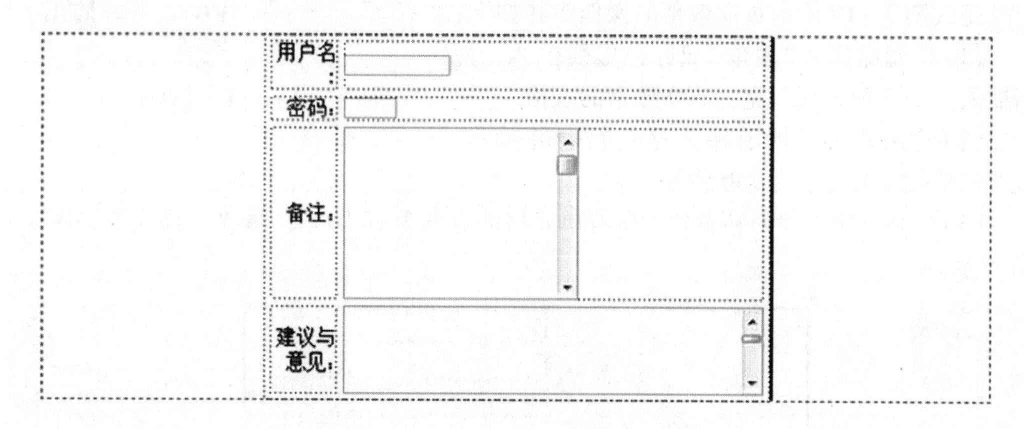

图 7－16　加入“文本区域”对象

(1)打开“实例 7－1”中的 index. html 页面，将光标放在“备注:”行，执行“插入”/“表格对象”/“在下面插入”命令，此时在“备注:”栏下面会出现 1 行 2 列的单元格，如图 7－17 所示。

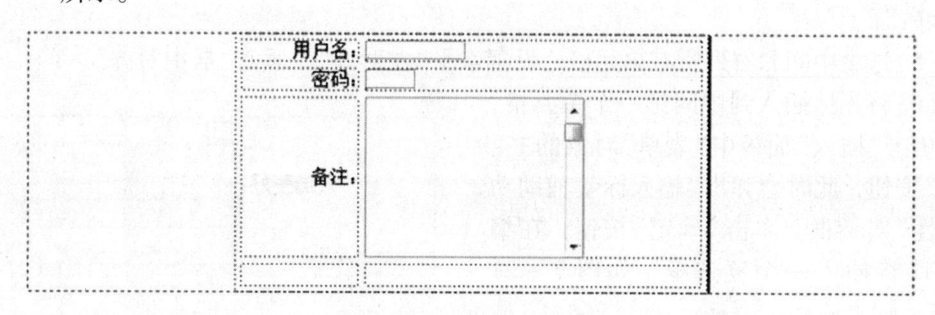

图 7－17　插入 1 行 2 列

(2)在左单元格输入“建议与意见:”，在右单元格插入“文本区域”对象，并选中该对象，此时“属性”面板如图7-18所示。

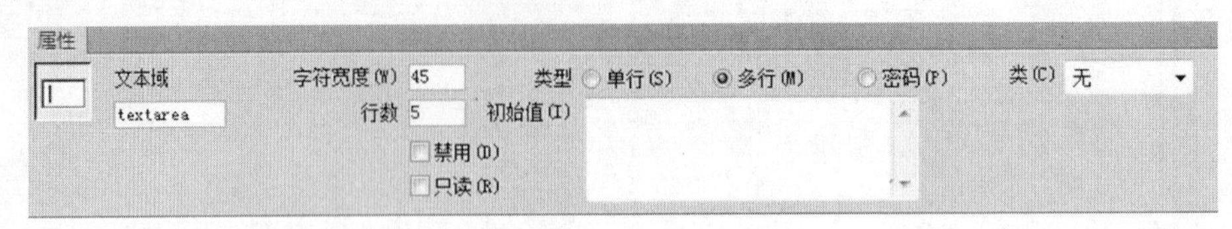

图7-18 设置“文本区域”属性

可见，“文本区域”对象的“属性”面板与“文本域”对象的“属性”面板是一样的，因此这两个表单对象是可以相互转换的。

7.1.4 插入复选框对象

复选框是浏览者在网页中对一组选项进行多个选择时使用的对象，图7-19所示为用复选框设计的一组选择项。

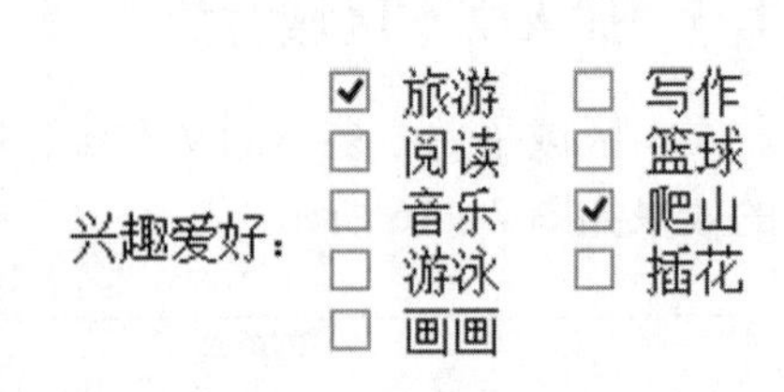

图7-19 选择项

完成图7-19所示页面效果的操作步骤如下:

(1)将光标插入“表单”域红色虚线框内，然后插入一个5行3列、宽为300像素的表格。

(2)将最左列的所有单元格进行合并操作，设置该单元格的宽度为140像素。

(3)分别设置中间列和右列的所有单元格的宽度为80像素，最终布局表格如图7-20所示。

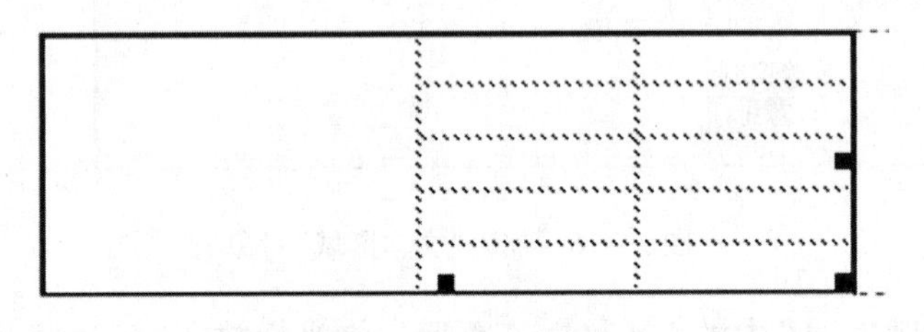

图7-20 布局表格1

(4)设置左列单元格的对齐方式为:水平“右对齐”，垂直“居中对齐”，并输入“兴趣爱好:”。

(5)选中中间和右列所有单元格，设置水平“左对齐”，垂直“居中对齐”。

(6)将光标插入到中间第一个单元格，然后单击“插入”面板中“表单”对象的“复选框”按钮，此时会弹出“输入标签辅助功能属性”对话框。单击“确定”按钮，在编辑窗口将插入一个复选框，如图7-21所示。

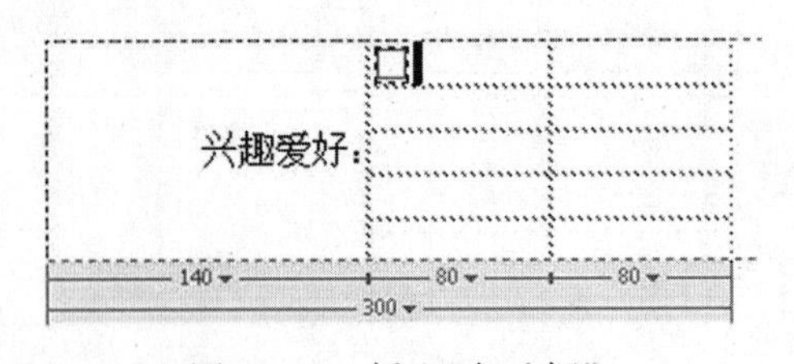

图7-21 插入“复选框”

(7)在复选框后面光标处输入相应的文字，如“旅游”，至此，一个选项制作完成。依次将光标放入其他单元格中，按上述步骤重复插入复选框、添加文字即可制作出如图7－19所示的页面效果。

(8)如果要某选项初始被选中，则选中该复选框后，通过“属性”面板进行设置，如图7－22所示。若在“初始状态”区域选择“已钩选”，则复选框会出现“√”号标志，表示该复选项被选中；若选择“未选中”，则表示复选项初始状态未被选中。至此，“复选框”制作完成。

图7－22 “复选框”属性面板

7.1.5 插入单选按钮

在表单页面设计中最常见的单选按钮是“性别”的选择项，如图7－23所示。当选中其中的某个选项时，其他的选项会取消选择。

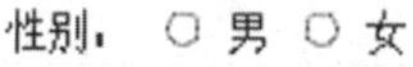

性别：○男 ○女

图7－23 单选项

性别：○男

图7－24 插入“单选按钮”

完成图7－23所示页面效果的操作步骤如下：

(1)将光标插入“表单”域红色虚线框内。

(2)在光标处输入“性别：”，然后单击“插入”面板中“表单”对象的“单选按钮”，此时会弹出“输入标签辅助功能属性”对话框。单击“确定”按钮，在编辑窗口将插入一个单选按钮，在单选按钮后的光标处输入“男”，如图7－24所示。

(3)按上述步骤设置单选项“女”。

(4)与“复选框”类似，可通过“属性”面板设置各选择项初始化状态是选中还是未选中。

(5)如果需设计选择项是相互排斥的，还须分别选中各单选按钮，然后在“属性”面板中将各单选按钮的名称进行相同命名，如图7－25所示。至此，“单选按钮”制作完成。

图7－25 “单选按钮”属性面板

7.1.6 插入列表/菜单

除了复选框和单选按钮外，在需要制作选项时，还可使用列表/菜单。在拥有许多选项，并且网页空间比较有限的情况下，列表/菜单会发挥出最大的作用，如图7－26所示。

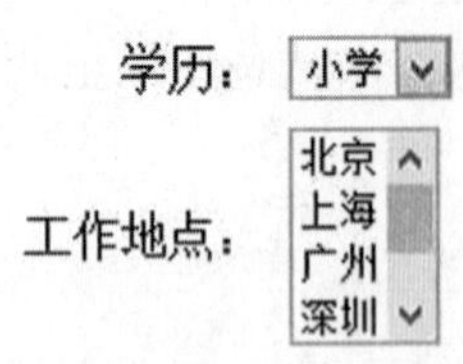

图7－26 “下拉列表”选项

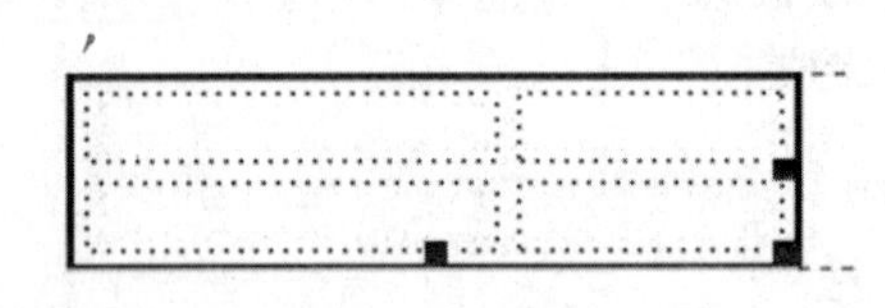

图7－27 表格布局二

完成图7－26所示页面效果的操作步骤如下：

(1)将光标插入“表单”域红色虚线框内，然后插入一个2行2列、宽为200像素、单元格间距为5像素的表格。

(2)将最左列的所有单元格内容设置为水平“右对齐”，垂直“居中对齐”，宽度为60%，布局表格如图7－27所示。

(3)在左列单元格中分别输入“学历：”和“工作地点：”，然后将光标插入到右列的第一个单元格中，单击“插入”面板中“表单”对象的“列表/菜单”，此时会弹出“输入标签辅助功能属性”对话框。单击“确定”按钮，在编辑窗口将插入一个列表/菜单。

(4)选中“列表/菜单”，此时“属性”面板如图7－28所示。

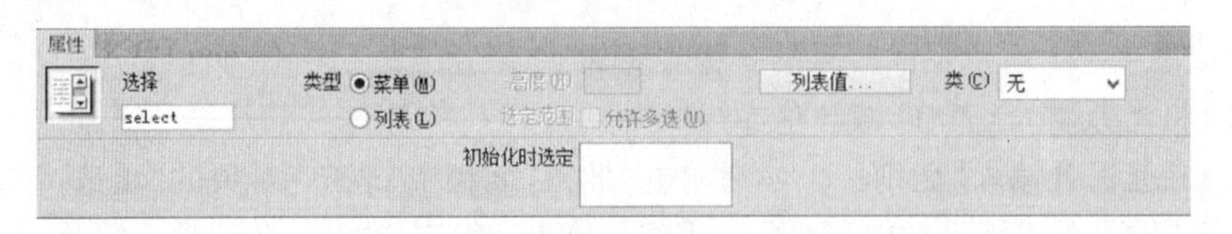

图7－28 “列表/菜单”属性面板

- “选择”文本框：为列表/菜单指定一个名称，默认为select。
- “类型”：“菜单”是浏览者单击时产生展开效果的下拉式菜单，如图7－26中的“学历：”；而“列表”则显示为一个列有项目的可滚动列表，使浏览者可从该列表中选择项目，如图7－26中的“工作地点：”。
- “列表值”：点击该按钮将弹出如图7－29所示的对话框。在该对话框中，可通过“+/－”号添加或删除选择项目，也可通过“上三角箭头”和“下三角箭头”对这些项目进行上移或下移的排序操作。

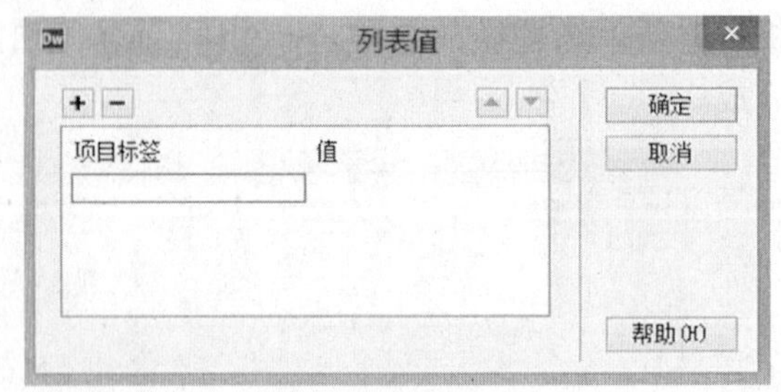

图7－29 “列表值”对话框

●“初始化时选定”文本框：设置一个项目作为列表/菜单中默认选择的菜单项。

●当选择类型为“列表”时会比“菜单”多两个属性选项，分别是：“高度”与“选定范围”。

“高度”：用来设置列表中一次显示的项目数。如果实际的项目数多于“高度”中的项目数，那么列表的右侧将使用滚动条。

“选定范围”：选中“允许多选”选项，浏览者可从列表中选择多个项目。方法是按住键盘上的 Shift 或 Ctrl 键再单击项目。

(5)“学历”对应的类型为“菜单”，设置属性为“菜单”，然后通过“列表值”分别输入小学、初中、中技、高中、高职、大专、本科、研究生等选项，“初始化时选定”项为“小学”。

(6)“工作地点”对应的类型为“列表”，设置属性为“列表”，然后通过“列表值”分别输入北京、上海、广州、深圳、天津、大连、西安、南昌、南京等城市名称，“高度”设置为4，“允许多选”。

至此，“列表/菜单”制作完成。

7.1.7 插入跳转菜单

跳转菜单可看作是一种链接的集合，通过弹出式下拉菜单在网页中展现导航按钮，实现“链接”的功能。跳转菜单内的链接没有类型上的限制，可以是内部链接、外部链接、E-mail 链接、锚链接等第 5 章所述的任何类型的链接。

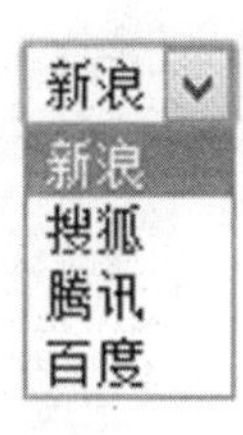

图 7－30 “友情链接”效果

浏览网页时最常见的跳转菜单效果是“友情链接”，如图 7－30 所示。

完成图 7－30 所示页面效果的操作步骤如下：

(1) 将光标插入“表单”域红色虚线框内，输入“友情链接:”，然后单击“插入”面板中“表单”对象的“跳转菜单”，此时会弹出“插入跳转菜单”对话框，如图 7－31 所示。

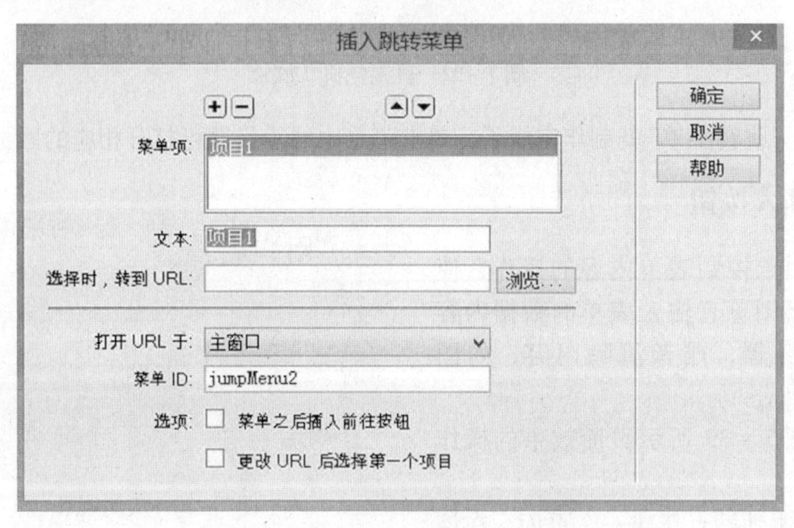

图 7－31 “插入跳转菜单”对话框

•“菜单项”文本框：列出了所有存在的菜单。刚开始有一项默认的“项目 1”。

•“文本”文本框：输入要在菜单列表中显示的链接文字。

•“选择时，转到 URL”文本框：输入要链接跳转的地址。

•“打开 URL 于”选项：选择链接页面的打开位置，此时只有“主窗口”，代表在同一窗口打开网页。

•“菜单 ID”文本框：输入菜单项名称。

•“选项”：当选择“菜单之后插入前往按钮”时，在“跳转菜单”后会出现一个“前往”按钮，浏览者在菜单中选择菜单项后要单击“前往”按钮才能链接到其他页面。当选择“更改 URL 后选择第一个项目”时，每次链接后跳转菜单项都是第一项被选中。

• [+][-]：表示添加或删除菜单项。

• [▲][▼]：可上移或下移菜单项，改变菜单项的排列顺序。

(2)根据图 7 - 30，分别添加四个项目，通过“文本”命名为新浪、搜狐、腾讯、百度，并在“选择时，转到 URL”文本框中分别输入以上网站的网址，如 http://www.sina.com，如图 7 - 32 所示。

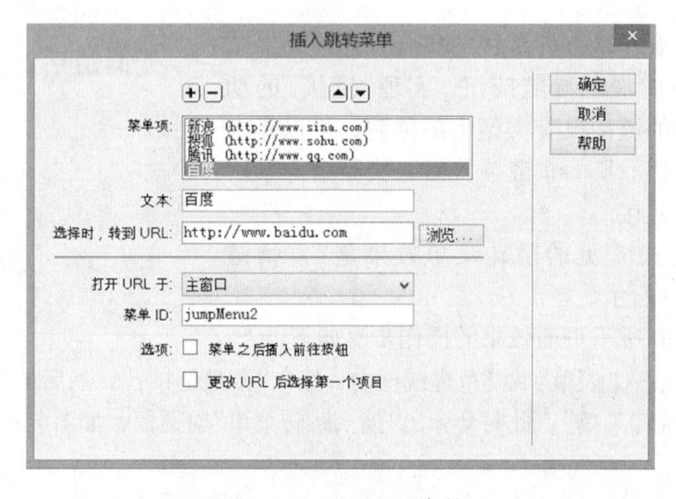

图 7 - 32　设置各项参数

至此，“跳转菜单”就制作完成了，单击菜单中的栏目即可打开相应的网页。

7.1.8　插入按钮

按钮用于控制表单内容的操作，使用按钮可将浏览者输入表单的数据内容提交到服务器，或者清除内容，如图 7 - 33 所示。

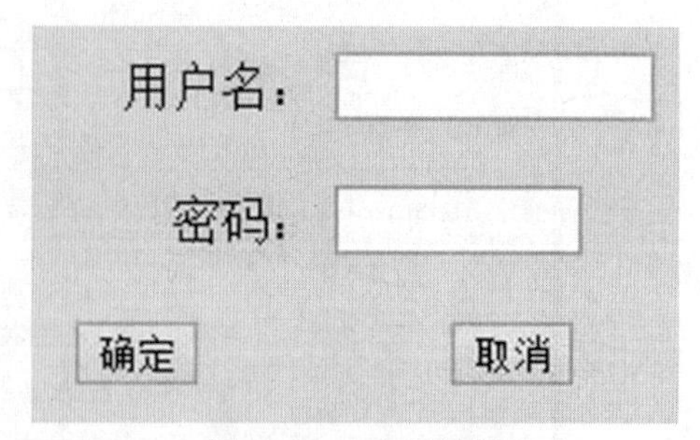

图 7 - 33　实例效果

完成图 7 - 33 所示页面效果的操作步骤如下：

(1)在本地站点新建一个页面，在该

页面中插入一个各参数如图 7－34 所示的表格 1。

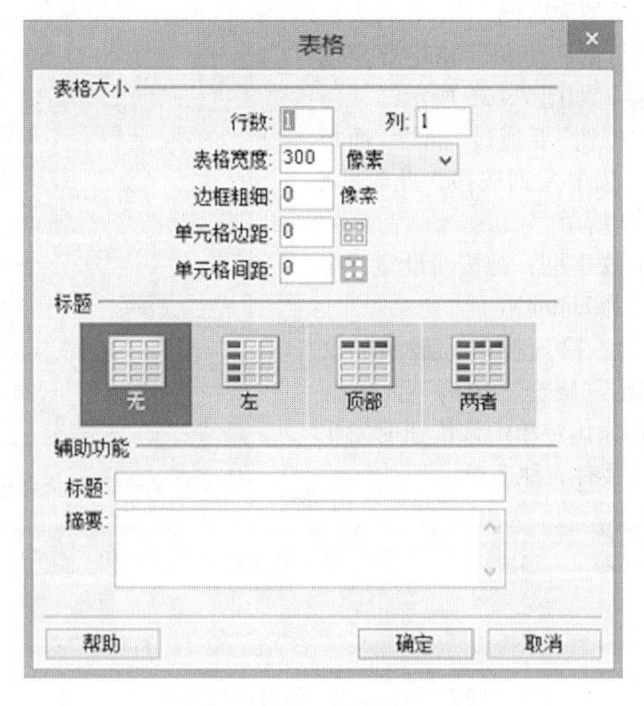

图 7－34　初始表格布局

（2）选中该表格 1，通过“属性”面板设置表格 1 居中对齐。

（3）把光标放在表格 1 内部，通过“属性”面板设置单元格高度为 300 像素，背景颜色为#99FF99。

（4）在表格 1 内部插入“表单”区域，然后在“表单”域红色虚线框内再插入一个 3 行 2 列、宽度为 250 像素、单元格间距为 3 的表格 2。

（5）选中表格 2，通过“属性”面板设置表格 2 居中对齐。

（6）通过“属性”面板设置表格 2 的所有单元格宽度为 50%，高度为 40 像素；左列第一、二单元格水平“右对齐”、垂直“居中”，第三单元格水平“居中对齐”、垂直“居中”；右列第一、二单元格水平“左对齐”、垂直“居中”，第三单元格水平“居中对齐”、垂直“居中”，效果如图 7－35 所示。

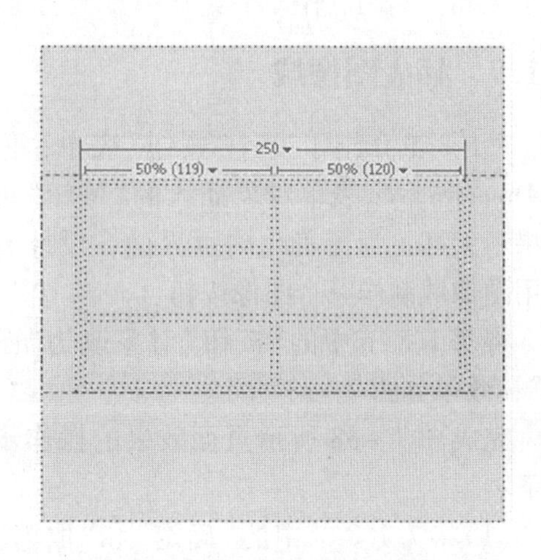

图 7－35　最终表格布局

（7）分别在左列第一、二单元格输入“用户名”“密码”，在右列第一、二单元格插入“文本字段”表单对象。

（8）通过“属性”面板设置“用户名”的

文本框字符宽度为12，最多字符数为12，类型为单行；“密码”的文本框字符宽度为8，最多字符数为8，类型为密码。

(9)在最后一行的两个单元格中分别插入两个“按钮”对象，如图7－36所示。

(10)插入的“按钮”要通过“属性”面板设置不同的功能。选中左列按钮，此时“属性”面板如图7－37所示。

- “按钮名称”文本框：为按钮设置一个名称，默认为buttonN。
- “值”文本框：输入按钮上显示的文本，如“确定”“提交”“取消”等。
- “动作”：用来确定单击该按钮时发生的操作，一共有3种选择。

图7－36　插入各表单对象

图7－37　设置“单选按钮”属性

a. 提交表单：表示单击按钮将提交表单数据内容至表单域“动作”属性中指定的页面或脚本。

b. 重设表单：表示单击该按钮将清除表单中的所有内容。

c. 无：表示指定单击该按钮时要执行的操作，如添加一个Javascript脚本等。

(11)设置左边按钮的“值”为“确定”，“动作”为“提交表单”；右边按钮的“值”为“取消”，“动作”为“重设表单”。

至此，本例制作完毕。

7.1.9　插入图像域

7.1.8节介绍了设计“按钮”表单，但通过Dreamweaver表单对象插入的“按钮”视觉效果不太好，为了美化网页界面，设计者可使用图像域制作一个图像按钮。

将7.1.8节中的“按钮”对象改为“图像域”，效果如图7－38所示。

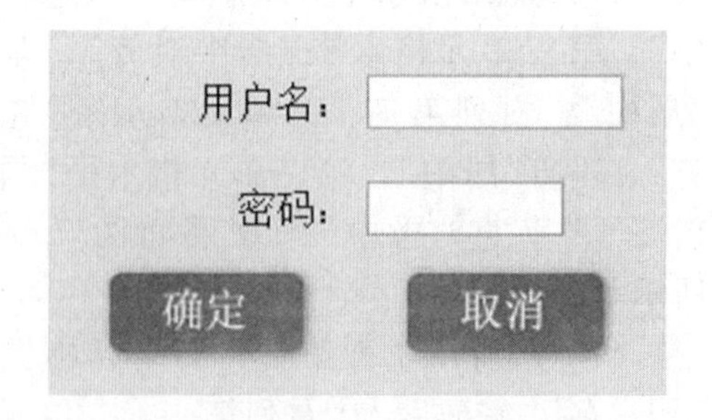

图7－38　修改按钮的效果

完成图7－38所示页面效果的操作步骤如下：

(1)将7.1.8节中的“确定”和“取消”按

钮删除，将光标放置在相应单元格内，然后插入“图像域”对象，此时会弹出“选择图像源文件”的对话框，如图 7 – 39 所示。

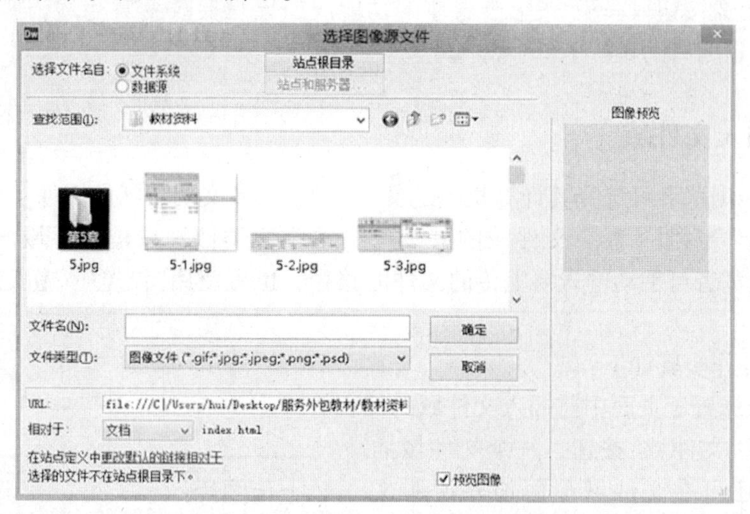

图 7 – 39　“选择图像源文件”对话框

(2)在对话框中选择本地站点文件夹中要作为按钮的图像，之后单击“确定”即可将其插入网页中，如图 7 – 40 所示。

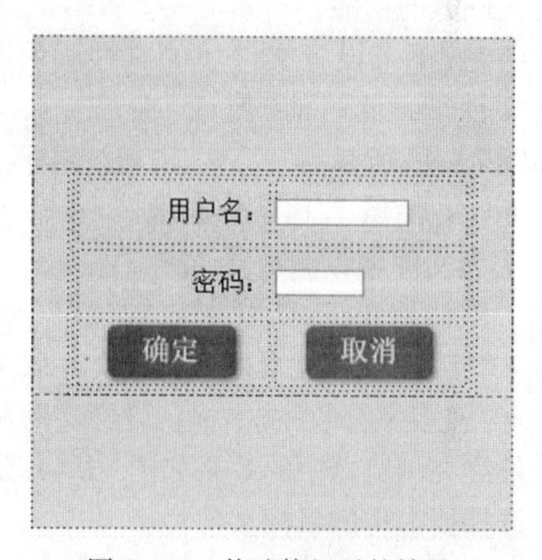

图 7 – 40　修改按钮后的效果

(3)设置图像按钮的属性。用鼠标单击图像按钮，令其周围出现虚线框，表示该图像按钮已被选中，此时的“属性”面板如图7 – 41 所示。

- “图像区域”文本框：为图像按钮设置一个名称，默认为 imageField。
- “源文件”文本框：用于显示该按钮使用的图像的地址。

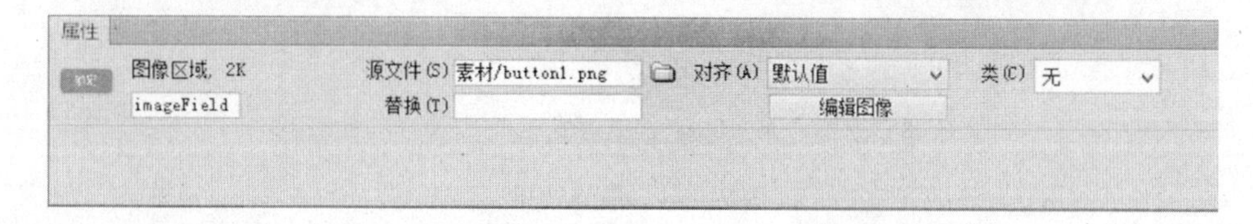

图 7 – 41　“图像区域”属性面板

- “替换”文本框：用于输入描述性文本，一旦图像在浏览器中载入失败，将显示这些文本。
- “对齐”列表：设置对象的对齐属性。其中包括“默认值”“顶端”“居中”“底部”“左对齐”和“右对齐”。
- “编辑图像”按钮：点击该按钮将启动外部编辑器，进行对该图像的编辑。

知识点2

默认的图像按钮只具有"提交"表单的功能。如果想要改变其用途，则需要将某种"行为"附加至表单对象中。

7.1.10 插入文件域

文件域使浏览者可选择其计算机上的文件，如Word文档、图像文件、压缩文件等，并将该文件上传到服务器。文件域的外观与文本字段类似，只是文件域多了一个"浏览"按钮。浏览者可手动输入要上传的文件的路径，也可使用"浏览"按钮定位并选择该文件。

具体的操作步骤如下：

(1)将光标置于页面中需插入文件域的位置。

(2)选择"文件域"按钮，一个文件域插入网页中，还可在文件域前面加入说明文字，如"上传文件""上传照片"等，告诉浏览者文件域的功能，如图7－42所示。

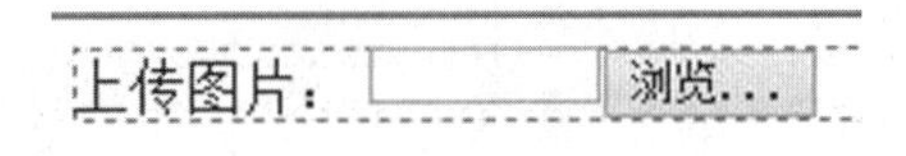

图7－42　插入"文件域"

(3)接下来设置文件域的属性。用鼠标点击文件域，此时的"属性"面板如图7－43所示。

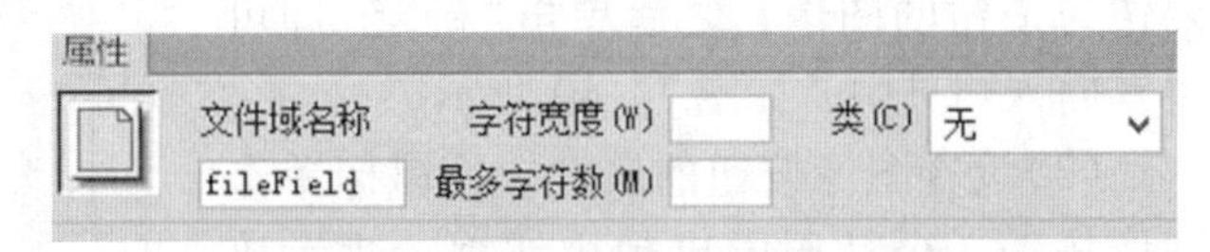

图7－43　"文件域"属性面板

- "文件域名称"文本框：为文件域设置一个名称，默认为fileField。
- "字符宽度"文本框：设置文件域中最多可显示的字符数。
- "最多字符数"文本框：设置文件域中最多可输入的字符数。

最终在浏览器中的效果如图7－44所示。单击"浏览"则可打开"选择文件"对话框，用于选择要上传的目标文件。

图7－44　最终效果

7.2 表单页设计实例

前面对表单对象的介绍都是分散举例的，在实际的应用中表单对象很少单独使用，一般在设计一个表单页面时要综合运用多个表单对象。因此，本节将通过一个实例进一步阐述表单对象的运用，页面效果如图 7－45 所示。

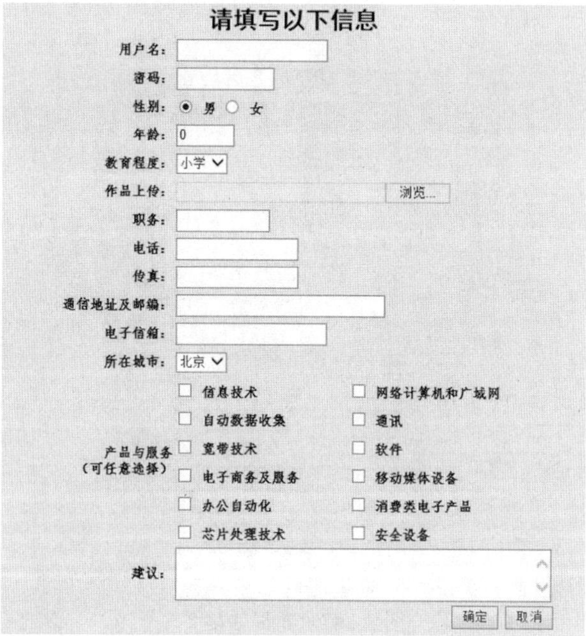

图 7－45　实例效果

本实例表单页面的制作具体步骤如下：

（1）新建一个页面，打开“页面属性”对话框，设置该页面属性，如图 7－46 所示。

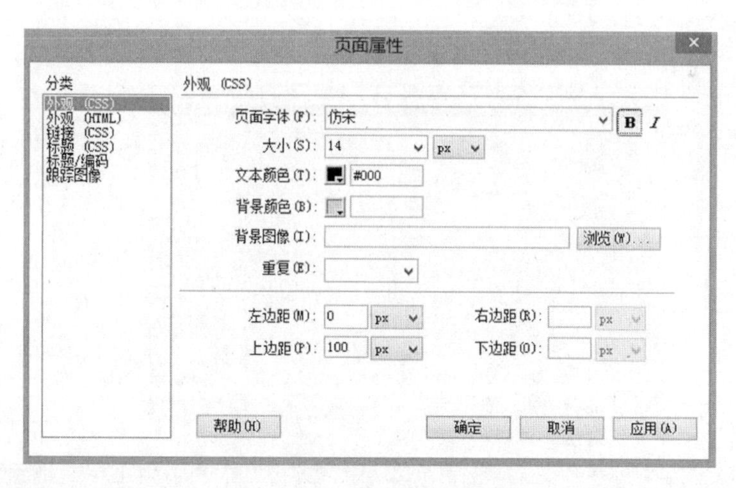

图 7－46　“页面属性”对话框

（2）在页面插入一个 1 行 1 列、表格宽度为 600 像素的表格 1，并通过“属性”面板设置表格居中对齐，单元格高度为 650 像素，背景颜色为#00FFFF，效果如图 7－47 所示。

图 7－47　布局表格 2

(3)将光标放入表格内，设置单元格“垂直”对齐为“顶端”。接着在该表格中插入一个表单域，且在“表单域”属性面板的“动作”文本框中输入“mailto：51851791@qq. com”，“方法”为 POST，表示将该表单中的数据通过 E-mail 传送到作者的邮箱中，如图 7－48 所示。

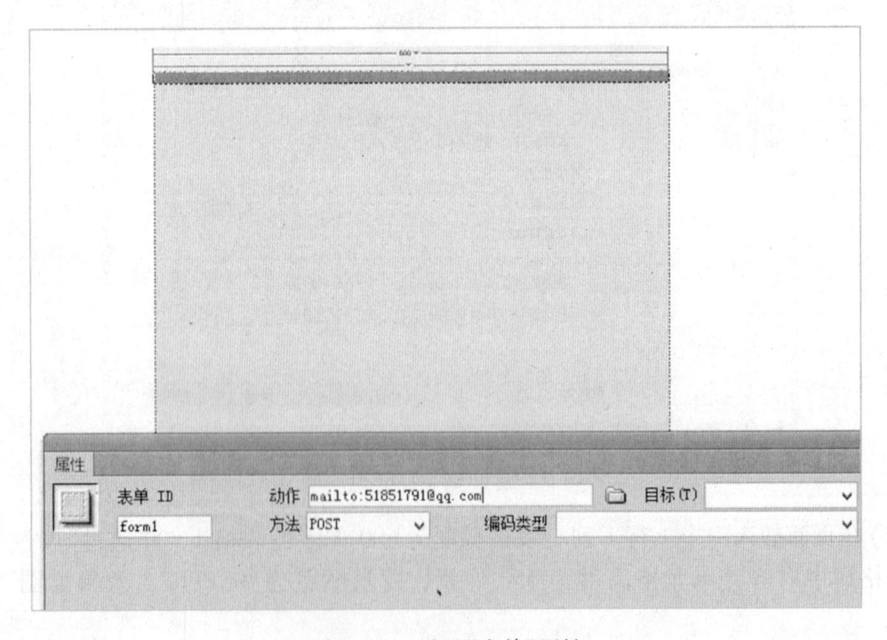

图 7－48　设置“表单”属性

(4)光标放入表单域，在表单域中插入一个参数如图7－49所示的表格2。

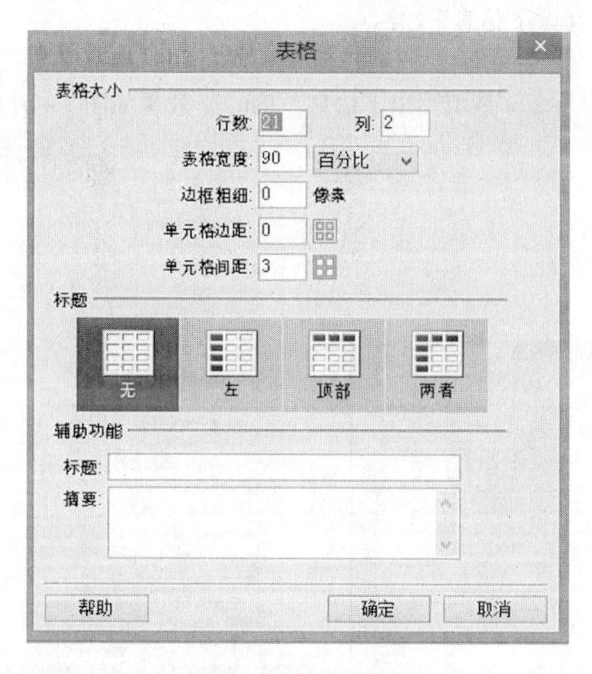

图7－49　插入表格2

(5)选中表格2，设置“对齐”方式为“居中对齐”；选中表格2的所有单元格，设置单元格的高度为25像素，效果如图7－50所示。

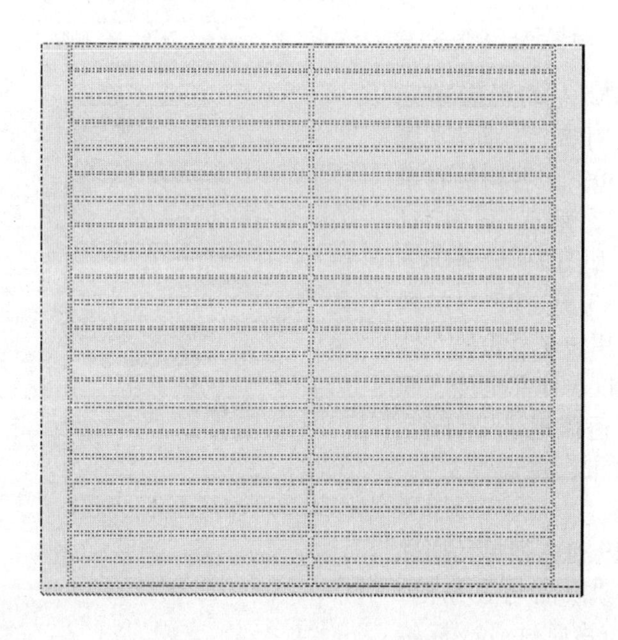

图7－50　表格2最终效果

(6)将表格 2 的第一行合并成一个单元格，并设置单元格水平和垂直均为“居中”对齐。然后输入“请填写以下信息”文字。

(7)在代码中设置“请填写以下信息”字体为“黑体”，字号为“ +2”，代码为：〈font face = "黑体" size = " +2"〉请填写以下信息〈/font〉，效果如图 7 – 51 所示。

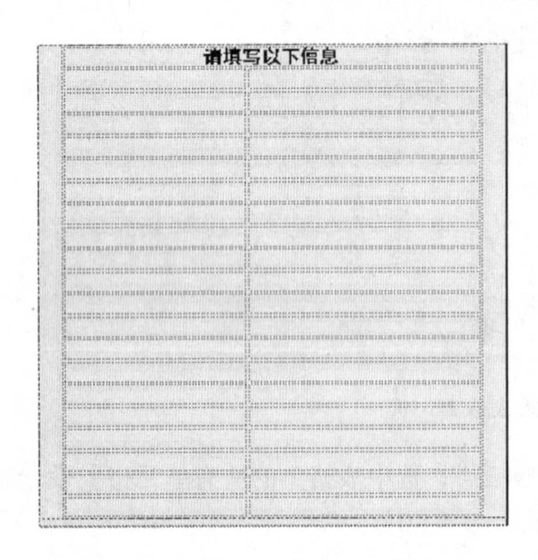

图 7 – 51　输入“请填写以下信息”

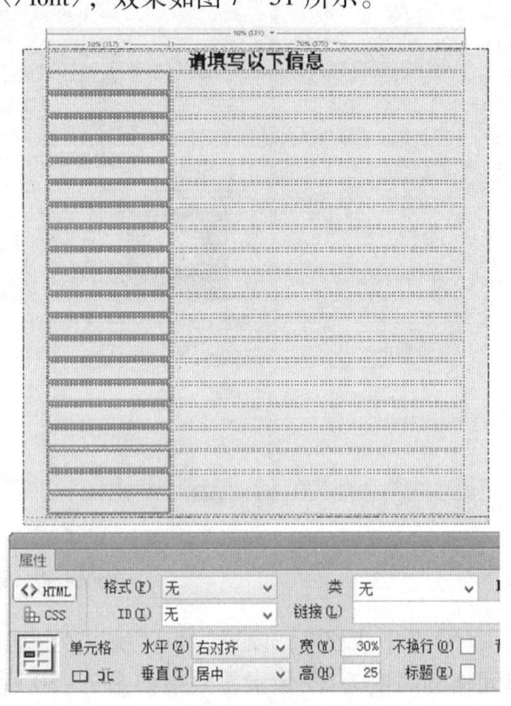

图 7 – 52　设置左侧单元格属性

(8)选中表格 2 左列所有单元格，设置水平“右对齐”，垂直“居中”对齐，宽度为 30%；右列所有单元格水平“左对齐”，垂直“居中”对齐，宽度为 70%，如图 7 – 52 所示。

(9)在第 1 ～ 13 行、20 行左列单元格中分别输入用户名、密码、性别、年龄、教育程度、作品上传、职务、电话、传真、通信地址及邮编、电子信箱、所在城市、建议等文字，如图 7 – 53 所示。

(10)将 14 ～ 19 行左列单元格进行合并，然后输入“产品与服务(可任意选择)”文字，并通过〈br〉标签将“(可任意选择)”进行换行。

(11)将光标放置在“用户名:”后

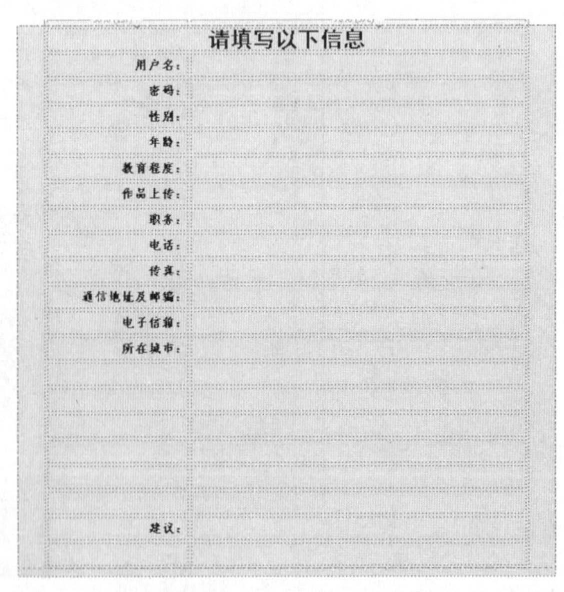

图 7 – 53　输入左侧文字信息

面的单元格，插入“文本字段”表单对象，并设置字符宽度和最多字符数为20，类型为单行，如图7－54所示。

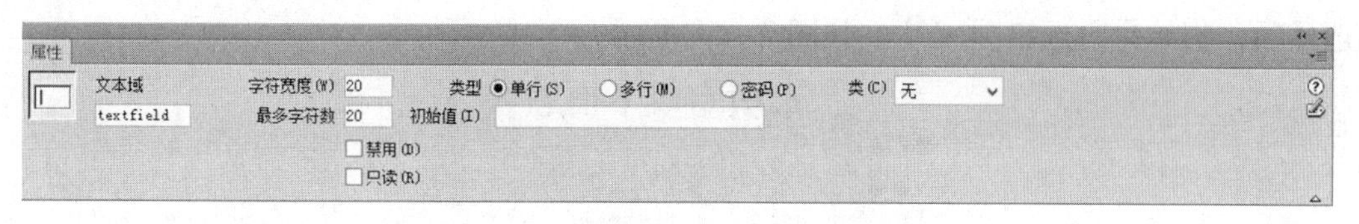

图7－54　设置“用户名输入框”属性

(12)将光标放置在“密码:”后面的单元格，插入“文本字段”表单对象，并设置字符宽度和最多字符数为12，类型为密码，如图7－55所示。

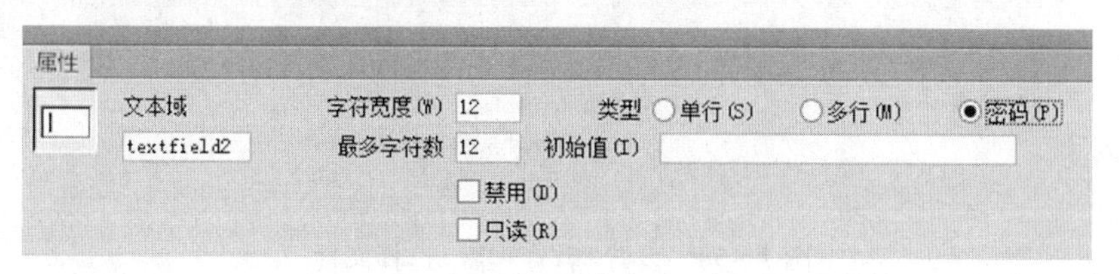

图7－55　设置“密码输入框”属性

(13)将光标放置在“性别:”后面的单元格，插入两个“单选按钮”表单对象，并在第一个“单选按钮”对象后面输入“男”，第二个“单选按钮”对象后面输入“女”，选中第一个“单选按钮”设置属性中“初始状态”为“已钩选”，并将两个“单选按钮”进行统一命名，如图7－56所示。

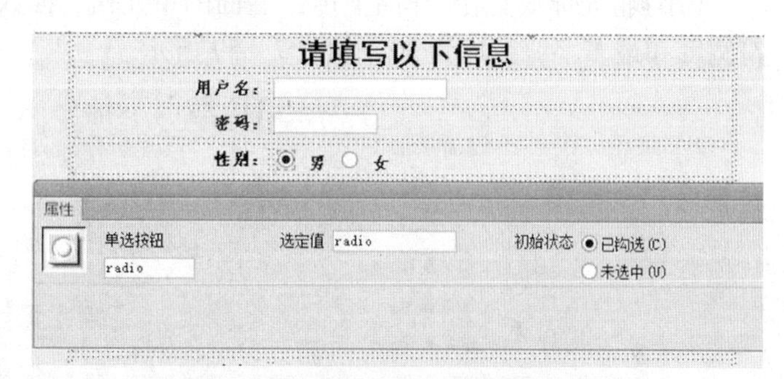

图7－56　设置“单选按钮”属性

(14)将光标放置在“年龄:”后面的单元格，插入“文本字段”表单对象，并设置字符宽度和最多字符数为4，类型为单行，初始值为0，如图7－57所示。

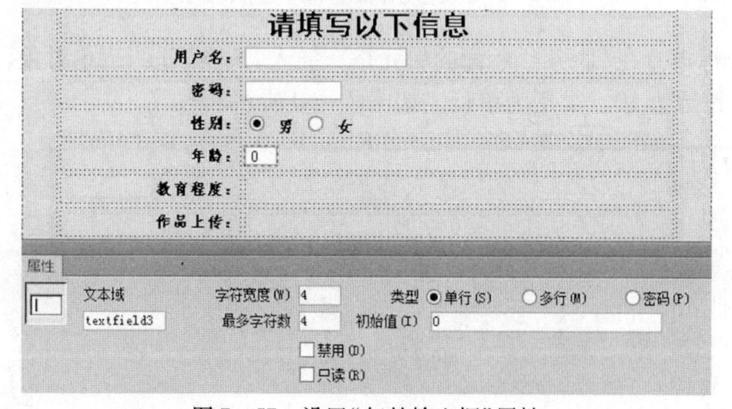

图7－57　设置“年龄输入框”属性

(15)将光标放置在“教育程度:”后面的单元格，插入“列表/菜单”表单对象，并设置类型为菜单，点击“列表值”，添加小学、初中、高中、大专、本科、硕士、博士7个选择项，初始化时选定“小学”，如图7-58所示。

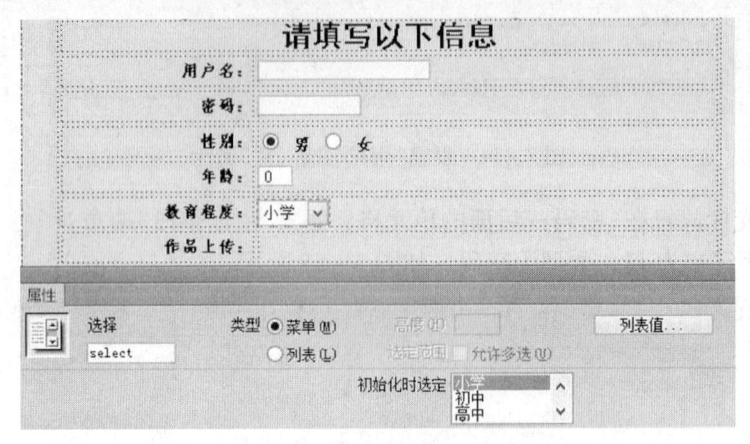

图7-58 设置“教育程度”选择属性

(16)将光标放置在“作品上传:”后面的单元格，插入“文件域”表单对象，并设置字符宽度和最多字符数均为30，如图7-59所示。

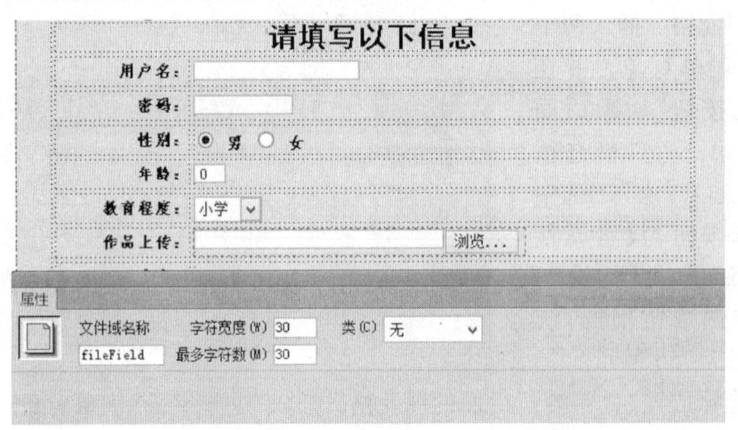

图7-59 设置“作品上传”文件域属性

(17)将光标放置在“职务:”后面的单元格，插入“文本字段”表单对象，并设置字符宽度和最多字符数为10，类型为单行，如图7-60所示。

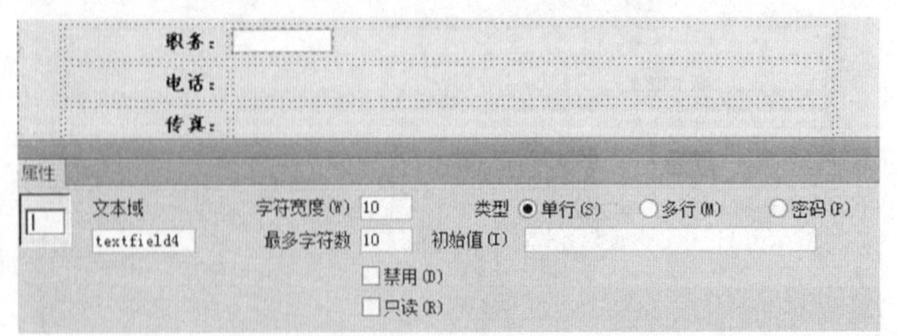

图7-60 设置“职务输入框”属性

(18)将光标放置在“电话:”后面的单元格，插入“文本字段”表单对象，并设置字符宽度和最多字符数为15，类型为单行，如图7-61所示。

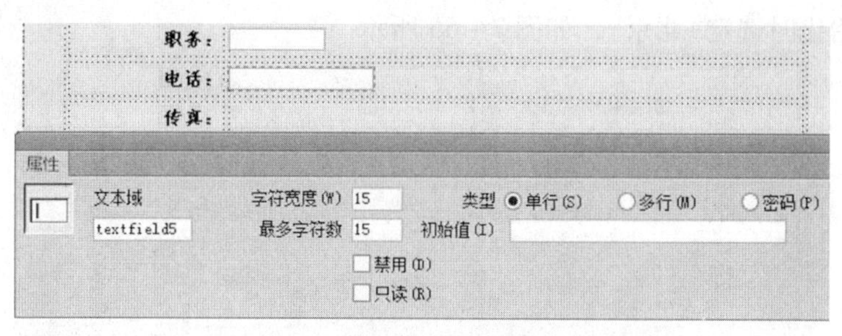

图7-61 设置“电话输入框”属性

(19)将光标放置在“传真:”后面的单元格，插入“文本字段”表单对象，并设置字符宽度和最多字符数为15，类型为单行，如图7-62所示。

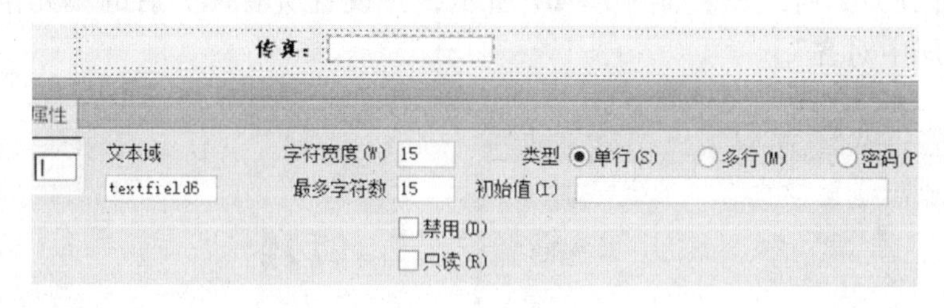

图7-62 设置“传真输入框”属性

(20)将光标放置在“通信地址及邮编:”后面的单元格，插入“文本字段”表单对象，并设置字符宽度为30，最多字符数为80，类型为单行，如图7-63所示。

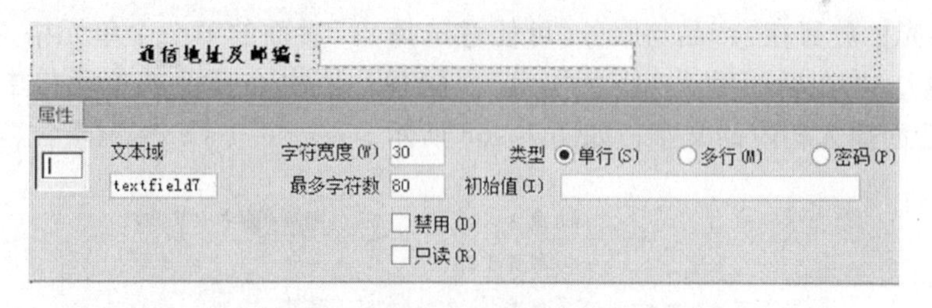

图7-63 设置“通信地址及邮编:”输入框属性

(21)将光标放置在“电子信箱:”后面的单元格，插入“文本字段”表单对象，并设置字符宽度和最多字符数均为20，类型为单行，如图7-64所示。

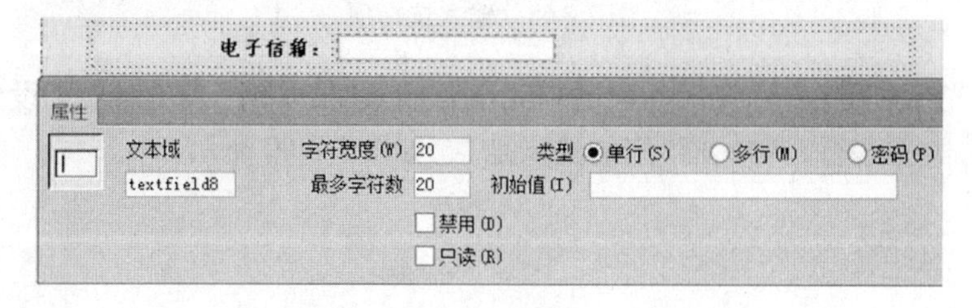

图7-64 设置“电子信箱:”输入框属性

(22)将光标放置在“所在城市:”后面的单元格，插入“列表/菜单”表单对象，并设置类型为菜单，点击“列表值”，添加北京、上海、广州、深圳、天津、南京、西安等选择项，初始化时选定“北京”，如图7-65所示。

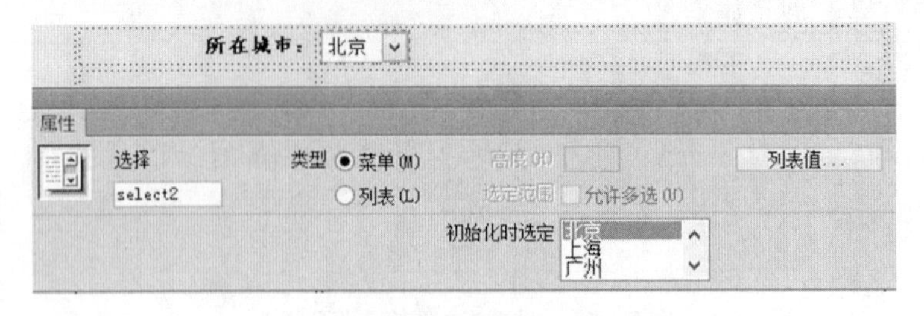

图7-65　设置“所在城市”列表属性

(23)分别选中“产品与服务(可任意选择)”后面的单元格进行“拆分单元格”，如图7-66所示拆分为2列，效果如图7-67所示，并设置所有拆分后的单元格水平“左对齐”，垂直“居中对齐”。

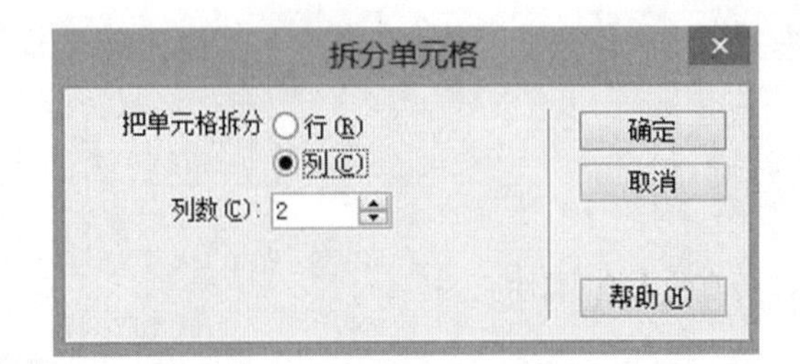

图7-66　拆分单元格的设置

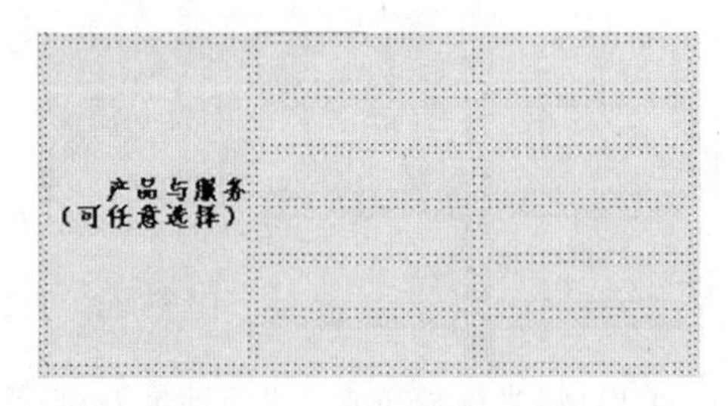

图7-67“产品与服务”选择项布局

(24)将光标放置在“产品与服务(可任意选择):”后面的第一个单元格，插入“复选框”表单对象，并在后面输入“信息技术”。同理，依次在其他的单元格中插入“复选框”，并在后面输入相应的文字，如图7-68所示。

图7-68　输入选择项

(25)将光标放置在“建议:”后面的单元格，插入“文本域”表单对象，设置字符宽度35、行数3、类型多行，初始值“您的建议是”，如图7-69所示。

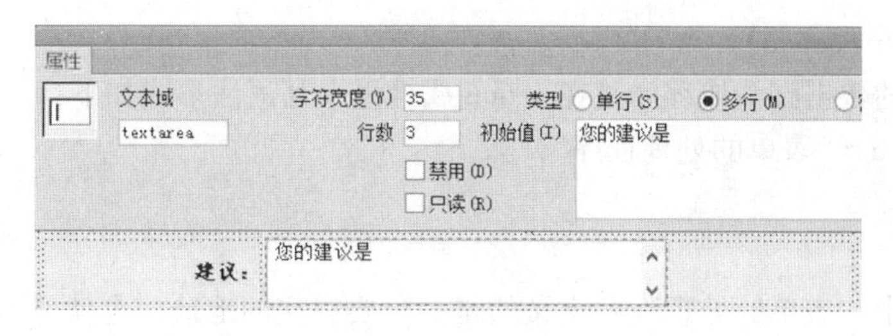

图 7－69　设置“建议输入框”属性

(26)选中表格 2 最后一行右单元格，分别插入两个“按钮”表单对象，设置第一个“按钮”的值为“确定”，动作为“提交表单”，如图 7－70 所示；设置第二个“按钮”的值为“取消”，动作为“重设表单”，如图 7－71 所示。

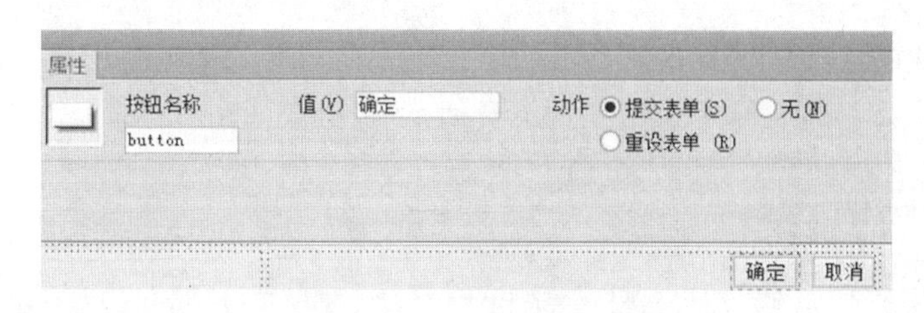

图 7－70　设置“确定”按钮属性

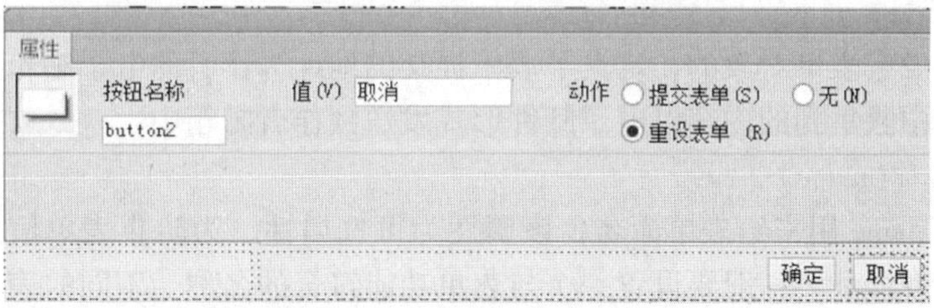

图 7－71　设置“取消”按钮属性

至此，这个表单网页的制作就完成了，保存网页，按下 F12 键预览网页。

7.3　HTML 语言中的表单

7.3.1　表单标签

在 HTML 中，表单域是由〈form〉〈/form〉这组标签来创建的，即定义表单的开始位置和结束位置，在标签对之间的一切都属于表单的内容。

每个表单元素开始于 form 元素，包含所有的表单对象。在表单的〈form〉标签中，一般情况下必须设置处理程序 action 和传送方法 method 两个参数。

1. 处理程序(action)

处理表单的数据脚本或程序是在 action 属性里，其语法形式如下：

<form action = "表单的处理程序">

...

</form>

在该语法中，表单的处理程序定义的是表单要提交的地址，也就是表单中收集到的资料将要传递的程序地址。这一地址可以是绝对地址，也可以是相对地址，还可以是一些其他的地址形式，如发送 E-mail 等。

代码 7-1 设定表单的处理程序，具体代码如下：

```
<html>
<head>
<title>代码 7-1</title>
</head>
<body>
表单的处理程序
<form action="51851791@ qq. com">
</form>
</body>
</html>
```

该表单是没有表单对象的，定义了表单提交的地址为作者的电子邮箱，当程序运行后，会将表单中收集到的内容以电子邮件形式发送到作者邮箱中。

2. 表单名称(name)

名称属性 name 用来给表单命名，该属性为可选属性。为防止表单信息提交到后台处理程序时出现混乱，一般要设置一个与表单功能符合的名称。不同的表单尽量使用不同的名称，以免混乱，其语法形式如下：

<form name = "表单名称">

...

</form>

3. 传送方法(method)

表单的 method 属性用来定义处理程序从表单中获取数据的方式，分别为 GET 和 POST。这两个数据传送方式的不同已在 7.1.1 节中介绍过，其语法形式如下：

<form method = "传送方式">

...

</form>

7.3.2 添加表单对象

在 HTML 中，表单对象按照填写方式分为输入和菜单列表两大类。输入类的控件一般以<input>标签开始，说明该对象需要用户的输入；而菜单列表类则以<select>标签开始，表示用户需要选择。按照表单对象的表现形式则分为文本类、选项按钮、菜单等几种。

输入类是最常用的表单对象，包括文本域、按钮等，其语法形式如下：

〈form〉
　〈input name = "表单对象名称" type = "表单对象类型"〉
〈/form〉

“表单对象名称”是为了便于程序对不同控件的区分，而 type 参数则是确定这个对象的类型。type 参数的取值如表 7 – 1 所示。

表 7 – 1　输入类对象的 type 值

type 取值	取值的含义
text	文字字段
password	密码域
radio	单选按钮
checkbox	复选项
button	普通按钮
submit	提交按钮
reset	重置按钮
image	图形域
hidden	隐藏域
file	文件域

1. 文字字段 text

其语法形式如下：

〈input type = "text" name = "对象名称" size = "对象长度" maxlength = "最多字符数" value = "默认取值"〉

在该语法中，包含了很多参数，它们的含义和取值方法不同。其中 name、size、maxlength 参数一般是不省略的。文字字段各参数的含义见 7. 1. 2 节的详细介绍。

2. 密码域 password

在网页中，有一种特殊的文字字段，它在页面中的效果和文字字段相同，但当用户输入文字时，这些文字只显示“ * ”，这种表单对象称为密码域，其语法形式如下：

〈input type = "password" name = "对象名称" size = "对象长度" maxlength = "最多字符数" value = "默认取值"〉

代码 7 – 2　编辑如图 7 – 72 所示的表单效果，具体代码如下：

姓名：

密码：

图 7 – 72　实例效果

```
<html>
<head>
<title>代码 7 -2</title>
</head>
<body>
<form id = "form1" name = "form1" method = "post" action = "">
  <p>姓名:
   <input name = "textfield" type = "text" id = "textfield" size = "12"
maxlength = "12" />
  </p>
  <p>密码:
    <input name = "textfield2" type = "password" id = "textfield2" size = "8"
maxlength = "8" />
  </p>
</form>
</body>
</html>
```

3. 单选按钮 radio

其语法形式如下：

<input type = "radio" value = "单选按钮的取值" name = "单选按钮名称" checked>

在该语法中，checked 属性表示这一单选按钮默认被选中，而在一组单选按钮中只能有一项单选按钮对象设置为 checked。

代码 7 -3 编辑如图 7 -73 所示的表单效果，具体代码如下：

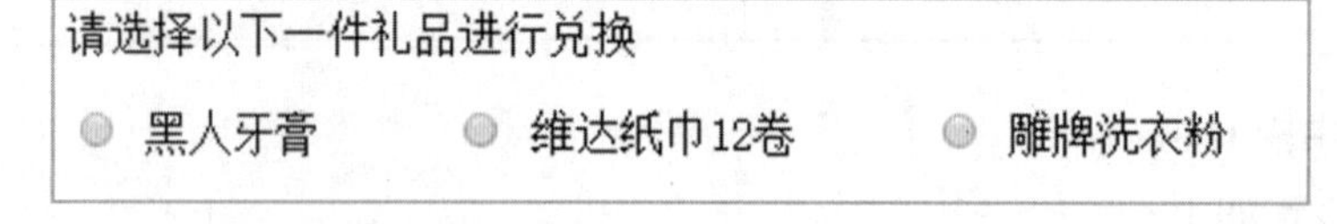

图 7 -73 实例效果

```
<html>
<head>
<title>代码 7 -3</title>
</head>
<body>
<form id = "form1" name = "form1" method = "post" action = "">
  <p>请选择以下一件礼品进行兑换
 </p>
   <p>
     <input type = "radio" name = "radio" id = "radio" value = "radio" checked
= "checked"/>
```

```
黑人牙膏        
    <input type="radio" name="radio2" id="radio2" value="radio2"/>
  维达纸巾 12 卷     
    <input type="radio" name="radio3" id="radio3" value="radio3"/>
  雕牌洗衣粉     
  </p>
</form>
</body>
</html>
```

4. 复选按钮 checkbox

其语法形式如下:

〈input type = " checkbox" value = " 复选按钮的取值" name = " 复选按钮名称" checked〉

在该语法中，checked 参数表示该选项在默认情况下已被选中，一个选择中可以有多个复选项被选中。

代码 7 - 4 编辑如图 7 - 74 所示的表单效果，具体代码如下:

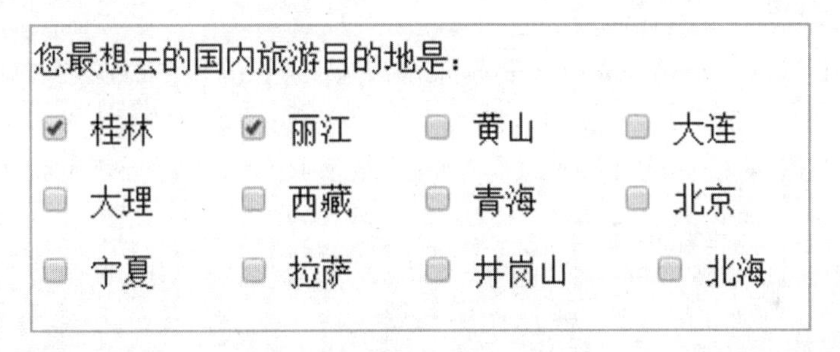

图 7 - 74 实例效果

```
<html>
<head>
<title>代码 7 - 4</title>
</head>
<body>
<form id="form1" name="form1" method="post" action="">
  <p>您最想去的国内旅游目的地是: </p>
  <p>
   <input name = "checkbox" type = "checkbox" id = "checkbox" checked = "
checked"/>
   桂林
   <input name = "checkbox2" type = "checkbox" id = "checkbox2" checked = "
checked"/>
```

```
      丽江
      <input type="checkbox" name="checkbox3" id="checkbox3"/>
      黄山
      <input type="checkbox" name="checkbox4" id="checkbox4"/>
      大连
    </p>
    <p>
      <input type="checkbox" name="checkbox5" id="checkbox5"/>
      大理
      <input type="checkbox" name="checkbox6" id="checkbox6"/>
      西藏
      <input type="checkbox" name="checkbox7" id="checkbox7"/>
      青海
      <input type="checkbox" name="checkbox8" id="checkbox8"/>
      北京
      </p>
      <p>
      <input type="checkbox" name="checkbox9" id="checkbox9"/>
    宁夏
      <input type="checkbox" name="checkbox10" id="checkbox10"/>
    拉萨
      <input type="checkbox" name="checkbox11" id="checkbox11"/>
    井岗山
      <input type="checkbox" name="checkbox12" id="checkbox12"/>
    北海
    </p>
    </form>
    </body>
    </html>
```

5. 普通按钮 button

其语法形式如下：

〈input type = "button" value = "按钮的取值" name = "按钮名称" onclick = "处理程序"〉

value 的取值是显示在按钮上面的文字，而在 button 中可通过添加 onclick 参数来实现一些特殊的功能，onclick 参数是设置按下鼠标按钮时所进行的处理。

代码 7-5 在页面添加三个按钮，其中一个为普通按钮，一个点击后关闭当前窗口，另一个点击后打开一个新窗口，代码如下。

```
<html>
<head>
<title>代码 7 - 5</title>
</head>
<body>
<form id = "form1" name = "form1" method = "post" action = "">
  <p>
    <input type = "button" name = "button" id = "button" value = "普通按钮" />
    <input type = "button" name = "button2" id = "button2" value = "关闭窗口"
onclick = "window.close()"/>
    <input type = "button" name = "button3" id = "button3" value = "打开窗口"
onclick = "window.open()" />
  </p>
</form>
</body>
</html>
```

7.1.8 节介绍了按钮依据“动作”的不同，还分为“提示表单”按钮和“重设表单”按钮。它们只需将普通按钮中的 type 类型分别设置为“submit”和“reset”即可，不需设置 onclick 参数。

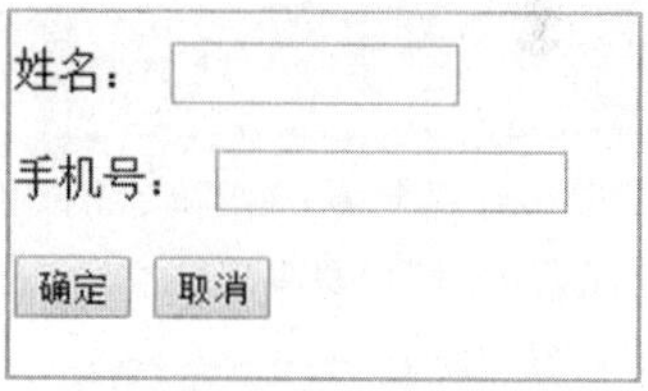

姓名：

手机号：

确定 取消

图 7 - 75　实例效果

代码 7 - 6　编辑如图 7 - 75 所示的表单效果，具体代码如下。

```
<html>
<head>
<title>代码 7 - 6</title>
</head>
<body>
<form id = "form1" name = "form1" method = "post" action = "">
  <p>姓名:
    <input name = "textfield" type = "text" id = "textfield2" size = "12"
maxlength = "12" />
  </p>
  <p>手机号:
    <input name = "textfield2" type = "text" id = "textfield3" size = "16"
maxlength = "16" />
  </p>
  <p>
    <input type = "submit" name = "button" id = "button" value = "确定" />
    <input type = "reset" name = "button2" id = "button2" value = "取消" />
```

```
  </p>
</form>
</body>
</html>
```

6. 文件域 file

其语法形式如下：

〈input type = "file" name = "文件域的名称" 〉

代码 7 -7 编辑如图 7 - 76 所示的表单效果，具体代码如下。

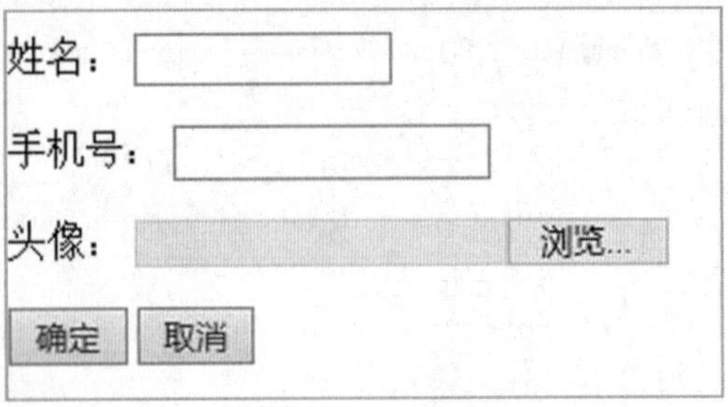

图 7 - 76 实例效果

```
<html>
<head>
<title>代码 7 -7</title>
</head>
<body>
<form action = "" method = "post" enctype = "multipart/form - data" name = "form1" id = "form1">
  <p>姓名:
    <input name = "textfield" type = "text" id = "textfield2" size = "12" maxlength = "12" />
  </p>
  <p>手机号:
    <input name = "textfield2" type = "text" id = "textfield3" size = "16" maxlength = "16" />
  </p>
  <p>头像:
    <input type = "file" name = "fileField" id = "fileField" />
  </p>
  <p>
    <input type = "submit" name = "button" id = "button" value = "确定" />
    <input type = "reset" name = "button2" id = "button2" value = "取消" />
  </p>
 </form>
 </body>
 </html>
```

7.3.3 菜单和列表类控件

菜单和列表类控件主要是为节省页面空间而设计的。菜单和列表都是通过〈select〉和〈option〉标签来实现的。

1. 下拉菜单

其语法形式如下：

〈select name = "下拉菜单名称"〉

〈option value = "选项值" selected〉选项显示内容

〈option value = "选项值"〉选项显示内容

...

〈/select〉

在该语法中，选项值是提交表单时的值，而选项显示内容才是真正在页面中显示的选项。selected 表示该选项在默认情况下是选中的，一个下拉菜单中只能有一项默认被选中。

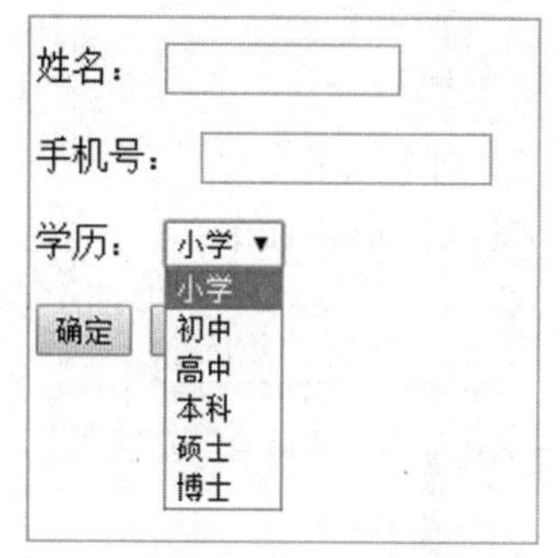

图 7 – 77　实例效果

代码 7 –8　编辑如图 7 – 77 所示的表单效果，具体代码如下。

```
<html>
<head>
<title>代码 7 - 8</title>
</head>
<body>
<form action = "" method = "post" enctype = "multipart/form - data" name = "
form1" id = "form1">
  <p>姓名:
    <input name = "textfield" type = "text" id = "textfield2" size = "12"
maxlength = "12" />
  </p>
  <p>手机号:
    <input name = "textfield2" type = "text" id = "textfield3" size = "16"
maxlength = "16" />
  </p>
  <p>学历:
   <select name = "select">
     <option selected = "selected">小学</option>
     <option>初中</option>
     <option>高中</option>
     <option>本科</option>
     <option>硕士</option>
```

```
        <option>博士</option>
      </select>
    </p>
    <p>
      <input type="submit" name="button" id="button" value="确定" />
      <input type="reset" name="button2" id="button2" value="取消" />
    </p>
  </form>
  </body>
  </html>
```

2. 列表项

其语法形式如下：

```
<select name="列表项名称" size="显示的列表项数" multiple>
<option value="选项值" selected>选项显示内容
<option value="选项值">选项显示内容
...
</select>
```

在该语法中，size 设定页面中的最多列表项数，当超过该值时会出现滚动条。multiple 表示这一列表可进行多项选择。选项值是提交表单时的值，而选项显示内容才是真正在页面中显示的选项。

图 7－78　实例效果

代码 7－9　编辑如图 7－78 所示的表单效果，具体代码如下。

```
  <html>
  <head>
  <title>代码 7-9</title>
  </head>
  <body>
  <form action="" method="post" enctype="multipart/form-data" name="
form1" id="form1">
    <p>姓名:
      <input name="textfield" type="text" id="textfield2" size="12"
maxlength="12" />
    </p>
    <p>学历:
      <select name="select" id="select">
        <option selected="selected">小学</option>
        <option>初中</option>
        <option>高中</option>
```

```
        <option>本科</option>
        <option>硕士</option>
        <option>博士</option>
      </select>
    </p>
    <p>外语能力:
      <select name="select2" size="3" multiple="multiple" id="select2">
        <option selected="selected">英语</option>
        <option>日语</option>
        <option>俄语</option>
        <option>法语</option>
        <option>德语</option>
        <option>西班牙语</option>
        <option>韩语</option>
        <option>朝鲜语</option>
      </select>
    </p>
    <p>
      <input type="submit" name="button" id="button" value="确定" />
      <input type="reset" name="button2" id="button2" value="取消" />
    </p>
  </form>
  </body>
  </html>
```

7.3.4 文字域

除了以上介绍的两大类表单对象标签外，还有一个特殊的文本标签——文字域textarea，其语法形式如下：

<textarea name = "文本域名称" value = "文本域默认值" rows = 行数 cols = 列数>

</textarea>

在该语法中，rows 是指文本域的行数，也就是高度值，当文本内容超出这一范围时会出现滚动条；cols 设置文本域的列数，也就是宽度值。

代码 7－10 编辑如图 7－79 所示的表单效果，具体代码如下。

姓名：

学历： 小学

个人简历：

确定 取消

图 7－79 实例效果

```
<html>
<head>
<title>代码 7 -10</title>
</head>
<body>
<form action = "" method = "post" enctype = "multipart/form - data" name = "
form1" id = "form1">
  <p>姓名:

    <input name = "textfield" type = "text" id = "textfield2" size = "12"
maxlength = "12" />
  </p>
  <p>学历:
    <select name = "select" id = "select">
      <option selected = "selected">小学</option>
      <option>初中</option>
      <option>高中</option>
      <option>本科</option>
      <option>硕士</option>
      <option>博士</option>
    </select>
  </p>
  <p>个人简历:
    <textarea name = "textarea" id = "textarea" cols = "45" rows = "5"></
textarea>
  </p>
  <p>
    <input type = "submit" name = "button" id = "button" value = "确定" />
    <input type = "reset" name = "button2" id = "button2" value = "取消" />
  </p>
</form>
</body>
</html>
```

本章小结

表单在网页中主要负责数据采集功能。一个表单有两个基本组成部分，一个部分是表单域，包含了处理表单数据所用 CGI 程序的 URL 及数据提交到服务器的方法；另一个部分是表单对象，包含了文本框、密码框、隐藏域、多行文本框、复选框、单选框、下拉选择框和文件上传框等。本章要求能使用正确的表单对象创建表单页面，并会使用 HTML 标签编辑表单页。

8 框 架

Dreamweaver 中除了可使用表格进行页面排版外，还有另外一个排版工具，即框架。虽然表格和框架的用途都是页面排版，但表格是以一个页面为插入表格对象单位进行排版的，而框架是以多个页面在同一窗口的布局来进行排版的。

8.1 框架的概念

框架是一种使多个网页(两个或两个以上)通过多种类型区域的划分，最终显示在同一窗口的网页结构。框架结构多用于头页或导航栏部分较为固定而主体部分较多变化的网页结构。

8.1.1 框架结构的组成

一个框架结构是由两部分组成的。

(1)框架页：浏览器窗口中的一个区域，它可显示与浏览器窗口其余部分所显示内容无关的网页文件，在一个窗口中，要显示多少网页就有多少个框架，每个框架显示不同的网页内容。

(2)框架集：也是一个网页文件，它是一个浏览器窗口中不同部分显示的网页文件的集合。

如图 8 - 1 所示的框架结构，就是包括上部标题、左边导航栏、右边内容三个不同部分的框架页，以及这些页面组成的一个框架集。

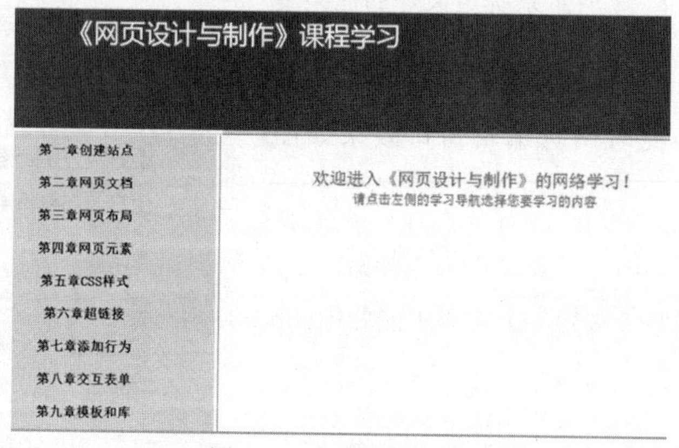

图 8 - 1 框架结构页面

8.1.2　框架结构的优缺点

框架结构可将浏览器的显示分割成几个部分，每个部分可独立显示不同的网页。这对于保持整个网页设计的整体性是有利的；但对于那些不支持框架结构的浏览器，页面信息就不能显示出来。

使用框架结构的优点：

(1)浏览器不需要为每个页面重新加载与导航相关的图形。这样可提高网页下载的效率，同时也减轻了网站服务器的负担。

(2)每个框架都有自己的滚动条，因此浏览者可独立滚动这些框架。

使用框架结构的缺点：

(1)难以实现在不同框架中精确地对齐各页面元素。

(2) 对导航进行测试时很耗时间。

(3) 由于带有框架页面的 URL 不显示在浏览器中，因此浏览者难以将特定页面设为书签。

8.2　创建框架集和框架页

在 Dreamweaver 中，可通过两种方法创建框架集。一种是使用系统定义好的框架集，另一种是用户手动设计框架集。

8.2.1　使用系统定义的框架集

使用系统定义好的框架结构可快速创建基于框架的排版。具体操作步骤如下：

(1)将光标放置在需分割成框架结构的页面窗口中。

(2)执行“插入”/“HTML”/“框架”命令，此时右侧会显示如图 8－2 所示系统定义好的框架集结构。

(3)根据图 8－1 所示的框架结构，选择“上方及左侧嵌套”，此时网页编辑窗口效果如图 8－3 所示。

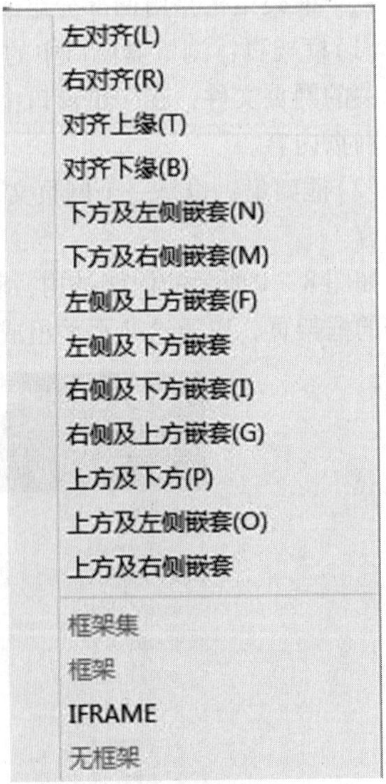

左对齐(L)
右对齐(R)
对齐上缘(T)
对齐下缘(B)
下方及左侧嵌套(N)
下方及右侧嵌套(M)
左侧及上方嵌套(F)
左侧及下方嵌套
右侧及下方嵌套(I)
右侧及上方嵌套(G)
上方及下方(P)
上方及左侧嵌套(O)
上方及右侧嵌套
框架集
框架
IFRAME
无框架

图 8－2　框架集结构

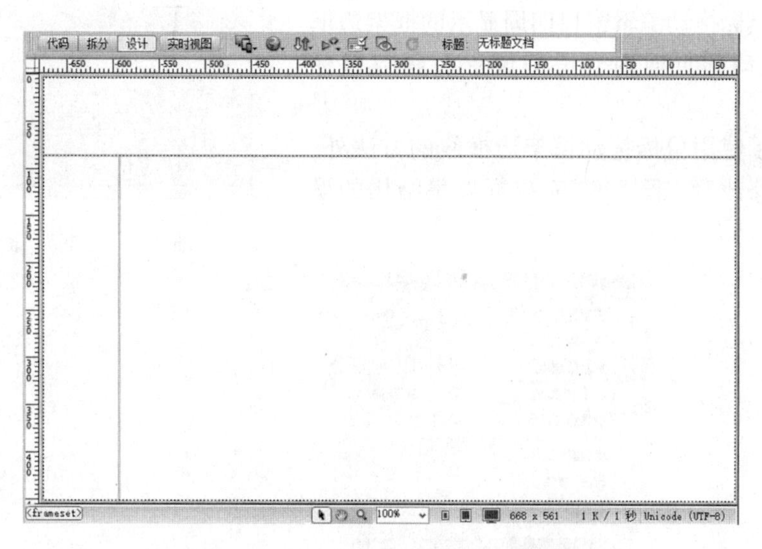

图 8－3 “上方及左侧嵌套”框架集结构

8.2.2 手动设计框架集

虽然系统定义了 13 种框架集结构，但有时这些定义好的结构不能满足用户的设计需求，此时可通过手动的方法自己设计需要的框架集。具体操作步骤如下：

(1)执行“查看”/“可视化助理”/“框架边框”，使框架的边框可在编辑窗口四周显示出来，如图 8－4 所示。

图 8－4 显示“框架边框”

(2)执行“窗口”/“框架”命令，打开如图 8－5 所示的“框架”浮动面板。“框架”浮动面板中显示的就是框架集的结构。

(3)用鼠标拖动编辑窗口四周显示的框架边框线，将其拖动到页面内合适的位置后释放鼠标即可。

(4)除了使用鼠标拖动框架边框线的方法外，还可执行“修改”/“框架集”完成框架集结构的设计，如图8-6所示。

图8-5 “框架”面板

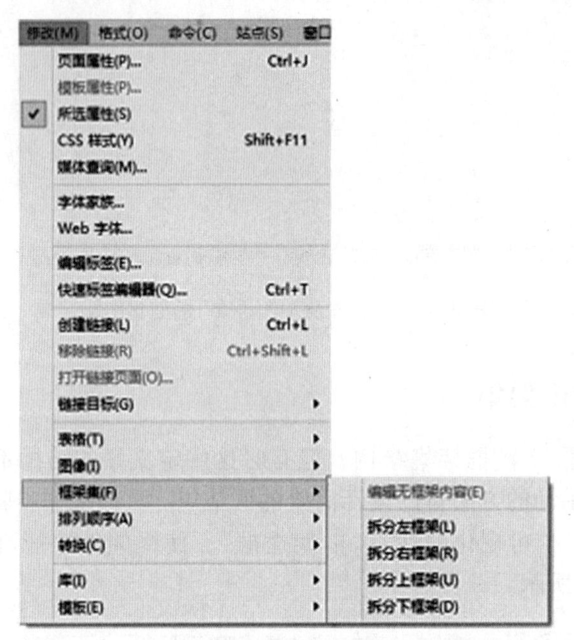

图8-6 “修改”/“框架集”命令

知识点1

要使用拖动出现的框架边框拆分出框架结构，需按住 Alt 键的同时拖动框架边框。

8.2.3 嵌套框架

嵌套框架与嵌套表格一样，即在一个框架中再次创建另一个框架，图8-1所示就是一个嵌套框架。8.2.1节的操作“上方及左侧嵌套”使用的就是系统定义的嵌套框架。除此之外，还可使用其他方式设计嵌套框架。同样以图8-1所示为例，具体操作步骤如下：

(1)将光标放置在需要分割成框架结构的页面窗口中。

(2)执行“插入”/“HTML”/“框架”/“对齐上缘”命令，此时编辑窗口会出现如图8-7所示的上下框架结构。

(3)将光标放置在框架结构的下部框架中，然后执行“插入”/“HTML”/“框架”/“左对齐”命令，此时编辑窗口显示的就是图8-1所示的框架结构。

图 8－7 “上下框架”结构

以上嵌套框架的方法也是利用系统定义的框架结构。下面再介绍一种操作方法，具体操作步骤如下：

(1)执行“查看”/“可视化助理”/“框架边框”，使框架的边框可在编辑窗口四周显示出来。

(2)用鼠标拖动编辑窗口上方显示的框架边框线，将其拖动到页面内合适的位置后释放鼠标即可，此时制作了一个上下结构的框架集。

(3)将光标放置在下部框架，执行“修改”/“框架集”/“拆分左框架”命令，然后调整框架边框线，将左右框架大小调整到适当大小，至此，图 8－1 所示的框架结构就制作完成了。

8.3 框架的操作

在创建完成框架集后，就要对框架集和框架进行选择、删除等操作。

8.3.1 选择框架集

在“框架”浮动面板中，单击框架集最外层的边框，使其变成加粗黑线显示，即表示框架集被选中，如图 8－8 所示。也可直接单击编辑窗口中的框架边框，此时编辑窗口中的框架集也被虚线框包围。

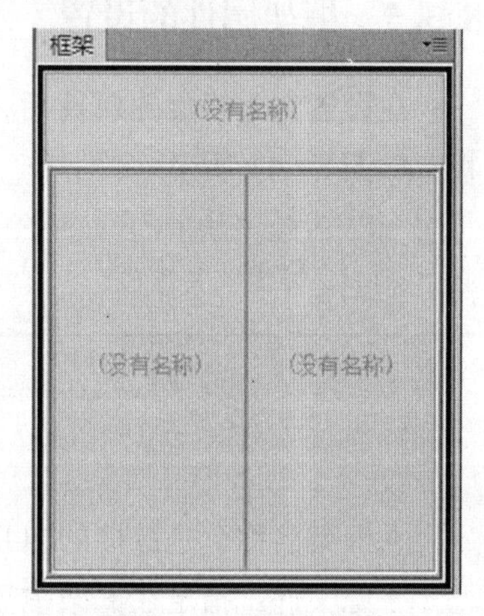

图 8－8 “框架”面板

8.3.2 选择框架

在“框架”浮动面板中，直接单击所要选取的框架，其变成黑线显示，即表示框架被选中，如图 8－9 所示。此时编辑窗口中的相应位置框架也被虚线框包围。

8.3.3 删除框架

删除框架的方法非常简单，只需按住鼠标将框架边框拖出编辑窗口即可。删除框架时要注意保存框架中的页面内容。

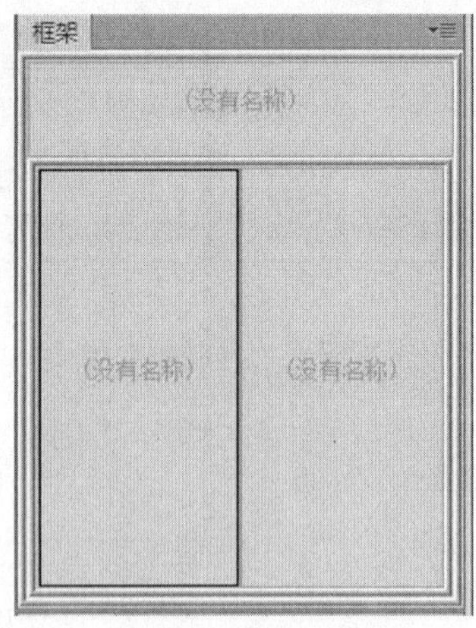

图 8-9　选择框架效果

8.3.4 框架集属性的设置

可通过“属性”面板设置框架集的多项属性。“框架集”属性面板如图 8-10 所示。

- 框架集：在“属性”面板左侧列出了框架集中存在多少行和多少列。

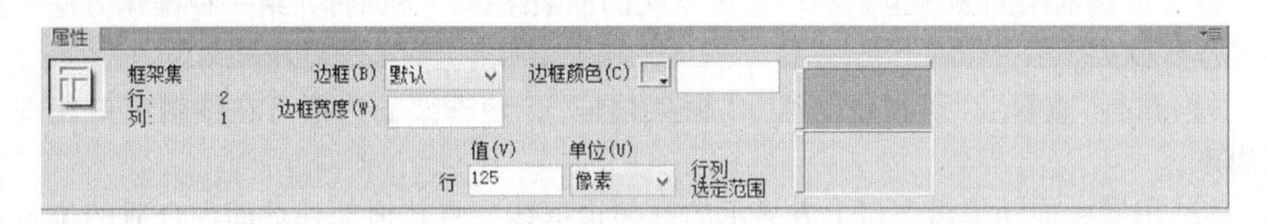

图 8-10　“框架集”属性面板

- 边框：设置在浏览器显示时框架周围是否显示边框。如果要显示框架边框，选择“是”；不显示框架边框，选择“否”；而“默认”是由浏览器自动确定是否显示框架边框。
- 边框宽度：指定框架集中所有边框的宽度，默认单位为像素。
- 边框颜色：设置边框的颜色。
- 行列选定范围：可对框架集中存在的“行”或“列”的高度或宽度进行设定。

8.3.5 框架属性的设置

在设置完框架集的属性后，还需对各个框架进行属性的设置。选择“框架”属性面板，如图 8-11 所示。

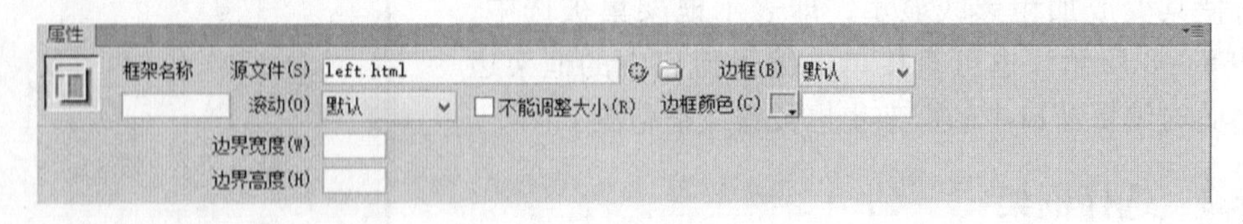

图 8-11　“框架”属性面板

- 框架名称：是链接的“目标”属性在引用该框架时所用的名称。
- 源文件：指定在框架中显示的网页源文档。
- 滚动：指定在框架中是否显示滚动条。选择“是”，将始终显示滚动条；选择

"否"，不使用滚动条；选择"自动"，只有网页内容大于框架范围才显示滚动条，建议使用此项。

- 不能调整大小：浏览者无法通过拖动框架边框在浏览器中调整框架的大小。建议钩选。
- 边框：设置框架是否具有边框，这里的设置与框架集相同，并且框架的"边框"设置会覆盖框架集的"边框"设置。
- 边框颜色：为所有框架的边框设置边框颜色。此颜色应用于和框架接触的所有边框，并且重写框架集的指定边框颜色。
- 边界宽度：可设置左边界和右边界的宽度，即为框架边框和框架中内容间的距离，单位为像素。
- 边界高度：可设置上边界和下边界的高度，即为框架边框和框架中内容间的距离，单位为像素。

8.3.6 在框架中打开网页文件

框架集和框架设置完成后，就需在每个框架中打开相应显示内容的网页文件。一般有两种方法：

方法一　先将空白的网页文件插入框架，然后在框架中再分别对这些网页内容进行编辑设计。

方法二　先制作好需要的网页内容，然后分别将它们插入到对应的框架中，最后根据网页内容的大小对框架进行研究调整。

在方法的选择上建议使用第二种方法，因为这种方法有助于理解框架结构，避免在操作时造成混乱。

实例 8－1　在框架中打开网页文件。

(1)在 Dreamweaver 中通过执行"站点/新建站点"命令，将所给资料中的"第 8 章"文件夹"实例 8－1"创建为站点，该站点已建好 header. html、body. html、left. html 三个网页文件，如图 8－12 所示。

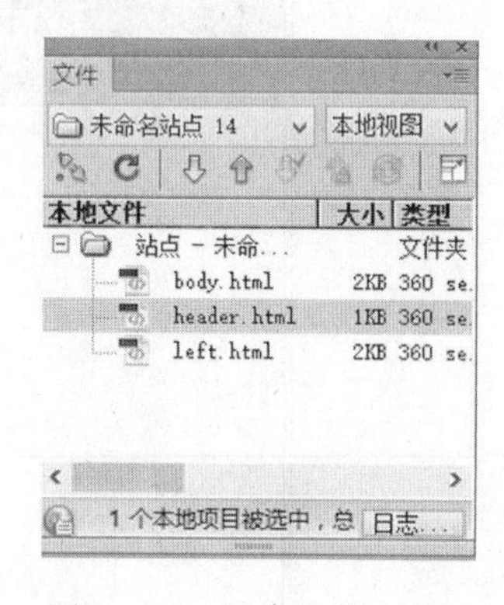

图 8－12　新建站点及页面

(2)新建一个 framesets. html 页面，执行"插入"/"HTML"/"框架"/"上方及左侧嵌套"命令，插入如图 8－13所示的框架集结构。

(3)将光标插入到上方框架中，执行"文件"/"在框架中打开"命令，此时弹出"选择 HTML 文件"对话框，找到"实例 8－1"文件夹中的 header. html，点击"确定"按钮，就将 header. html 网页插入上方框架中了，如图 8－14 所示。

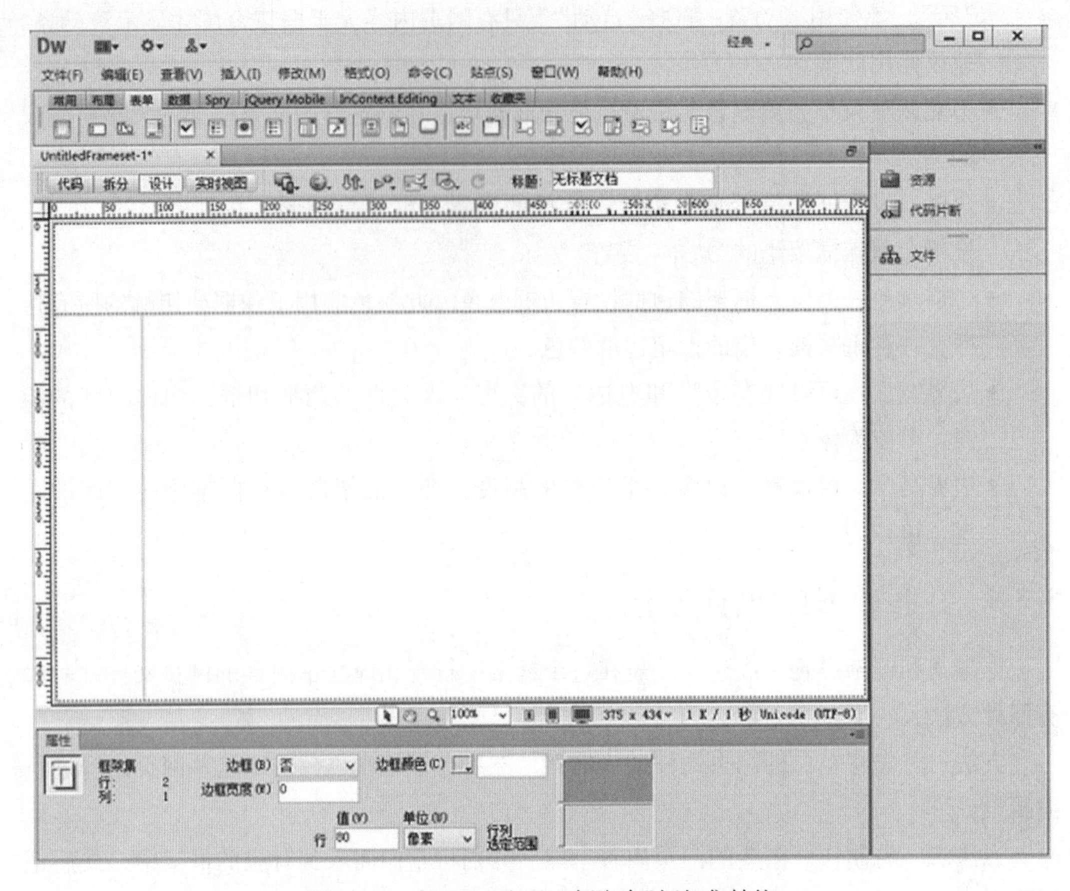

图 8-13　插入“上方及左侧嵌套”框架集结构

图 8-14　制作上框架页面

(4)将光标插入下方左侧框架中，执行“文件”/“在框架中打开”命令，此时弹出“选择 HTML 文件”对话框，找到“实例 8 - 1”文件夹中的 left. html，按“确定”按钮，就将 left. html 网页插入框架中了。对框架大小及属性进行微调后效果如图 8 - 15 所示。

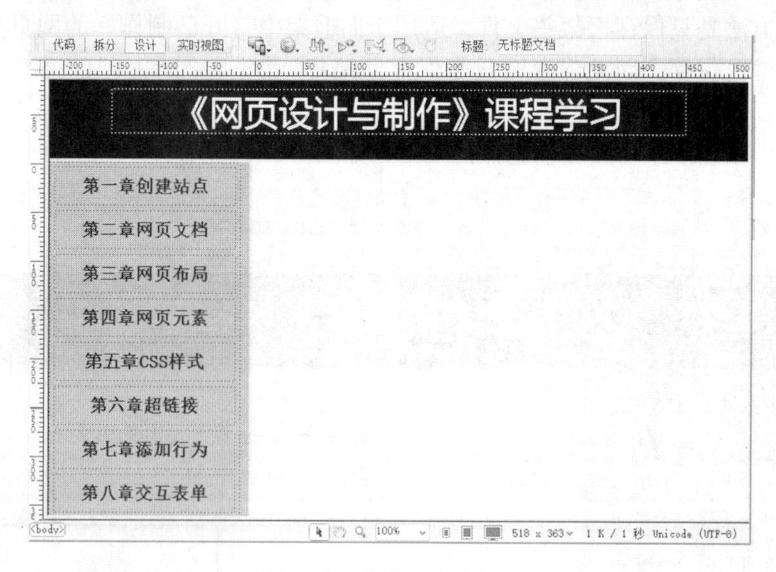

图 8 - 15　制作左框架页面

(5)将光标插入下方右侧框架中，执行“文件”/“在框架中打开”命令，此时弹出“选择 HTML 文件”对话框，找到“实例 8 - 1”文件夹中的 body. html，按“确定”按钮，就将 body. html 网页插入框架中了。对框架大小及属性进行微调后效果如图 8 - 16 所示。

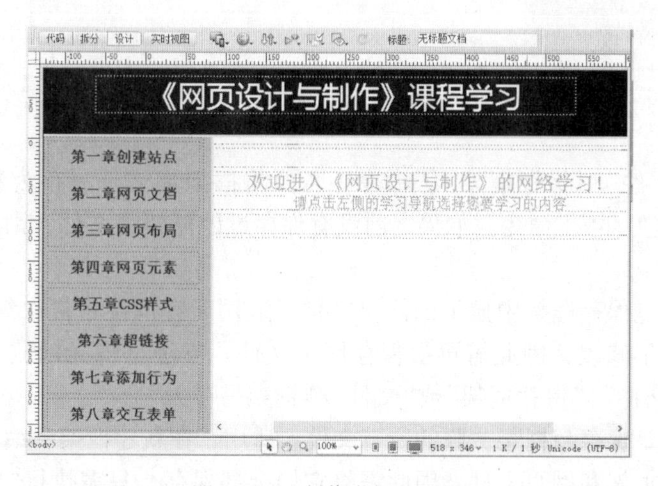

图 8 - 16　制作主框架页面

至此，框架内容制作完成。如果要正常浏览框架结构的网页，还需对框架集和框架进行保存操作。

8.3.7 保存框架集和框架

保存框架集和框架的方式有3种。

第1种方法是只保存框架集文件，适用于向框架中打开已制作好的网页文件。由于这些网页文件已保存，因此保存时只需保存框架集。如“实例8-1”的框架，保存的操作步骤如下：

(1)通过“框架”浮动面板，选择框架集，如图8-17所示。

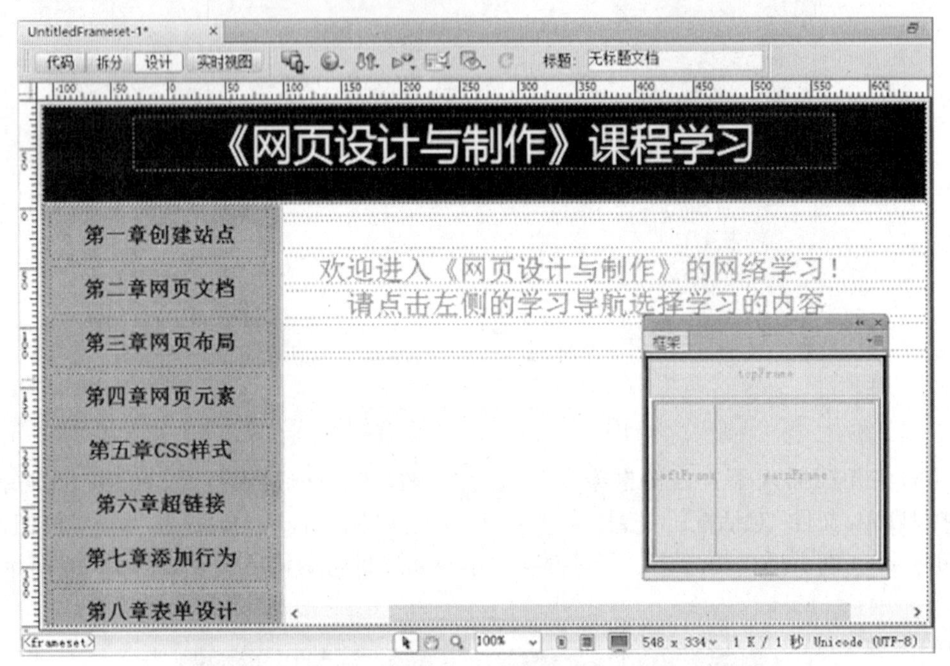

图8-17 选择框架集

(2)执行“文件”/“保存框架页”命令。若要将框架集文件另存为新文件，则执行“文件”/“框架集另存为”命令。如果之前没有保存过该框架集文件，则这两个选项的效果是相同的。

第2种方法是保存框架中显示的网页文件，适用于在框架中再次编辑了网页内容。由于网页内容做了修改，因此需再次保存网页文件。方法是将光标放入要保存的框架中，然后执行“文件”/“保存框架”或“文件”/“框架另存为”命令。

第3种方法是保存与框架关联的所有文件。适用于在新建框架中编辑了新建网页文件。由于新建了框架和网页文件，因此需将它们全部保存。只需执行“文件/保存全部”命令即可。

知识点2

如果进行了以上保存操作，浏览时还不能正常显示，请对所有框架及框架集再次保存，保存操作为 $n+1$ 次(n 为框架数，1为框架集)。

8.4　框架网站实例

下面将通过一个完整的框架结构网站实例，介绍如何利用框架来进行网页的排版，特别是如何实现框架结构的超链接。完成后的网站首页如图 8－18 所示。

图 8－18　实例效果

先分析这个网站的结构。这个网站看起来是一个背景为“浅绿色”，内容居中的页面布局。而之前实例中使用的框架都会使内容偏左，因此该实例中先插入了一个左、中、右 3 列的框架结构，其中左、右列不放任何内容，只设置页面背景颜色，而中间列是具体放置网页内容的位置。

中间列根据图 8－18 所示，是一个“上方及左侧嵌套”的框架结构。具体页面内容是在这三个框架页中进行设计制作的。

下面开始正式的制作，具体操作步骤如下：

(1) 在 Dreamweaver 中，将“第 8 章”/“框架网站实例”/“mysite”文件夹设置为站点，images 文件夹设置默认保存图片。

(2) 新建一个网页，名称为 index. html，作为该网站的首页。执行“查看”/“可视化助理”/“框架边框”命令，将框架的边框显示出来。使用鼠标拖动边框至页面中，产生左、中、右结构的框架集页面，如图 8－19 所示。

图 8－19 “左中右”框架结构

(3)选中框架，通过“属性”面板分别设置左侧框架“列”20%，中间框架“列”60%，右侧框架“列”20%，如图 8－20～图 8－22 所示。

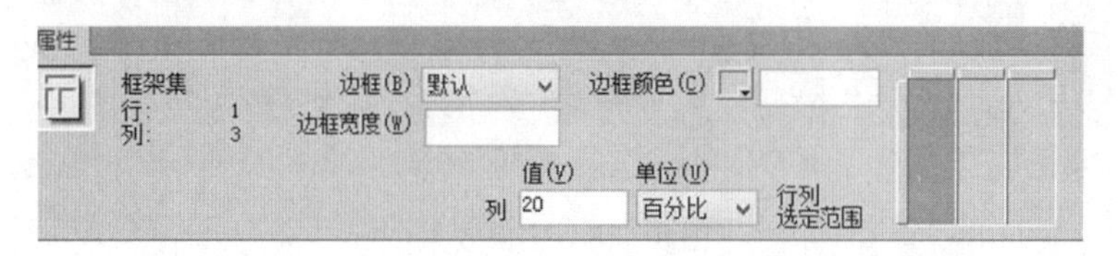

图 8－20 设置左框架属性

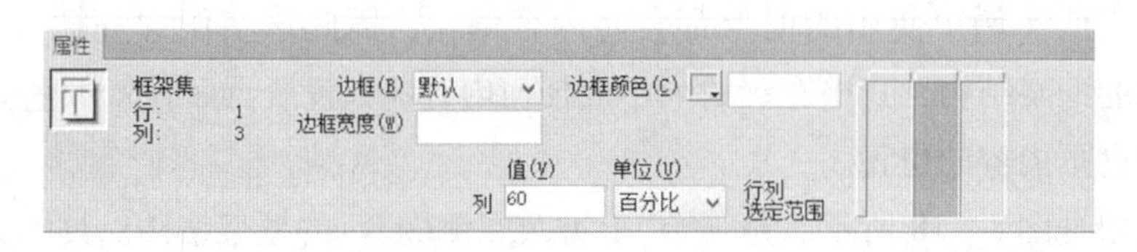

图 8－21 设置中间框架属性

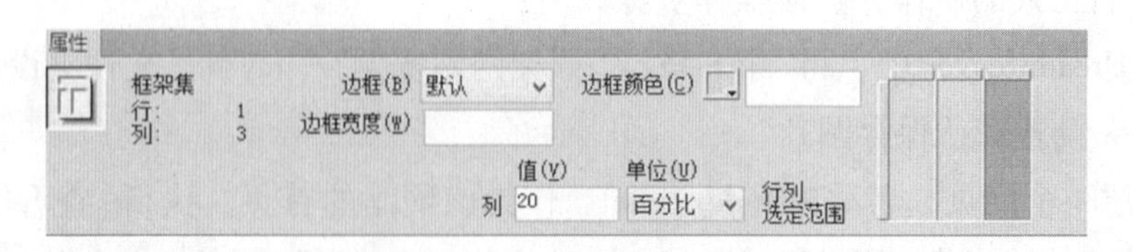

图 8－22 设置右框架属性

(4)单击左侧框架，执行“修改”/“页面属性”命令，设置背景颜色为#A5C7B3。把光标放在该框架页中，执行“文件”/“保存框架”命令，将该框架页保存到站点，命名为 indexleft. html。

(5)单击右侧框架，执行“修改”/“页面属性”命令，设置背景颜色为#A5C7B3。把光标放在该框架页中，执行“文件”/“保存框架”命令，将该框架页保存到站点，命名为indexright. html。

(6)将光标插入中间框架页，根据之前分析，该框架页中还要再嵌套框架。执行“插入”/“HTML”/“框架”/“上方及左侧嵌套”命令，如图8－23所示。

图8－23　主框架内嵌套子框架

图8－24　“框架”面板

(7)执行“窗口”/“框架”命令，打开“框架”面板，可看到整个页面的框架结构，如图8－24所示。中间页面被分为topFrame、leftFrame和“没有名称”三个框架页。

(8)点击“框架”面板中间右侧框架，通过“属性”面板将“框架名称”命名为mainFrame，如图8－25所示。

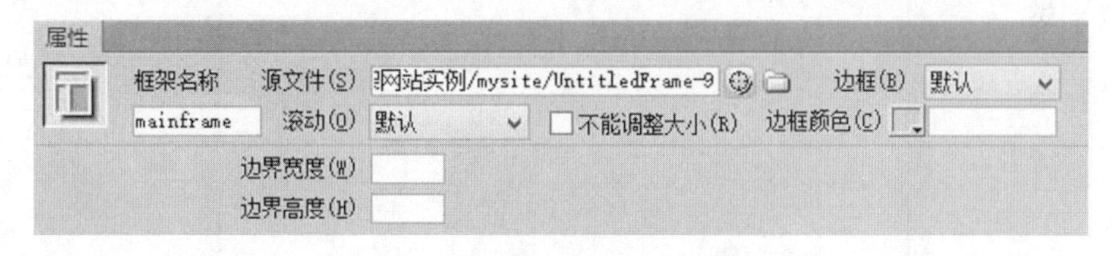

图8－25　设置子框架的主框架属性

(9)点击边框，选中子框架集，在“属性”面板设置topFrame“行”高为150像素，如图8－26所示。

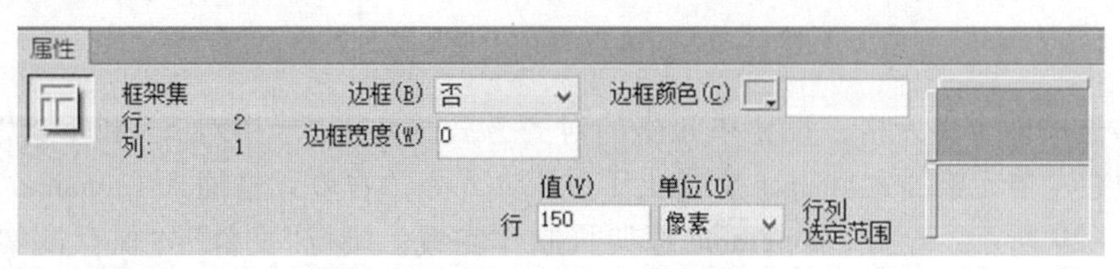

图8－26　设置子框架的上框架属性

(10)将光标放入 topFrame 框架页，设置 topFrame 框架页的背景颜色为#47312E，然后插入一个 1 行 2 列、宽度为 100% 的表格，如图 8－27 所示，页面效果如图 8－28 所示。

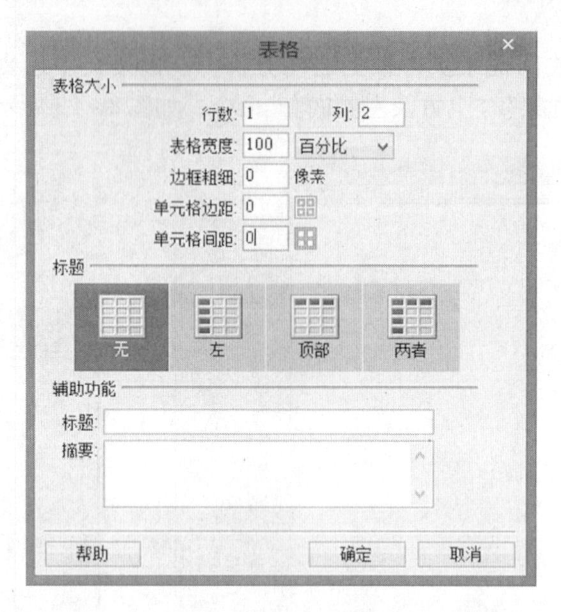

图 8－27　在子框架的上框架页插入表格

图 8－28　子框架集的上框架页布局

(11)选中两个单元格，设置单元格的对齐方式为水平“居中对齐”和垂直“居中”。然后分别在左单元格插入 images 文件夹下的 logo. png，右单元格插入 sitename. png，效果如图 8－29 所示。至此，topFrame 框架页制作完成，执行“文件”/“保存框架”命令，将 topFrame 框架页保存至站点内，命名为 topFrame. html。

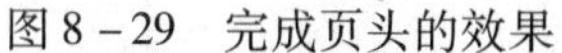

图 8－29　完成页头的效果

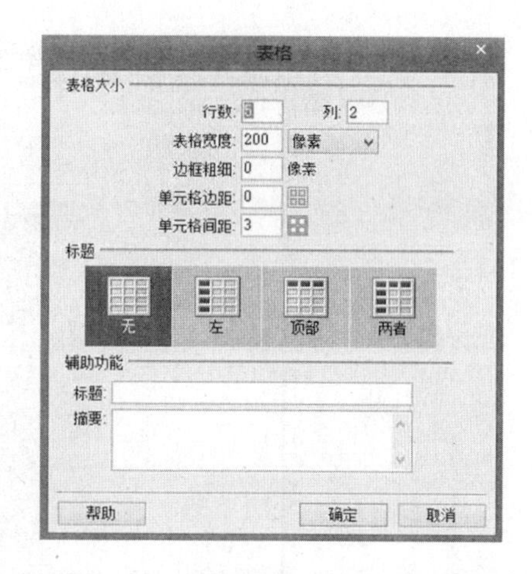

图 8－30　子框架集左框架页的布局

(12)在站点中新建一个 leftFrame.html 页面，然后插入一个 5 行 2 列、宽度为 200 像素的表格，如图 8－30 所示。

(13)选中插入的表格，设置对齐方式为"居中对齐"，选中所有单元格，设置水平"左对齐"，垂直"居中"，高为"100 像素"。然后从上往下分别设置单元格背景颜色为#BFD163、#626329、#F1959C、#F55324、#FAB26C，如图 8－31 所示。

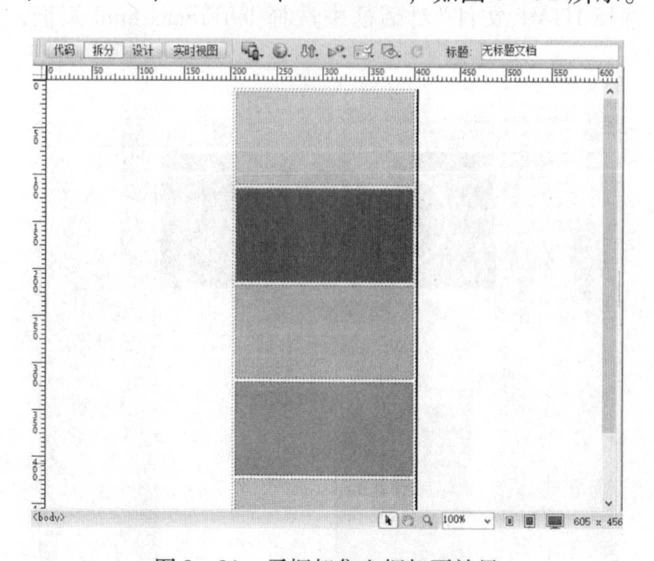

图 8－31　子框架集左框架页效果

(14)设置 leftFrame.html 页面字体"宋体"、大小"16"、文本颜色"白色"，加粗，左边距 20 像素，上边距 50 像素。分别在单元格中输入"首页""个人简介""碎碎念""涂鸦""留言板"，如图 8－32 所示。

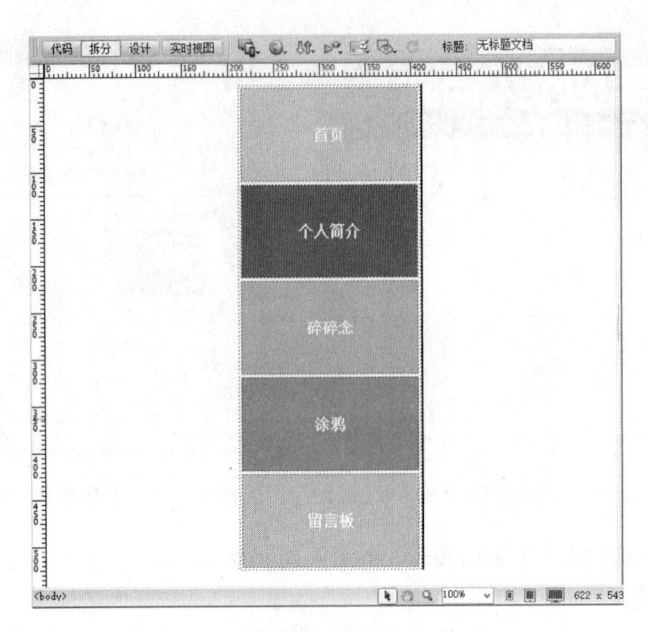

图 8-32　子框架集左框架页最终效果

(15)返回框架集，将光标插入 leftFrame 框架页中，执行“文件”/“在框架中打开”命令，在弹出的“选择 HTML 文件”对话框中选择 leftFrame. html 页面，效果如图 8-33 所示。

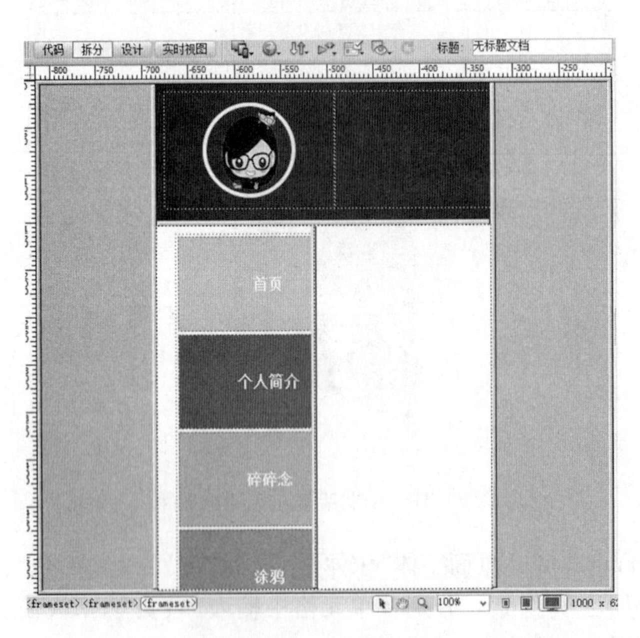

图 8-33　选择子框架集左框架页

(16)光标点击子框架集下部中间的边框，通过“属性”面板设置 leftFrame 框架“列”宽为 240 像素，如图 8-34 所示，设置属性后的页面效果如图 8-35 所示。

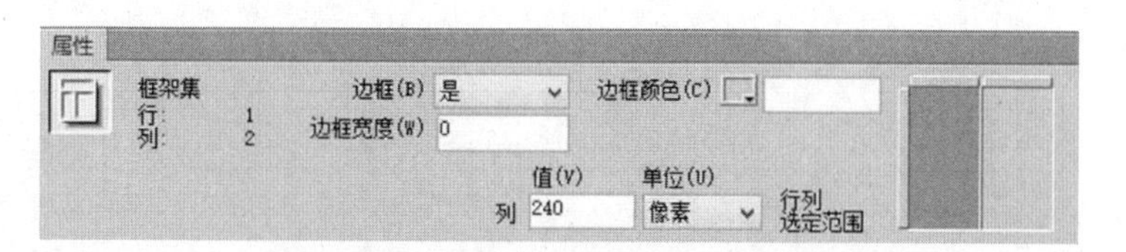

图 8－34　设置子框架集左框架页属性

图 8－35　设置属性后的页面效果

(17) 在站点中新建一个 mainFrame. html 页面，然后插入一个 3 行 2 列、宽度为 100% 的表格，如图 8－36 所示，插入表格后的页面如图 8－37 所示。

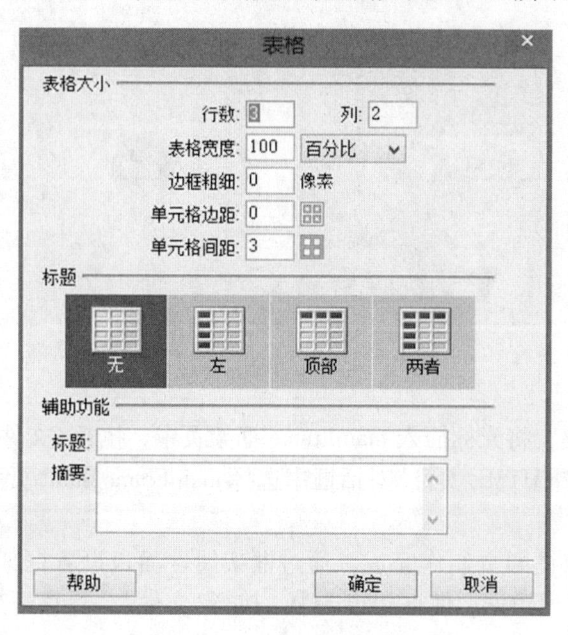

图 8－36　在主框架页插入表格

图 8－37　插入表格后的页面

(18)选中第一行进行单元格合并，设置水平“左对齐”，垂直“居中”；选中第二、三行设置水平“居中对齐”、垂直“居中”、背景颜色为#BFD163。然后在第一行输入“部分涂鸦展示”，其他单元格插入相应图片，效果如图 8－38 所示，保存 mainFrame. html 页面。

图 8－38　主框架页的效果

(19)返回框架集，将光标插入 mainFrame 框架页中，执行“文件”/“在框架中打开”命令，在弹出的“选择 HTML 文件”对话框中选择 mainFrame. html 页面，效果如图 8－39 所示。

(20)至此，所有框架页制作完成。通过框架属性面板设置框架不显示边框，没有滚动条。然后点击任何边框，使框架集选中。执行“文件”/“保存框架页”为 index. html，然后浏览，效果如图 8－39 所示。

图 8－39 在框架集中打开主框架页

(21)将 leftFrame 框架页的导航链接到各相应页面，并在 mainFrame 框架中正常显示。

(22)在 leftFrame 框架中选择“个人简介”文字，在“属性”面板的“链接”文本框中链接到 mysite 站点中的 index1. html 页面，“目标”设置为“mainFrame”，如图 8－40 所示。

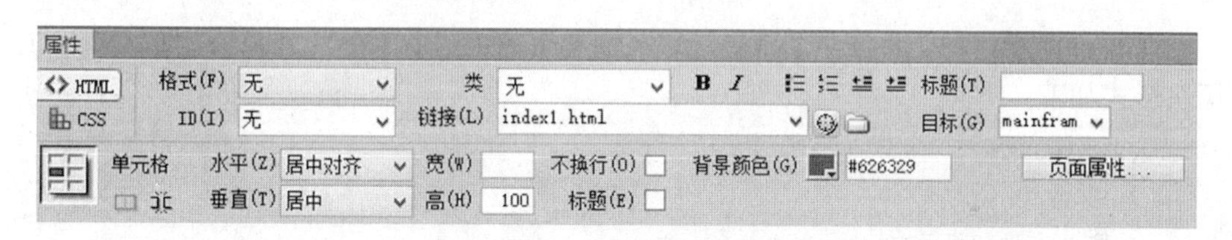

图 8－40 设置框架页的链接

(23)框架的链接操作，和普通的链接操作基本一样，不同之处就是在链接的“目标”属性中要选择链接页面所打开的框架位置，这些框架位置在“目标”属性中都是用框架名称显示的，如图 8－41 所示。

图 8－41 设置框架页链接目标

(24)链接后文字将显示为“蓝色”“下划线”。可通过“页面属性”中“链接”的设置将文字设置为“白色”“无下划线”，如图 8－42 所示。

注意：如果框架页有修改，一定要再次保存框架页和框架集才能正常显示。

(25)依次将“首页”“碎碎念”“涂鸦”链接到“mainFrame. html”“index2. html”“index3. html”页面，链接“目标”都为“mainFrame”。保存修改后的框架页，至此，本例全部制作完成。

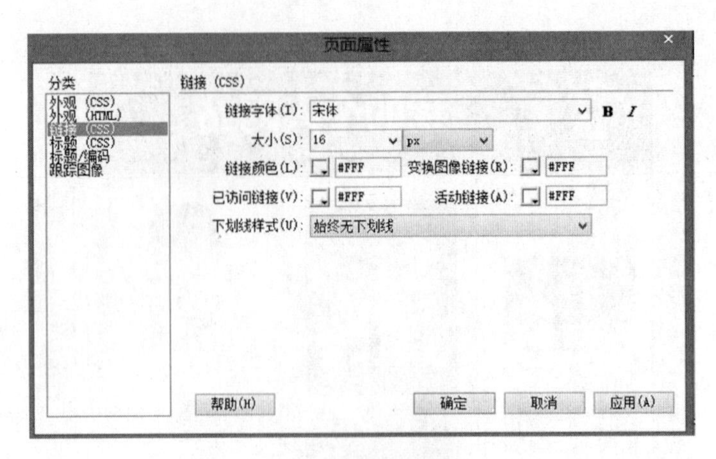

图 8－42　设置页面链接文字效果

8.5　HTML 语言中的框架

8.5.1　框架的基本结构

框架是页面中定义的每一个显示区域，框架页面中最基本的内容是框架集文件，其语法形式如下：

```
〈html〉
〈head〉
〈title〉框架页面的标题〈/title〉
〈/head〉
〈frameset〉
  〈frame〉
  〈frame〉
  ...
〈/frameset〉
〈/html〉
```

从上面的语法结构中可看到，在使用框架的页面中，〈body〉主体标签被框架标签〈frameset〉所代替。而对于框架页面中包含的每一个框架，都是通过〈frame〉标签来定义的。

8.5.2　设置框架集的结构

框架页面结构也是在框架集文件中定义的，一般情况下，根据框架的分割方式来分类，主要包含三种框架结构，分别是：水平分割框架 rows、垂直分割框架 cols 和嵌套分割框架。

1. 水平分割框架 rows

水平分割窗口是将页面沿水平方向切割，也就是将页面分成上下排列的多个窗口。其语法形式如下：

〈frameset rows = "框架窗口 1 的高度，框架窗口 2 的高度，..."〉

〈frame〉

〈frame〉

...

〈/frameset〉

在该语法中，rows 中可取多个值，每个值表示一个框架窗口的垂直高度，它的单位可以是像素，也可以是占浏览器的百分比。但要注意的是，一般设定了几个 rows 的值，就需要有几个框架，也就是需要有相应数量的〈frame〉参数。

代码 8－1 编辑一个上下结构的框架页面，其中上框架占窗口的 30%，具体代码如下：

```
〈html〉
〈head〉
〈title〉代码 8 -1〈/title〉
〈/head〉
〈frameset rows = "30% ,70% "〉
  〈frame /〉
   〈frame /〉
〈/frameset〉
〈/html〉
```

输入代码后，编辑窗口如图 8－43 所示。

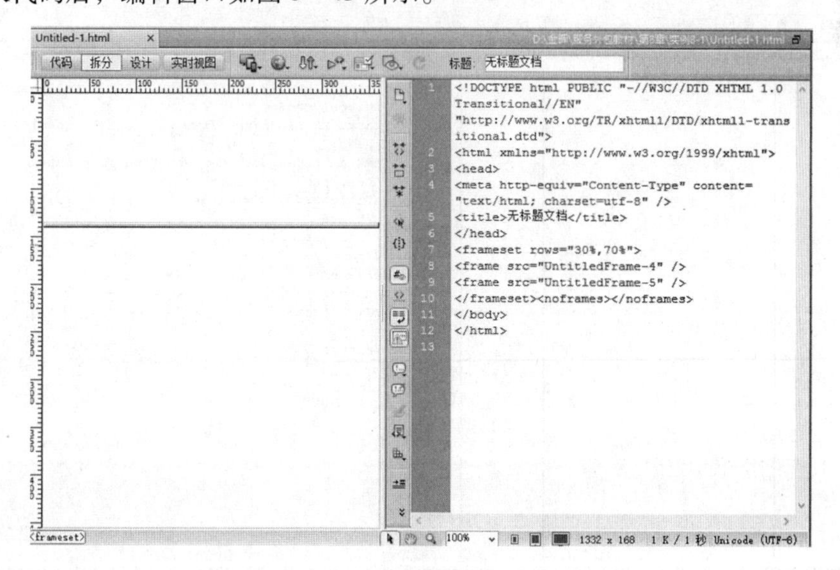

图 8－43 上下框架结构

2. 垂直分割框架 cols

垂直分割窗口是将页面沿垂直方向分割成多个窗口，也就是页面分成左右排列的多个窗口，其语法形式如下：

〈frameset cols = "框架窗口 1 的宽度，框架窗口 2 的宽度，. . . "〉

〈frame〉

〈frame〉

. . .

〈/frameset〉

在该语法中，cols 中可取多个值，每个值表示一个框架窗口的水平宽度，它的单位可以是像素，也可以是占浏览器的百分比。但是要注意的是，一般设定了几个 cols 的值，就需要有几个框架，也就是需要有相应数量的〈frame〉参数。

代码 8 -2　编辑一个左中右结构的框架页面，其中左右框架占窗口的 20%，具体代码如下：

```
〈html〉
〈head〉
〈title〉代码 8 -2〈/title〉
〈/head〉
〈frameset cols ="20% , * ,20% %〉
  〈frame/〉
  〈frame/〉
  〈frame/〉
〈/frameset〉
〈/html〉
```

输入代码后，编辑窗口如图 8 -44 所示。

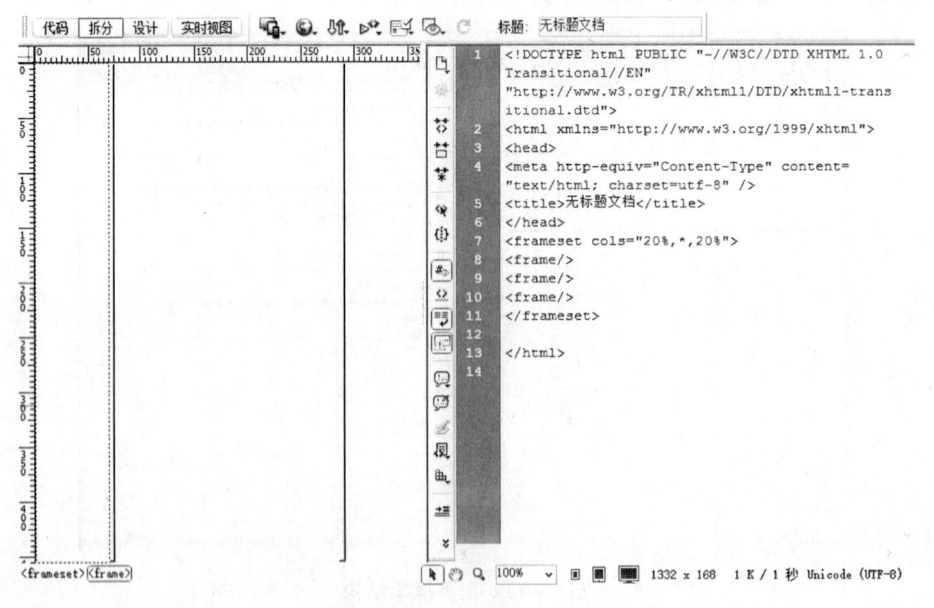

图 8 -44　左中右框架结构

3. 嵌套分割框架

嵌套分割窗口是在一个页面中，既有水平分割的框架，又有垂直分割的框架。其语法形式如下：

〈frameset rows = "框架窗口 1 的高度，框架窗口 2 的高度，. . . "〉

　〈frame〉

　〈frameset cols = "框架窗口 1 的宽度，框架窗口 2 的宽度，. . . "〉

　〈frame〉

　〈frame〉

　. . .

〈/frameset〉

以上语法形式是先水平分割再垂直分割。当然，也可先进行垂直分割，再进行水平分割，其语法形式如下：

〈frameset cols = "框架窗口 1 的宽度，框架窗口 2 的宽度，. . . "〉

　〈frame〉

　〈frameset rows = "框架窗口 1 的高度，框架窗口 2 的高度，. . . "〉

　〈frame〉

　〈frame〉

　. . .

〈/frameset〉

代码 8 -3　编辑如图 8 -45 所示框架结构，具体代码如下：

图 8 -45　嵌套分割框架结构

```
〈html〉
〈head〉
〈title〉代码 8 -3〈/title〉
〈/head〉
```

```
<frameset cols="*,80">
  <frameset rows="80,*">
    <frame/>
    <frame />
  </frameset>
  <frame />
</frameset>
</html>
```

知识点3

如果框架窗口比较多，要去设置每个框架窗口的高度或宽度比较麻烦，因此有时会使用 * 号代表浏览器窗口剩余的宽度或高度。

8.5.3 属性的设置

框架结构属性设置包括框架集属性和框架属性两个部分。

1. 设置框架集的基本属性

框架集的基本属性如表 8-1 所示，以下属性标签插入<frameset>标签内部。

表 8-1 框架集属性标签

属性标签	含 义
frameborder	设置边框，取值为 0 或 1。0 表示不显示框架边框，1 表示显示边框
framespacing	边框宽度是在页面中各边框间的线条宽度，以像素为单位。该参数只对框架集有效，对单个框架无效
bordercolor	设置框架集的边框颜色。该参数只对整个框架集有效，对单个框架无效

代码 8-4 编辑以下代码，分析框架结构和属性。

```
<html>
<head>
<title>代码 8-4</title>
</head>
<frameset rows = "80,*,80" framespacing = "6" frameborder = "yes" bordercolor="#0000FF">
  <frame />
  <frame/>
  <frame/>
</frameset>
</html>
```

运行代码段，浏览器将显示一个上中下结构的框架结构，其中上下框架高度 80 像素，框架显示蓝色边框，边框宽度为 6 像素。

2. 设置框架的基本属性

框架的基本属性如表 8 －2 所示，以下属性标签插入〈frame〉标签内部。

表 8 －2　框架属性标签

属性标签	含　义
src	框架页面源文件，其语法形式为： 〈frame src ="页面源文件地址"〉
name	页面名称
noresize	调整窗口的尺寸，在〈frame〉标签中添加"noresize"参数，表示框架窗口的尺寸不能改变
marginwidth	设置边框与页面内容的水平边距
marginheight	设置边框与页面内容的垂直边距
scrolling	设置框架滚动条显示

代码 8 －5　完成如图 8 －46 所示框架效果，具体代码如下：

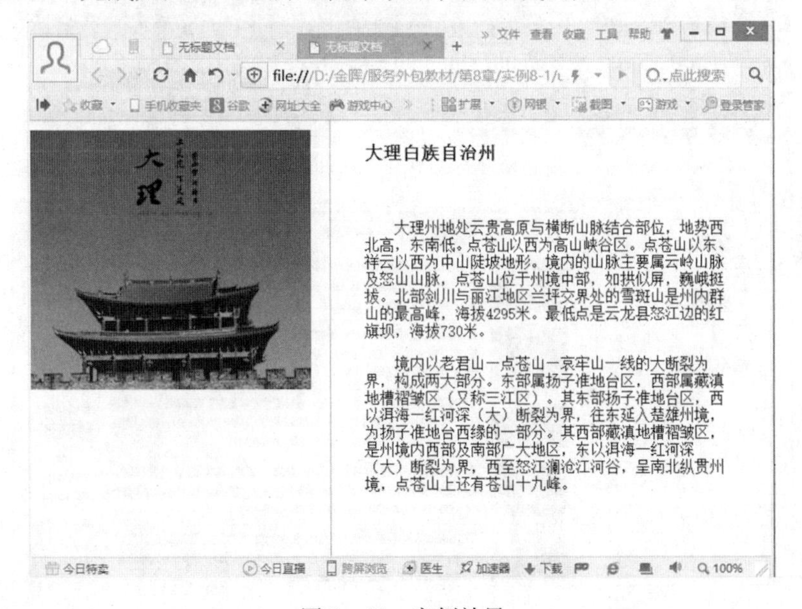

图 8 －46　实例效果

```
<html>
<head>
<title>代码 8 -5</title>
</head>
```

```
<frameset cols = "320, * " framespacing = " 1 " frameborder = " yes "
bordercolor = "#00CCFF">
    <frame src = "dlim.html" name = "leftFrame" scrolling = "no" noresize = "
noresize" marginwidth = "5" />
    <frame src = "dltext.html" name = "mainFrame" />
  </frameset>
  </html>
```

8.5.4 框架与链接

框架结构之间通过 target 参数互相链接起来。一般情况下，一个框架结构页面中会有一个框架窗口作为导航页面，在该页面中添加了对另一个框架页面内容的链接设置，这些链接是通过 target 实现的。

代码 8 -6 完成如图 8 - 47 所示框架效果，当点击左侧框架中的地名，右侧框架会出现相应变化。顶部框架不变。具体代码如下：

图 8 - 47 实例效果

本例中所有框架页内容都已在“代码 8 - 6”文件夹中，在 Dreamweaver 中将该文件夹创建为站点后，接下来介绍框架结构和链接的代码部分。

(1)代码生成框架结构，根据图 8 - 47 所示为“上方及左侧嵌套”结构。新建页面，在代码窗口中输入以下代码段：

```
<html>
<head>
<title>代码 8 -6</title>
</head>
<frameset rows = "335, * " cols = " * " frameborder = " no " border = " 0 "
framespacing = "0 ">
  <frame src = "header. html" name = "topFrame" scrolling = "no" noresize = "
noresize" id = "topFrame" title = "topFrame" />
  <frameset rows = " * " cols = "222, * " framespacing = "0" frameborder = "no"
border = "0 ">
    <frame src = "left. html" name = "leftFrame" scrolling = "no" noresize = "
noresize" id = "leftFrame" title = "leftFrame" />
   <frame src = "right. html" name = "mainFrame" id = "mainFrame" title = "
mainFrame" />
  </frameset>
</frameset>
</html>
```

(2)代码创建链接：

- 给需变化内容的框架命名，方法是在<frame>标记中加入 name 属性。本例内容需变化的是右侧框架，因此加上代码：<frame src = " right. html" name = " mainFrame" id = " mainFrame" title = " mainFrame" />。
- 在应用链接的对象上加入 href(链接)属性，之后再加入一个 target(目标)属性，它的值为框架定义的名称。例如，本例中点击“丽江”链接站点中的 lj. html 页面，就在“丽江”前后加入如下代码：<a href = "lj. html" target = " mainFrame" >丽江</a>。

光标插入左侧框架，在代码窗口中创建链接的完整代码如下：

```
<head>
<title>左侧框架</title>
</head>

<body>
<table width = "200" border = "0" cellspacing = "10" cellpadding = "0 ">
  <tr>
    <td height = "50 " align = "center" valign = "middle"><h2 ><a href = "
lj. html" target = "mainFrame">丽江</a></h2></td>
  </tr>
  <tr>
    <td height = "50 " align = "center" valign = "middle"><h2 ><a href = "
dl. html" target = "mainFrame">大理</a></h2></td>
  </tr>
```

```
    <tr>
      <td height = "50" align = "center" valign = "middle"><h2><a href =
"xsbn.html" target = "mainFrame">西双版纳</a></h2></td>
    </tr>
  </table>
  </body>
  </html>
```

本章小结

本章介绍了 Dreamweaver 中框架技术的使用方法和技巧，并给出了制作一个完整的框架网页的案例。由于制作框架网页需要有很强的逻辑性和条理性，特别是嵌套框架结构，因此一定要对框架页的数量做到心中有数。在学会框架页面布局的同时，也要掌握在框架页中正确地链接页面。

9 层

前面介绍了表格、框架两种排版工具，在 Dreamweaver 中还有另外一种排版工具——层。它可被定位在页面的任意位置，并且其中可包含文本、图像等所有可直接插入网页的对象。

层在排版中比表格和框架都要灵活，如可重叠、移动、显示或隐藏等，因此，目前网页界面的布局基本上都是利用层来实现的，再配合 CSS(该部分内容见第 10 章)进行外观上的美化。CSS 和 DIV 技术基本上是使用 HTML 语言来实现的，由于内容较多，本书只介绍在 Dreamweaver 中的运用。

9.1 插入层

可通过两种操作在页面中插入层。

(1)第一种方法的操作步骤如下。

①将光标停留在页面中要插入层的位置。

②选择“插入”面板中的“布局”分类，单击左侧第 3 个“绘制 AP Div”按钮，如图 9－1所示。

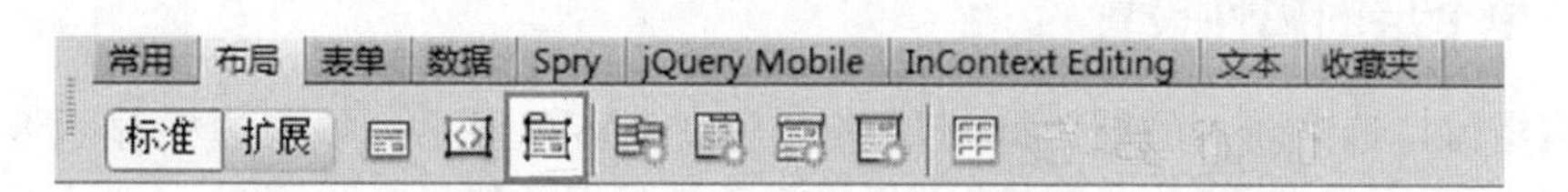

图 9－1 “布局”插入工具

③在页面编辑窗口中，光标将变为“＋”形，拖动光标即可绘制出一个层，如图 9－2所示。若按住 Ctrl 键的同时拖动，可连续绘制多个层。

至此，层插入完成。

(2)第二种方法是执行“插入”/“布局对象”/“apDiv”命令插入层。

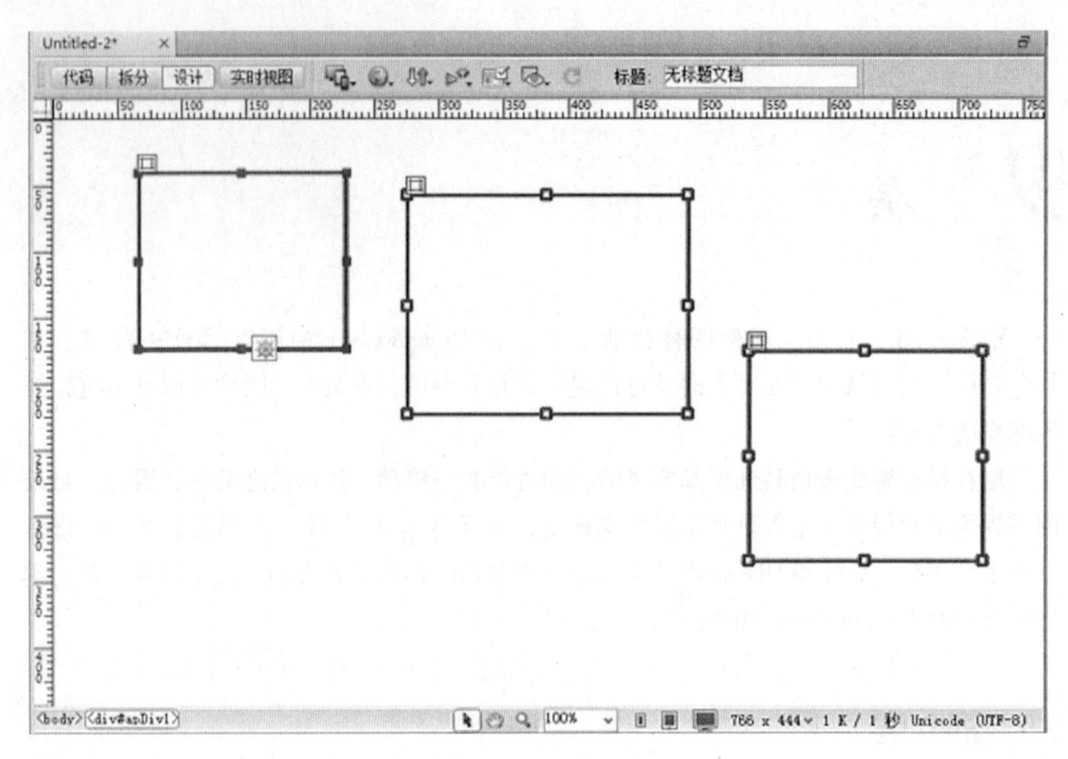

图 9－2　绘制多个层

9.2　设置层的属性

插入层后，可通过“属性”面板设置层的一些属性。

9.2.1　单个层的属性设置

在编辑窗口选中插入的层，此时层将会呈高亮蓝色显示，并在边框显示 8 个控制点，如图 9－3 所示。此时，“属性”面板显示的就是层的属性，如图 9－4 所示。

- CSS－P 元素：用于指定一个名称。
- “左”和“上”：指定层的左上角相对于页面(如果嵌套，则为父层)左上角的位置，单位为像素。
- “宽”和“高”：指定层的宽度和高度，单位为像素。
- Z 轴：当层重叠时，用以设置层之间的前后排列顺序。值越大，显示越靠前。
- 可见性：指定该层最初是否可见。下拉列表有 4 个选项：default(默认)，表示不指定可见性属性，当未指定可见性时，大多数浏览器都会默认为“继承”；inherit(继承)，表示使用该层父级的可见性属性；visible(可见)，表示显示该层的内容，而不管父级的值是什么；hidden(隐藏)，表示隐藏层的内容，而不管父级的值是什么。

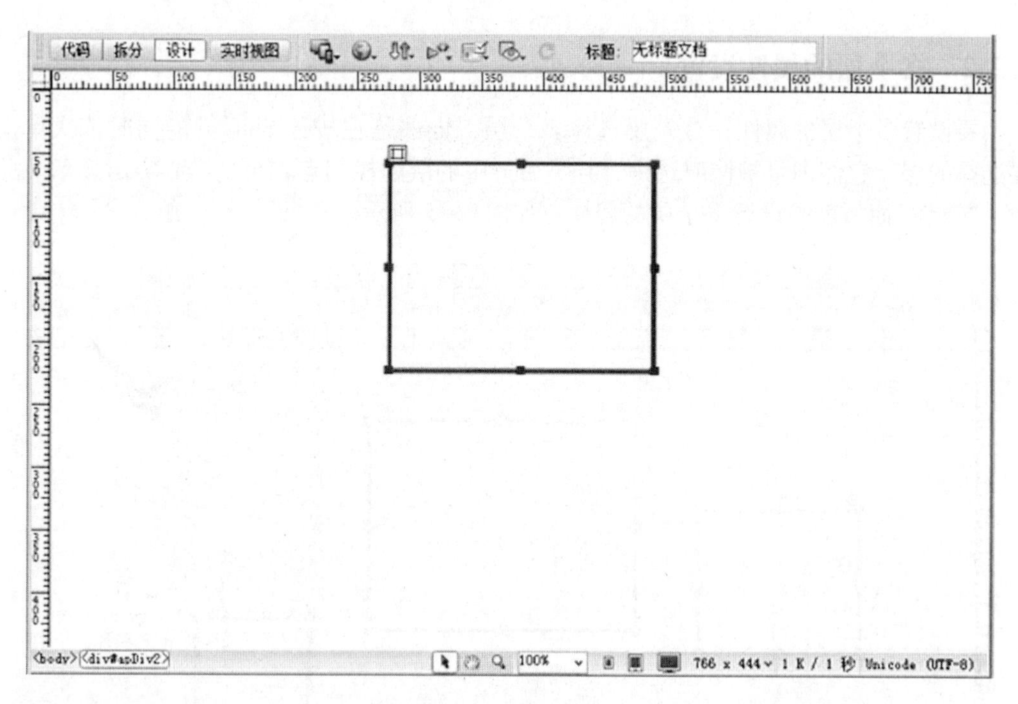

图 9－3　选中层

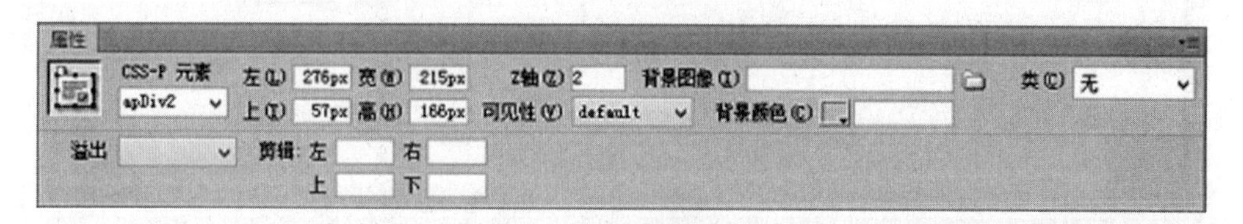

图 9－4　层属性

- 背景图像：可为层指定一个背景图像。
- 背景颜色：可为层指定一个背景颜色。如果将此选项留为空白，则可指定透明的背景。
- 类：可应用定义好的 CSS 样式。
- 溢出：当层的内容超过层的指定大小时，设定如何在浏览器中显示层，它的效果只有在浏览器中预览时才会出现。下拉列表有 4 个选项：visible(可见)，指定在层中显示额外的内容，实际上，该层会通过延伸来容纳额外的内容；hidden(隐藏)，指定不在浏览器中显示额外的内容；scroll(滚动)，指定浏览器在层上添加滚动条，而不管是否需要滚动条；auto(自动)，使浏览器仅在需要时(即当层的内容超出其边界时)才显示层的滚动条。
- 剪辑：可定义层的可见区域，从层的左上角开始计算，指定左侧、顶部、右侧和底边坐标可在层的坐标空间中定义一个矩形。层经过剪辑后，只有指定的矩形区域才可见。

9.2.2 多个层的属性设置

要设置多个层的属性，首先要选择多个层。方法是在按住 Shift 键的同时依次单击要选择的层，它们即可被同时选中，且最后选中的层的控制点将会是实心突出显示。此时，“属性”面板就是设置多个层的属性，如图 9－5 所示。

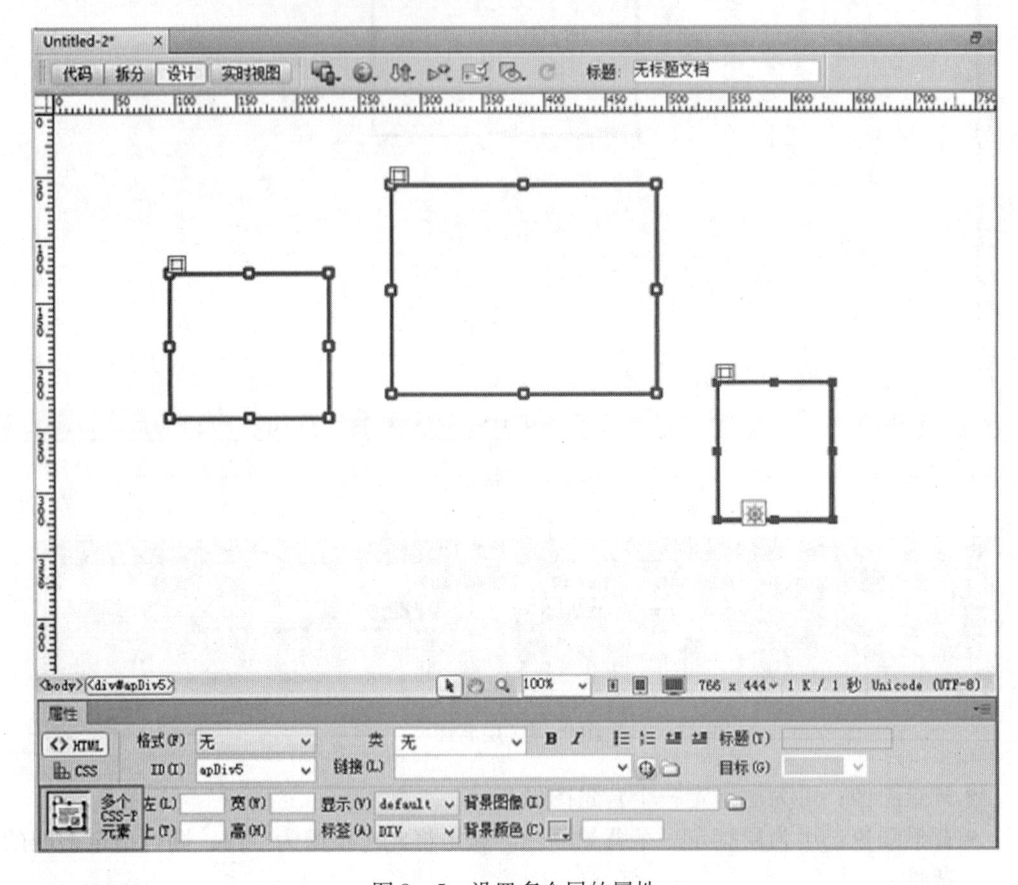

图 9－5　设置多个层的属性

“多个层”的大部分属性与“单个层”的属性是一样的，只是多了个“标签”属性，这个属性可指定用来定义这些层的 HTML 标签。在下拉列表中有 DIV 和 SPAN 两个选项。

9.3 层的操作

9.3.1 调整层的大小

在层插入完毕后，可根据设计需要调整层的大小。

1. 调整单个层的大小

调整单个层大小的方法有3种。

方法一　选择要调整的层，然后拖动其周围的控制点至合适位置即可。

方法二　选择要调整的层，然后按下 Ctrl 和方向键，可使层的大小沿箭头方向一次增大或缩小1个像素。若同时按下 Ctrl + Shift 键，然后再按方向键，可使层的大小沿箭头方向一次增大或缩小10个像素。

方法三　在“属性”面板的“宽”和“高”文本框中直接输入层的精确数值。

2. 调整多个层的大小

调整多个层大小的方法有两种。第一种方法是选择要调整的多个层，之后执行“修改”/“排列顺序”/“设成宽度相同”命令，将所有层的宽度全部变为最后选中的一个层的宽度；或执行“修改”/“排列顺序”/“设成高度相同”命令，将所有层的高度全部变为最后选中的一个层的高度。第二种方法是选择要调整的多个层，在“属性”面板中“多个层”下的文本框中输入宽度和高度的值，这个属性将会被所有选中的层应用。

9.3.2　移动层的位置

在网页编辑窗口，可任意移动“单个层”或“多个层”的位置，方法如下：

(1)选择需移动的层，再直接拖动层的边框或层左上角的手柄，至合适的位置即可。

(2)选择需移动的层，按下键盘上的方向键，可使层的位置沿箭头方向一次移动1个像素。若按下 Shift 键的同时再按方向键，可使层的位置沿箭头方向一次移动10个像素。

9.3.3　层的对齐

使用层对齐命令可按最后一个选定层的边框来对齐一个或多个层。具体步骤如下：

(1)选择要对齐的两个或两个以上的层。

(2)执行“修改”/“排列顺序”命令，展开的选项如图9-6所示。

(3)有4种对齐方式：“左对齐”“右对齐”“上对齐”“对齐下缘”。选择其中一种对齐方式即可完成所有选择的层按最后一层对齐的操作。

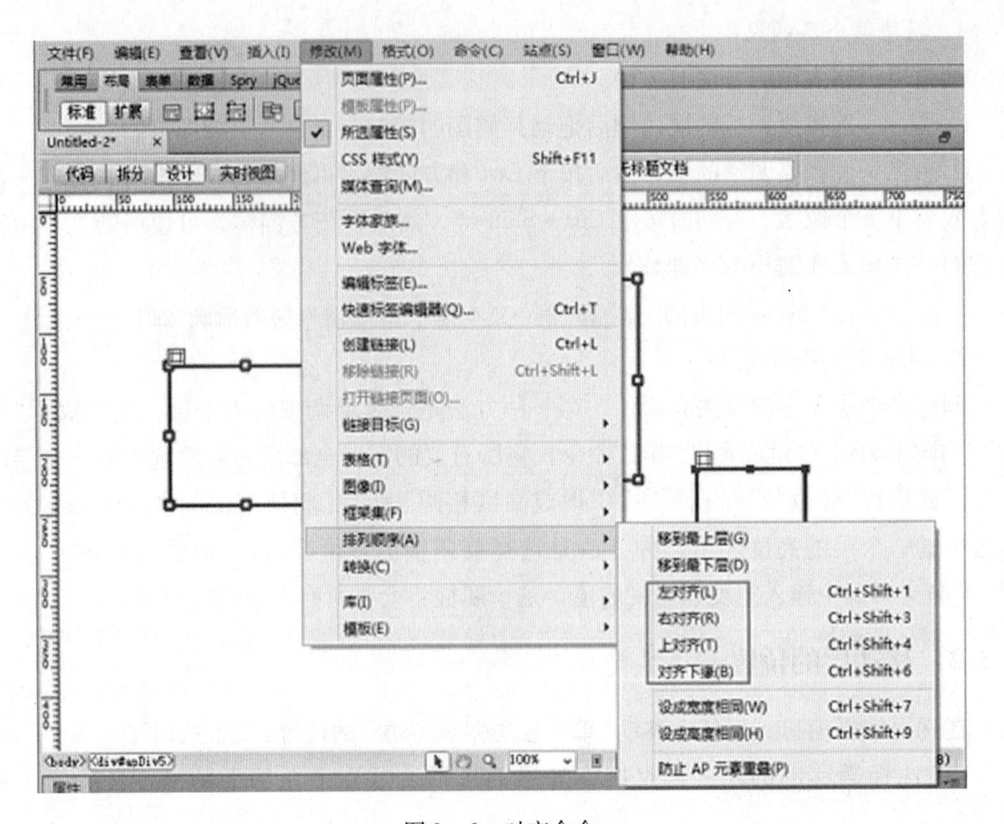

图 9-6　对齐命令

9.3.4　改变层的顺序

可通过执行“窗口”/“AP 元素”命令打开层面板，如图 9-7 所示。在“AP 元素”面板中改变层的顺序。有以下两种方法。

(1)在“AP 元素”面板中选中某个层，单击 Z 轴属性列，在 Z 轴属性列文本框中输入层的叠堆顺序数值即可。

(2)通过图 9-6 所示“排列顺序”命令中的“移到最上层”“移到最下层”进行顺序的改变。

9.3.5　层的嵌套

在层中插入层，称为“层的嵌套”。嵌套层不像嵌套表格那样直接、简单。由于层是可重叠的，因此有时已把光标放入目标层中，且那个层确实已显示在目标层的上面，但实际上它并不一定是嵌套在那个层的里面，它们有可能还在同一级。

真正层的嵌套在“AP 元素”面板会显示为父子关系，如图 9-8 所示。

图9－7 “AP元素”面板

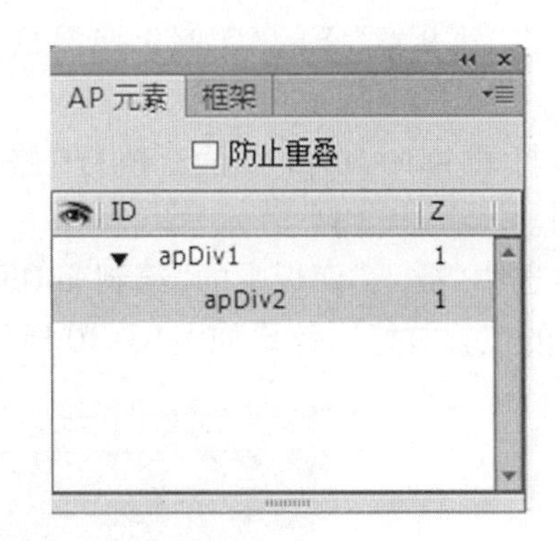

图9－8 嵌套层

嵌套层的操作是先在编辑窗口中绘制一个层，之后将光标放入该层中，最后执行“插入”/“布局对象”/“apDiv”即可。

9.4 在层中插入对象

层的主要作用是排版，因此本节将介绍如何在层中插入对象。

9.4.1 可插入对象的类型

层可看作是一个相当大的容器，无论是文本、图像、动画还是视频均可插入，甚至还可插入表格在层中进行布局。插入的方法与在页面中插入元素的方法是一样的。下面通过一个实例来介绍层中插入对象的操作。

实例9－1 利用层完成图9－9所示的页面布局设计。

图9－9 实例效果

（1）将“第9章”下的“实例9－1”文件夹设置为本地站点，并新建一个index. html页面。

（2）打开index. html页面，执行“修改”/“页面属性”命令，设置页面背景颜色为#4E3C54。

（3）选中“插入”面板中的“绘制apDiv”按钮，按住Ctrl键连续绘制出9个层，并按图9－9的位置放好，效果如图9－10所示。

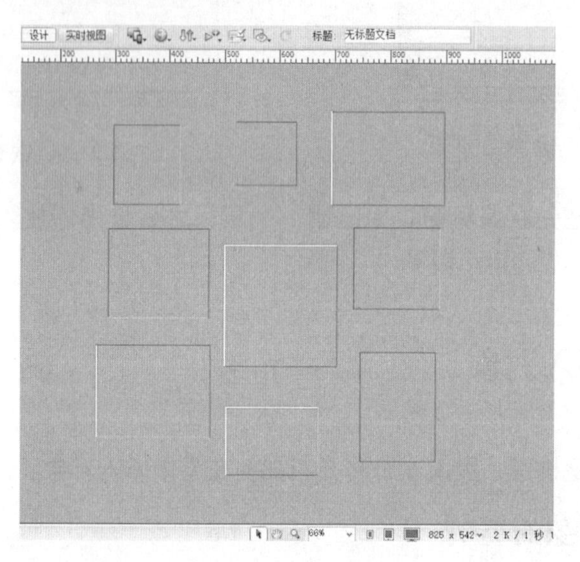

图9－10　绘制9个层

（4）分别在这9个层中插入相应图片，效果如图9－11所示。

图9－11　插入图片到层

(5)根据插入的图片大小，在“属性”面板中设置层的大小与图片大小一致，并适当调整层到合适的位置。

(6)保存网页并预览。

9.5 层的绝对定位与相对定位

在制作网页时，层的定位一直是个不好解决的问题。使用“插入”面板中的“绘制AP Div”按钮在页面中插入一个层，但这个层并不会像表格那样可设置与网页的对齐方式，如果设计的恰好是一个在页面中“居中”显示的网页，那么这个问题就会出现。

当浏览者显示器的分辨率与设计者的网页分辨率不同时，或当浏览器窗口大小产生变化时，层的位置却不会像表格那样仍处于窗口的居中位置。由于不能控制浏览者显示器的分辨率，因此，层的内容与网页中的其他内容就会出现错位的现象。以“实例9－1”为例，当显示器分辨率为1600像素×900像素时，页面内容是居中的，如图9－12所示；而当显示器分辨率为1024像素×768像素时，页面内容是偏右的，如图9－13所示。

图9－12　内容居中

产生这个问题的原因是，当使用“插入”面板插入层时，该层左上角的位置与浏览器窗口内部左侧和顶部的位置是绝对的，也就是固定不变的，数值显示在“属性”面板中的“左”和“上”文本框中。

解决层与其他内容错位问题的方法有两种，一是将网页中的内容由“居中对齐”改为“左对齐”，这样，层与网页左侧的距离也是固定的，从而达到内容整体对齐的目的。二是将层进行相对定位。执行“插入”/“布局对象”/“apDiv”命令插入一个层，通过这种方法插入的层中没有“左”和“上”的属性，因此它的位置将与其上级元素的位置相同。

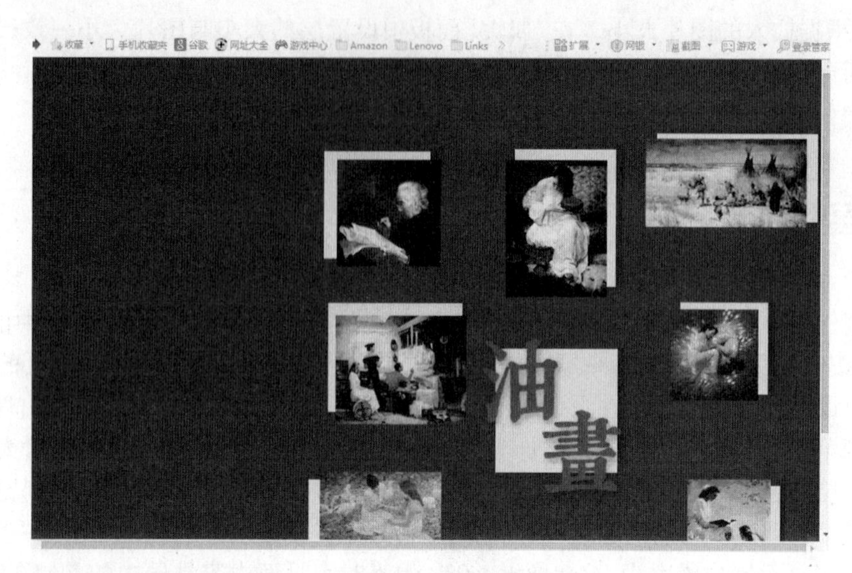

图9-13　内容偏右

实例9-2　利用层完成图9-14所示的页面布局设计。

图9-14　实例效果

（1）将“第9章”文件夹下的“实例9-2”文件夹创建为本地站点，并新建一个index.html页面文档。

（2）打开index.html，在页面内插入一个1行1列、宽度100像素的表格，设置表格“对齐”方式为“居中对齐”，以便之后实现相对于网页居中的效果。

（3）将光标放入单元格内，然后通过执行“插入”/“布局对象”/“apDiv”命令插入一个层，这样，该层就相对于此单元格定位，它将随着该表格位置的变化而变化，如图

9－15所示。此时“属性”面板在“左”和“上”文本框中是没有数值的。

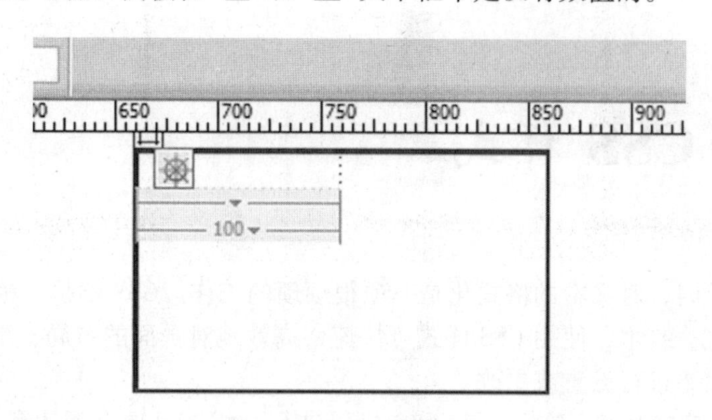

图 9－15　插入层

(4)通过执行“插入”/“布局对象”/“apDiv”命令在该层内分别插入 5 个嵌套层，然后分别在这 5 个子层中插入不同内容，并调整 5 个子层至合适位置，如图9－16所示。

图 9－16　页面最终效果

(5) 保存并预览。本实例在不同浏览器大小窗口中页面内容都是居中显示的。

本章小结

作为另一个排版工具，层的使用非常广泛。通过本章的学习，不仅应掌握层的各种使用方法和技巧，还应对其进行更深层次的理解。

10 CSS 样式

在制作网页时，对文本的格式化是一项很烦琐的工作。CSS 就是一种用来进行网页格式设计的样式表技术，使用 CSS 样式可快速、高效地对页面的布局、字体、颜色、背景和其他图文效果进行设置或更改。

CSS 的语法比较复杂，在此不对 CSS 代码进行介绍，只重点阐述利用 Dreamweaver 创建具有专业水平的 CSS 样式表。

10.1 什么是 CSS 样式

CSS 样式是 cascading style sheets(层叠样式单)的简称，也可称为“级联样式表”。它是一种网页制作的新技术，利用它可对网页中的文本进行精确的格式化控制。

在 HTML 文档中，CSS 样式不仅可控制大多数传统的文本格式属性，如字体、字号和对齐方式等，还可定义一些特殊的 HTML 属性，如定位、特殊效果和鼠标轮替等。图 10－1 所示为未使用 CSS 定义的页面，图 10－2 所示为使用 CSS 定义后的页面。

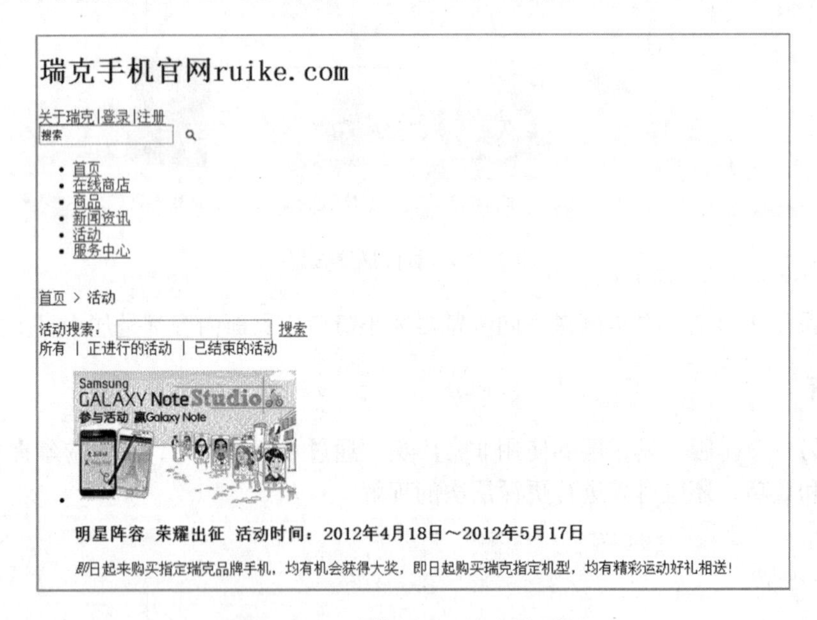

图 10－1 未使用 CSS 定义的页面

图 10－2　使用 CSS 定义后的页面

通过图 10－1 和图 10－2 页面的对比可看出，使用 CSS 定义的页面更加美观、布局更加整齐。

当用户需设计一个非常庞大的网站时，使用 CSS 样式，可快速地对整个站点内的页面进行字体等元素的格式化设计，而且 CSS 样式可控制多种不能使用 HTML 样式控制的属性。当修改一个 CSS 样式时，使用了该 CSS 样式的页面将会自动随着 CSS 样式的更新而更新。

10.2　使用 CSS 样式

CSS 样式位于文档的 head 区，其作用范围由 Class 或其他任何符合 CSS 规范的文本设置。对于其他现有的文档，只要其中的 CSS 样式符合规范，Dreamweaver 就能识别。

CSS 样式规则由两部分组成：选择器和声明。选择器是标记已设置格式元素的术语，如 p、h1、类名称或 ID，而声明块则用于定义样式属性。如图 10－3 所示，p 是选择器，大括号{}里的所有内容都是声明块。在这个 CSS 样式中，创建了 p 标签样式，即所有链接到此样式的 p 标签的文本大小将为 16 像素，字体为黑体，颜色为#F00。

```
p {
    font-family: "黑体";
    font-size: 16px;
    color: #F00;
}
```

图 10－3　CSS 样式

10.2.1 CSS样式面板

在“CSS样式”面板中显示当前所选页面元素的CSS规则和属性，也可跟踪网页文档可用的所有规则和属性。

执行“窗口”/“CSS样式”命令，打开“CSS样式”面板，如图10－4所示，在该面板顶部有“全部”和“当前”两种模式按钮，单击相应的按钮，即可在两种模式之间进行切换，并可在这两种模式下进行修改CSS属性的操作。

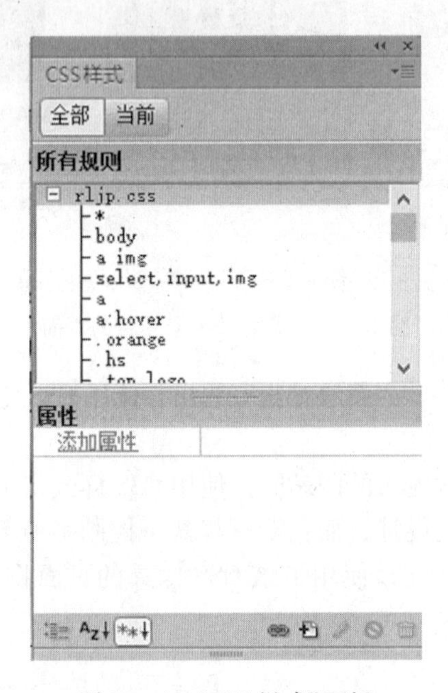

图10－4 “CSS样式”面板

1. “全部”模式

在“全部”模式下的“CSS样式”面板显示“所有规则”栏和“属性”栏。“所有规则”显示当前页面中定义的规则及附加到当前页面的样式表中定义的所有规则的列表。使用“属性”可编辑“所有规则”中任何所选规则的CSS属性。

2. “当前”模式

在“当前”模式下的“CSS样式”面板显示“所选内容的摘要”栏、“规则”栏和“属性”栏。“所选内容的摘要”显示页面中当前所选内容的CSS属性；“规则”显示所选属性的位置；“属性”可编辑应用于所选内容规则的CSS属性。

10.2.2 新建CSS样式规则

在Dreamweaver中，可很方便地创建、编辑CSS样式表定义，并且不需要直接编辑CSS代码，即使不懂CSS层叠样式表定义语法，也能轻松完成定义。下面通过实例介绍为页面添加新CSS样式的步骤。

实例10－1 新建CSS样式。

（1）在 Dreamweaver 中通过执行“站点/新建站点”命令，将所给资料中的“第 10 章”文件夹中的“实例 10－1”创建为站点。

（2）双击打开站点中的“index. html”，浏览页面效果如图 10－5 所示。

图 10－5 美化前的页面

（3）打开“CSS 样式”面板，单击面板右下角的“新建 CSS 样式”按钮，如图 10－6 所示。

图 10－6 新建 CSS 样式

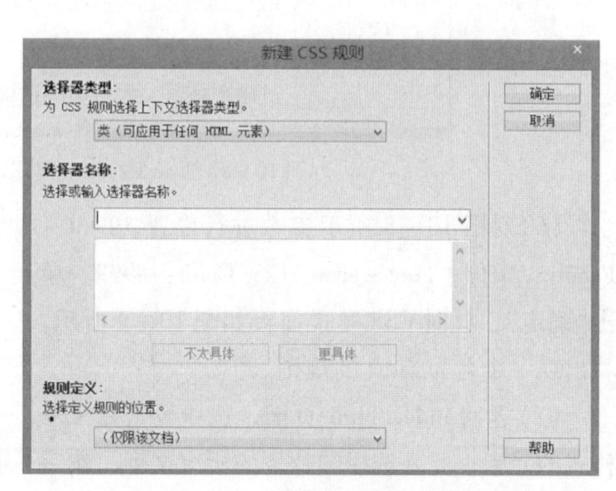

图 10－7 “新建 CSS 规则”对话框

（4）接下来，会弹出一个“新建 CSS 样式”的对话框，如图 10－7 所示。

- 选择器类型：在 Dreamweaver 中，可定义以下 CSS 样式类型。

  类：可让用户将样式属性应用于页面上的任何元素。

ID：可让用户将样式属性应用于一个已命名 ID 的 HTML 元素上。

标签：可让用户将样式属性应用于页面上所有与标签相同的 HTML 元素上。

复合内容：该样式用户重新定义一些特定的标记组合。

- 选择器名称：可在下拉列表中选择选择器名称或输入选择器名称。要注意的是，类名称必须以句点(.)开头，并可包含任何字母和数字组合，如 .myh。ID 名称必须以井号(#)开头，且包含任何字母和数字组合，如#myh。
- 规则定义：可在下拉列表中选择定义规则的位置。如果要创建外部样式表，选择"新建样式表文件"选项；若要在当前页面中嵌入样式，选择"仅限该文档"选项。

(5)本例中选择器类型为"类"，选择器名称为".text"(也可直接用 text，软件会直接加上 . 符号)，"规则定义"为"仅限该文档"，设置完成后点击"确定"按钮，此时会弹出如图 10－8 所示对话框。

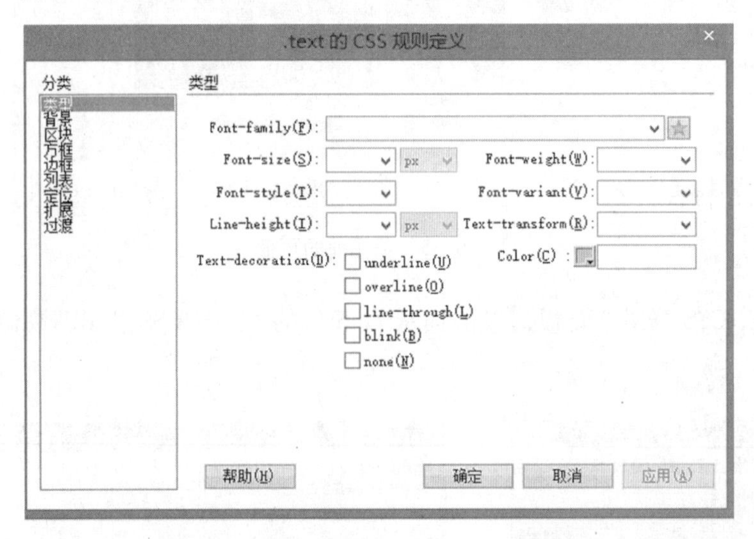

图 10－8 ".text 的 CSS 规则定义"对话框

(6)对图 10－8 所示参数进行设置，Font－Family：宋体；Font－size：12；Color：#999，单击"确定"，此时 CSS 样式面板如图 10－9 所示，将出现一个名为 .text 的规则。

(7)返回 index.html 页面，选中要应用 CSS 样式的元素，此处选择图片下的所有文字，然后在"属性"面板的"类"下拉列表中会出现定义好的 .text 样式，如图 10－10 所示。

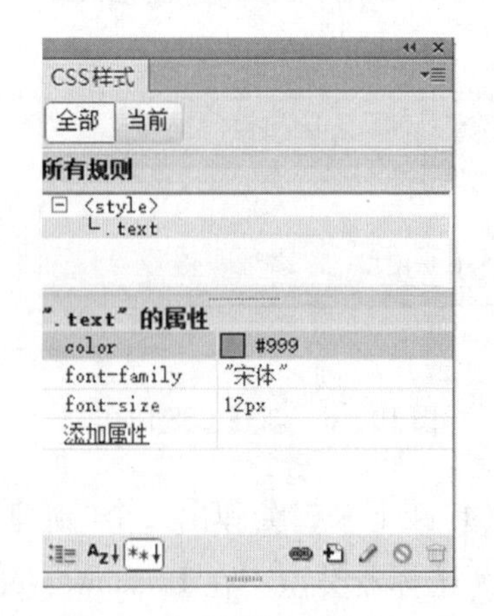

图 10－9 定义后的 CSS 样式面板

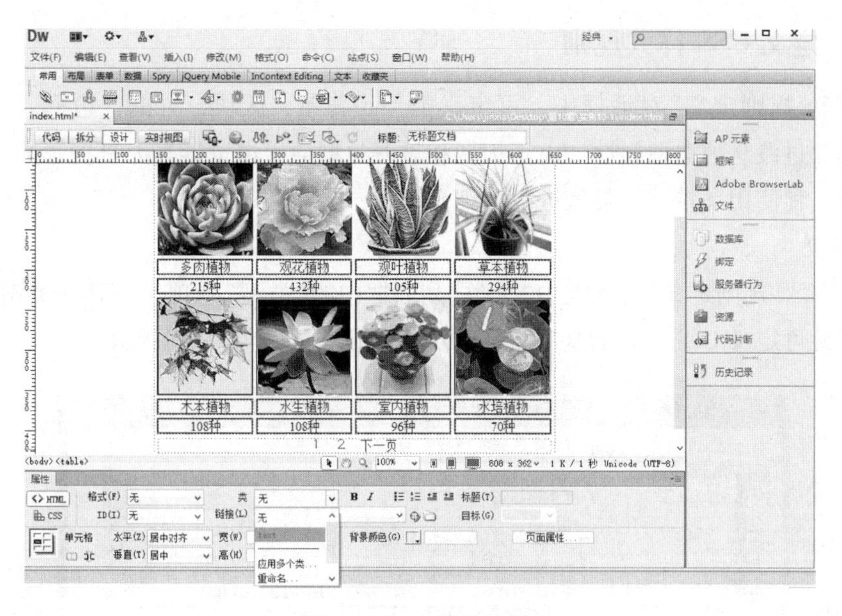

图 10－10 “属性”面板

(8) 应用了 . text 样式的文字以宋体、12 号、#999 显示，页面效果如图 10－11 所示。

图 10－11 使用了 CSS 样式后的页面

10.2.3 定义 CSS 样式规则

在“CSS 规则定义”对话框中，可定义类型、背景、区块、方框、边框、列表、定位、扩展和过渡 9 种类型属性。由于扩展和过渡类型会受浏览器等因素的影响，因此本书只对前 7 种使用率较高的类型进行详细介绍。

1. 类型

选中“CSS 规则定义”对话框中“分类”列表框中的“类型”选项，打开该类型对话框。该类型属性可定义 CSS 样式的基本字体和类型设置，如图 10－12 所示。

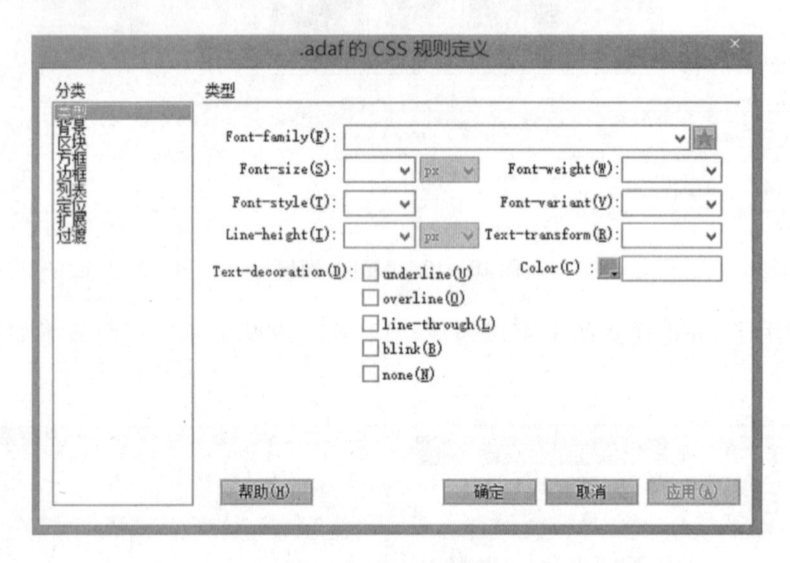

图 10－12 “类型”选项

- Font－family：为样式设置字体。
- Font－size：定义文本大小，可通过选择数字和度量单位选择特定大小，也可以选择相对大小。
- Font－style：设置字体样式。
- Line－height：设置文本所在行高度。
- Fext－decoration：向文本中添加下划线、上划线或删除线，或使文本闪烁。
- Font－weight：对字体应用特定或相对的粗体。
- Font－variant：设置文本的小型大写字母变体。
- Fext－transform：将所选内容的每个单词的首字母大写或将文本设置为全部大写或小写。
- Color：设置文本颜色。

2. 背景

选中“背景”选项，打开该类型对话框，该类型属性可对页面中的任何元素应用背景属性，还可设置背景图像的位置，如图 10 – 13 所示。

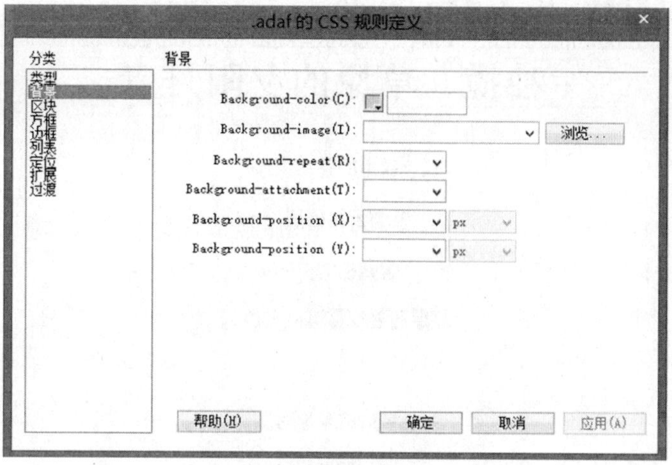

图 10 – 13 “背景”类型

- Background – color：设置页面背景色。
- Background – image：设置页面背景图。
- Background – repeat：用于使用图像当背景时是否需重复显示，一般适用于图片面积小于页面元素面积的情况，共有以下 4 种选择。“不重复”：表示只在应用样式的元素前端显示一次该图像；“重复”：表示在应用样式的元素背景上的水平方向和垂直方向上重复显示该图像；“横向重复”：表示在应用样式的元素背景上的水平方向上重复显示该图像；“纵向重复”：表示在应用样式的元素背景上的垂直方向上重复显示该图像。
- Background – attachment：确定背景图像是固定在其原始位置还是随内容一起滚动。“固定”选项为固定，“滚动”选项为滚动。
- Background – position(X)：指定背景图像相对于应用样式的元素的水平位置，可选择“左对齐”“右对齐”“居中对齐”，也可直接输入一个数值。
- Background – position(Y)：指定背景图像相对于应用样式的元素的垂直位置，可选择“顶部”“底部”和“居中”，也可直接输入一个数值。

实例 10 – 2 将“第 10 章”下的“实例 10 – 2”中的 index. html 页面进行 CSS 样式定义，要求：标题字体为黑体，36 号字，颜色为#F60；正文字体为宋体，14 号字，颜色为#999；背景图像不重复，固定在页面的底部居中位置。未使用 CSS 样式定义的页面如图 10 – 14 所示，使用 CSS 样式定义后的页面如图 10 – 15 所示。

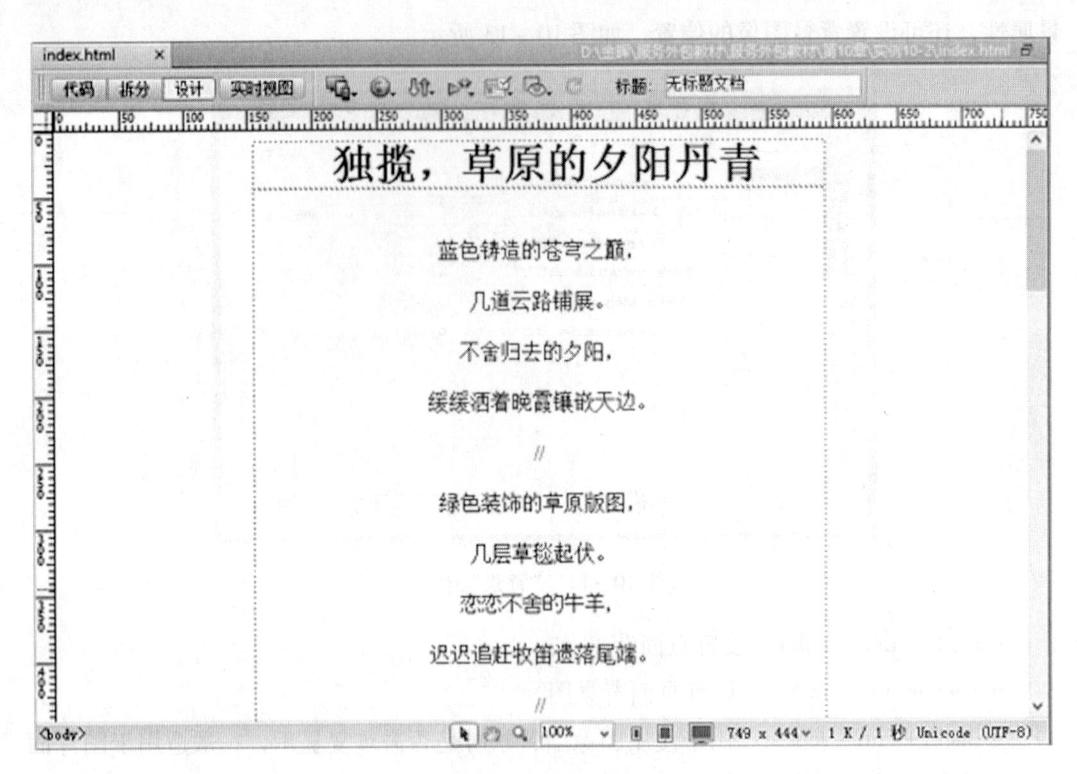

图 10－14　使用 CSS 样式定义前的页面

图 10－15　使用 CSS 样式定义后的页面

（1）在 Dreamweaver 中通过执行“站点/新建站点”命令，将所给资料中的“第 10 章”文件夹中的“实例 10－2”创建为站点。

（2）双击打开站点中的 index. html 页面，将光标放置在页面文本标题处。

（3）执行“窗口”/“CSS 样式”命令，打开“CSS 样式”面板，点击“新建 CSS 规则”按钮 。

（4）在弹出的“新建 CSS 规则”面板中设置选择器类型“标签”，此时选择器名称会自动显示为 h1，规则定义使用默认的“仅限该文档”，然后点击“确定”按钮。

（5）在弹出的“h1 的 CSS 规则定义”窗口选择分类为“类型”，然后进行如下设置：字体为黑体，36 号，颜色为#F60，如图 10－16 所示。点击“确定”按钮，此时“CSS 样式”面板中新增了 h1 样式，如图 10－17 所示。

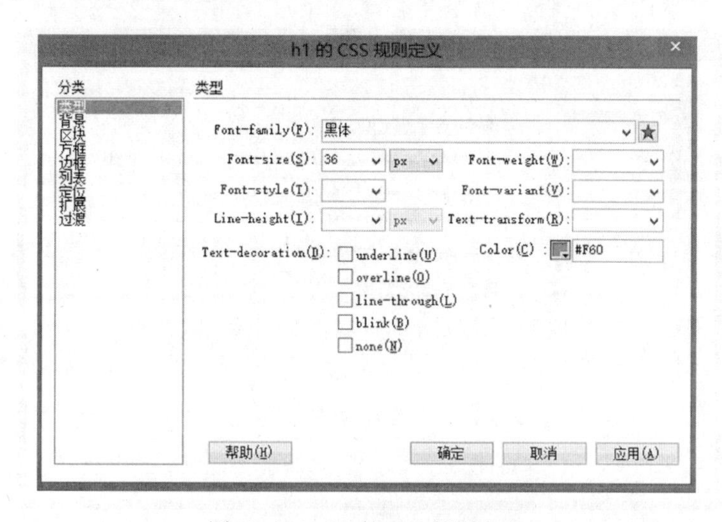

图 10－16　h1 的 CSS 规则定义

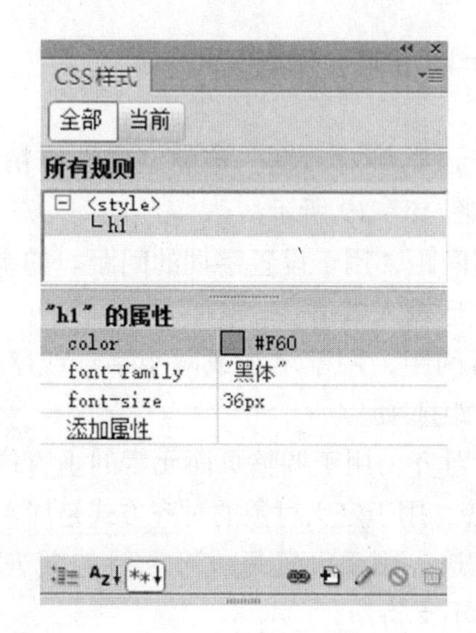

图 10－17　新增 h1 样式的“CSS 样式”面板

(6)将光标放置在正文处，点击“新建 CSS 规则”按钮。在弹出的“新建 CSS 规则”面板中设置选择器类型“标签”，此时选择器名称会自动显示为 p，规则定义使用默认的“仅限该文档”，然后点击“确定”按钮。

(7)在弹出的“p 的 CSS 规则定义”窗口选择分类为“类型”，然后进行如下设置：字体为宋体，14 号，颜色为#999，点击“确定”按钮，此时“CSS 样式”面板中新增了 p 样式。

(8)光标在页面表格外点击，然后再点击“新建 CSS 规则”。在弹出的“新建 CSS 规则”面板中设置选择器类型“标签”，此时选择器名称会自动显示为 body，规则定义使用默认的“仅限该文档”，然后点击“确定”按钮。

(9)在弹出的“body 的 CSS 规则定义”窗口选择分类为“背景”，然后进行如图 10－18所示的设置，点击“确定”按钮，此时“CSS 样式”面板中新增了 body 样式。

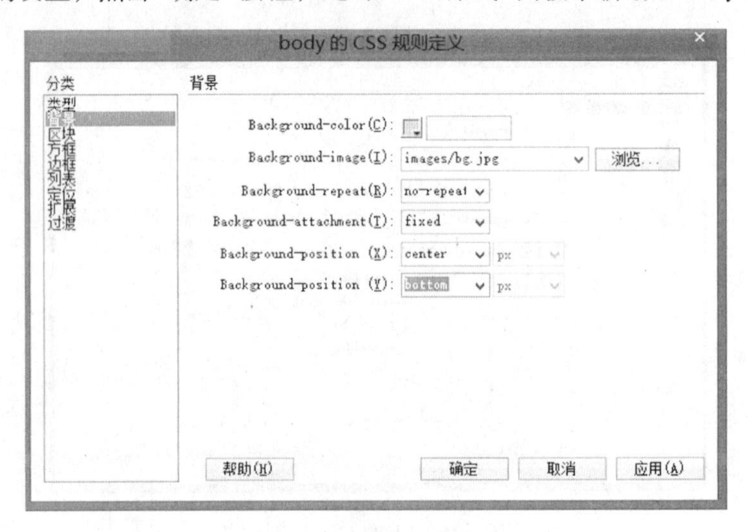

图 10－18　设置背景样式

(10)保存预览 index. html，至此，完成实例要求。

3. 区块

选中“区块”选项，打开该类型对话框，该类型属性可精确定义整段文本中文字的字距、对齐方式等属性，如图 10－19 所示。

- Word－spacing：单词间距，用于设置字词的间距。如果要设置特定的值，在下拉菜单中选择“值”选项后输入数值。
- Letter－spacing：字母间距，用于增加或减小字母或字符的间距。字母间距选项的优先级高于单词间距选项。
- Vertical－align：垂直对齐，用于调整页面元素的垂直位置。
- Text－align：文本对齐，用于定义对象的对齐方式是居左、居右还是居中。
- Text－indent：文字缩进，用于设置每段第 1 行的缩进距离，输入负值也是允许的，但有些浏览器并不支持。
- White－space：空格，决定了一个元素怎么处理其中的空白部分，其中有 3 个属

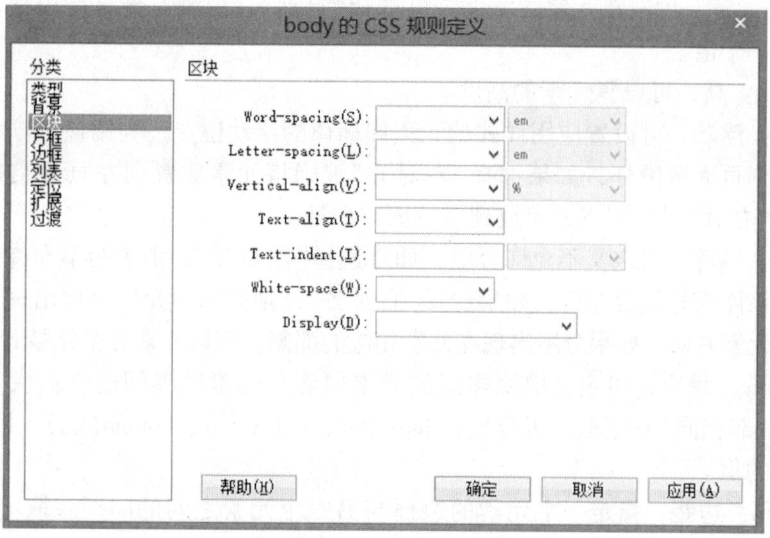

图 10－19　“区块”类型

性值。选择“正常项”，则按照正常的方法处理空格，可使多重的空白合并成一个。选择“保留项”，则保留应用样式元素中空格的原始形象，不允许多重的空白合并成一个。应用“不换行”之后，长文本不自动换行。

- Display：显示，指定是否及如何显示元素。选择“无”将关闭该样式被指定显示的元素。

4. 方框

选中“方框”选项，打开该类型对话框，该类型属性可定义特定元素的大小及其与周围元素的间距等属性，如图 10－20 所示。

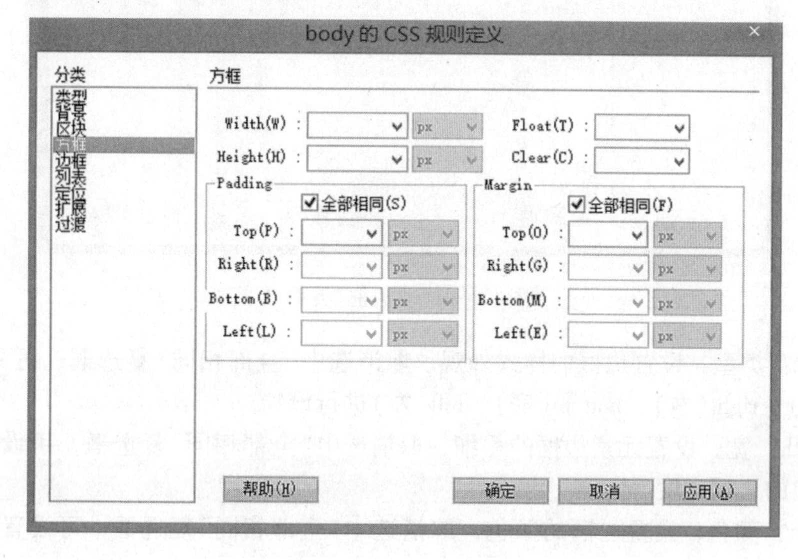

图 10－20　“方框”类型

- Width：宽，可设置元素的宽度。可选择“自动”，由浏览器自行控制，也可直接输入一个值。
- Height：高，可设置元素的高度。
- Float：浮动，可设置应用样式的元素周期律的浮动位置。利用该选项，可将元素移动到页面范围外，如果选择“左对齐”，则将元素放置到左页面空白处；如果选择“右对齐”，则将元素放到右页面空白处。
- Clear：清除，可定义不允许分层。如果选择“左对齐”，则表明不允许分层出现在应用该样式的元素左侧；如果选择“右对齐”，则表明不允许分层出现在应用该样式的元素右侧。如果分层出现在元素相应的那侧，则该元素会在分层下自动移开。
- Padding：填充，可定义应用样式的元素内容和元素边界间的空白大小。取消选中“全部相同”复选框，可分别在 top（上）、right（右）、bottom（底）、left（左）输入相应的值。
- Margin：边距，指定一个元素的边框与另一个元素之间的间距。取消选中“全部相同”复选框，可设置元素各个边的边距。

5. 边框

选中“边框”选项，打开该类型对话框，该类型属性可设置网页元素周围的边框属性，如宽度、颜色和样式等，如图 10－21 所示。

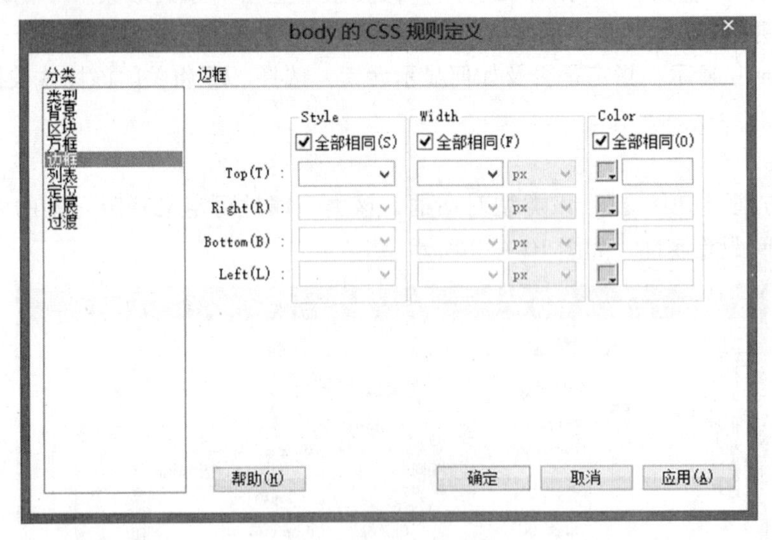

图 10－21 “边框”类型

- Style：类型，设置边框的样式外观。取消选中“全部相同”复选框，可分别在 top（上）、right（右）、bottom（底）、left（左）进行设置。
- Width：宽，设置元素边框的粗细，取消选中“全部相同”复选框，可设置元素各个边的边框宽度。
- Color：颜色，设置边框的颜色，取消选中“全部相同”复选框，可设置元素各个边的边框颜色。

实例 10－3 将“第 10 章”下的“实例 10－3”中的 index. html 页面进行 CSS 样式定义，未使用 CSS 样式的页面如图 10－22 所示，使用 CSS 样式的页面如图 10－23 所示。

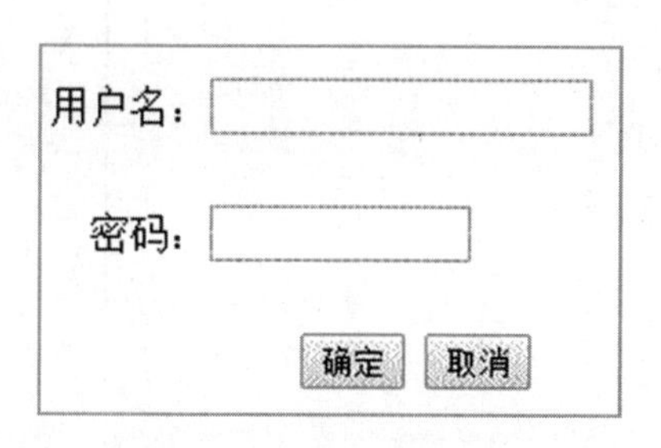

图 10－22 未定义 CSS 样式的页面

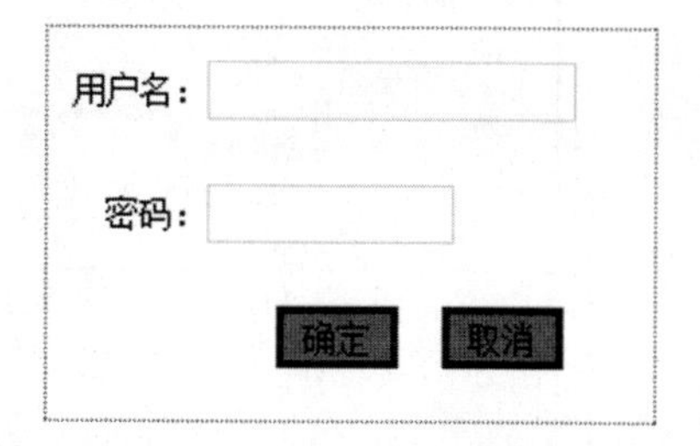

图 10－23 定义了 CSS 样式的页面

（1）在 Dreamweaver 中通过执行“站点/新建站点”命令，将所给资料中的“第 10 章”文件夹中的“实例 10－3”创建为站点。

（2）双击打开站点中的 index. html 页面，效果如图 10－24 所示。

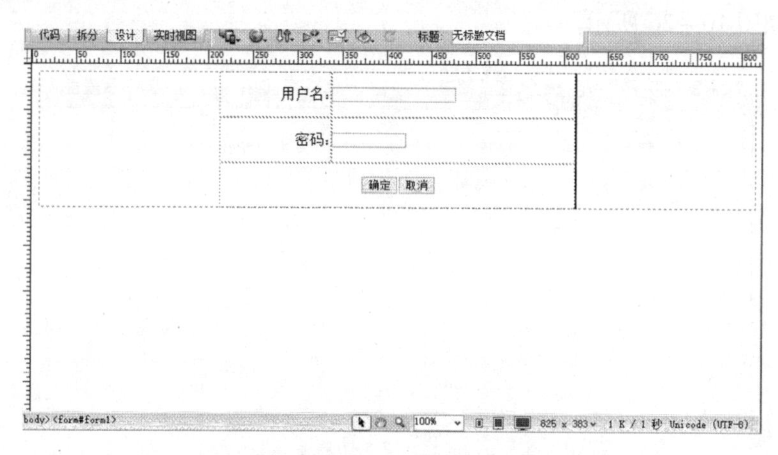

图 10－24 未定义 CSS 样式的 index. html

（3）打开“CSS 样式”面板，新建 CSS 规则，分别设置选择器类型：标签；选择器名称：form；规则定义：仅限该文档。点击“确定”按钮，进入“form 的 CSS 规则定义”窗口。

（4）在“form 的 CSS 规则定义”窗口分类中分别选择“方框”，设置 width：400，height：200；“边框”Style 全部相同为“dotted”，Width 全部相同为“thin”，Color 全部相同为“#F00”。点击“确定”，此时页面中的表单域将被 form 的 CSS 规则定义，效果如图 10－25 所示。

（5）定义两个“输入框”的样式，由于长度不一，因此“选择器类型”不能使用“标签”，而是选择“类”分别创建样式。“用户名”的“输入框”选择器名称为“input1”，定义背景为#FFC；方框 Width：150，Height：20；边框 Style 全部相同为“solid”，Width 全部相同为“thin”、Color 全部相同为“#6FF”。点击“确定”。

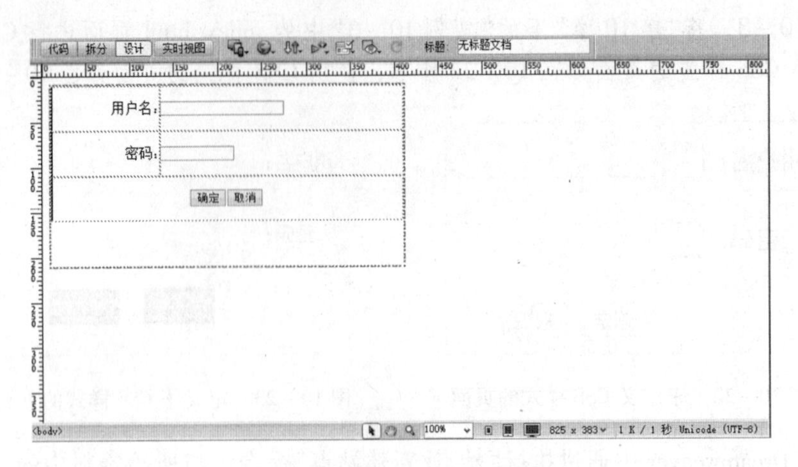

图 10－25　form 的 CSS 样式

（6）在页面选中要定义的“输入框”，在属性面板中的“类”下拉列表中选择“input1”，如图 10－26 所示。

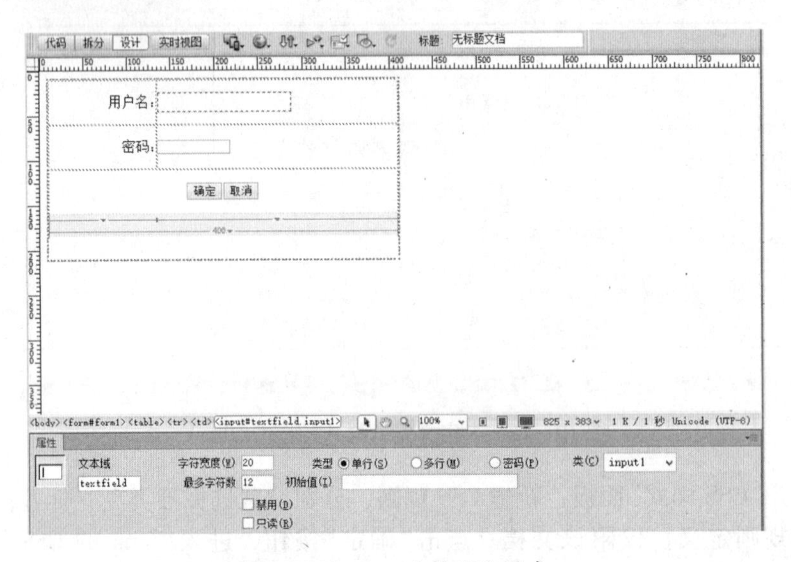

图 10－26　input1 的 CSS 样式

（7）“密码”的“输入框”选择器名称为“input2”，定义背景为#FFC；方框 Width：100，Height：20；边框 Style 全部相同为“solid”、Width 全部相同为“thin”、Color 全部相同为“#6FF”。点击“确定”。

（8）在页面选中要定义的“输入框”，在属性面板中的“类”下拉列表中选择“input2”，如图 10－27 所示。

（9）对两个“按钮”进行定义。选择“类”创建样式，选择器名称为“button”，定义类型 Font－family：宋体，Font－size：14，Color：#000；背景为#F00；方框 Width：50，Height：25；边框 Style 全部相同为“solid”、Width 全部相同为“medium”、Color 全部相同为“#000”。点击“确定”。

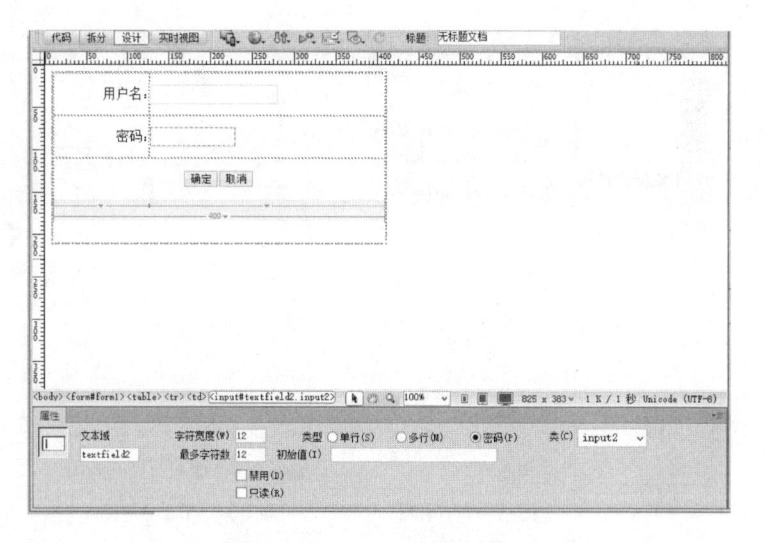

图 10 – 27　input2 的 CSS 样式

（10）在页面选中要定义的“按钮”，在属性面板中的“类”下拉列表中选择“button”，如图 10 – 28 所示。

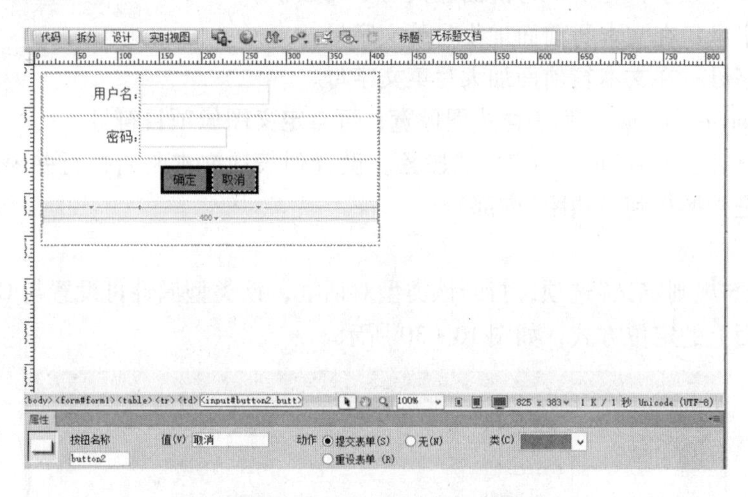

图 10 – 28　button 的 CSS 样式

至此，本实例操作全部完成。

6. 列表

选中“列表”选项，打开该类型对话框，该类型属性可设置列表标签属性，如项目符号大小和类型等，如图 10 – 29 所示。

- List – style – type：列表目录类型，设置项目符号或编号的外观。

圆点：在文本行前面加实心圆。

圆圈：在文本行前面加空心圆。

方块：在文本行前面加实心方块。

数字：在文本行前面加阿拉伯数字。

ul 的 CSS 规则定义
分类
类型
背景
区块
方框
边框
列表
定位
扩展
过渡
列表
List-style-type(T):
List-style-image(I):
浏览...
List-style-Position(P):
帮助(H)
确定
取消
应用(A)

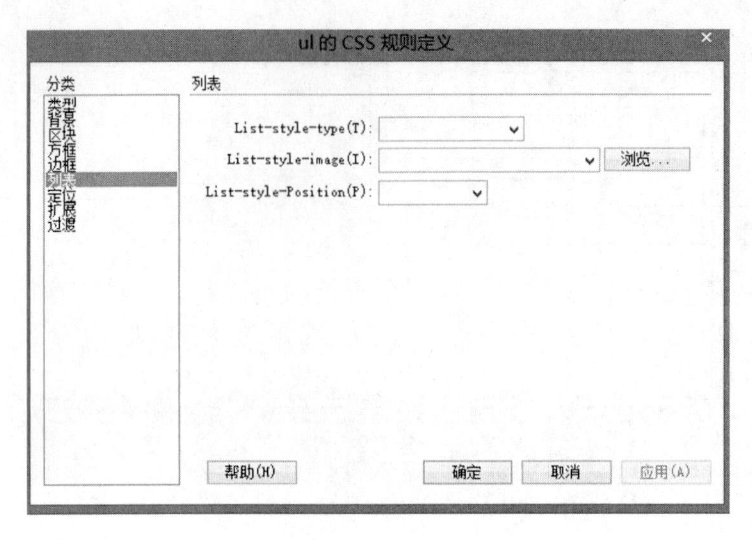

图 10-29 “列表”类型

小写罗马数字：在文本行前面加小写罗马数字。

大写罗马数字：在文本行前面加大写罗马数字。

小写字母：在文本行前面加小写英文字母。

大写字母：在文本行前面加大写英文字母。

- List-style-image：列表样式图像宽，可自定义图像项目符号。
- List-style-position：列表样式段落，设置列表项文本是否换行并缩进(外部)或文本是否换行到左边距(内部)。

7. 定位

选中“CSS 规则定义”选项，打开该类型对话框，该类型属性可设置与 CSS 样式相关的内容在页面上的定位方式，如图 10-30 所示。

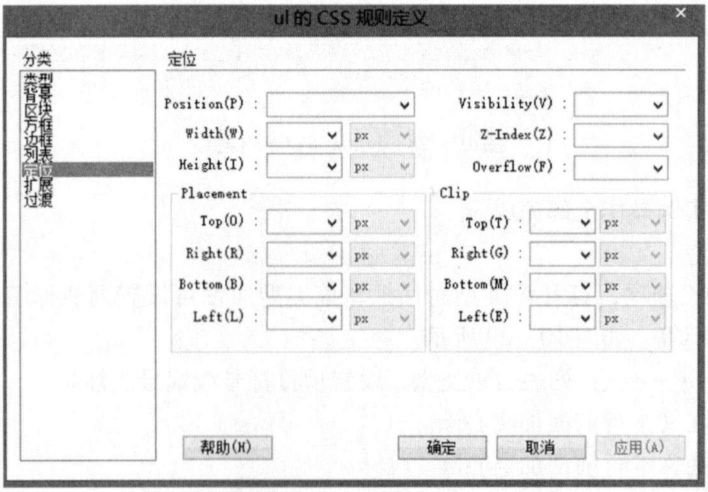

ul 的 CSS 规则定义
分类
类型
背景
区块
方框
边框
列表
定位
扩展
过渡
定位
Position(P) :
Visibility(V) :
Width(W) :
Z-Index(Z) :
Height(I) :
Overflow(F) :
Placement
Clip
Top(O) :
Top(T) :
Right(R) :
Right(G) :
Bottom(B) :
Bottom(M) :
Left(L) :
Left(E) :
px
帮助(H)
确定
取消
应用(A)

图 10-30 “定位”类型

- Position：位置，确定浏览器定位选定的元素。
- Visibility：可见性，确定内容的初始显示条件，默认情况下内容将继承父级标签的值。
- Z－Index：Z轴，确定内容的堆叠顺序，Z轴值较高的元素显示在Z轴值较低的元素上方。值可以为正，也可以为负。
- Overflow：溢出，确定当容器的内容超出容器显示范围时的处理方式。
- Placement：位置，指定内容块的位置和大小。
- Clip：剪辑，定义内容的可见部分，如果指定了剪辑区域，可通过脚本语言访问它，并设置属性以创建像擦除这样的特殊效果。

10.3 编辑CSS样式

10.3.1 链接与导入外部样式

前面述及“新建样式”时在弹出的面板中有“规则定义”选项，如果要创建外部样式表，就要选择“新建样式表文件”选项。当创建外部样式表时会弹出如图10－31所示的对话框，提示用户保存新建的样式表文件。外部样式表将以.css为扩展名保存在本地站点目录下。

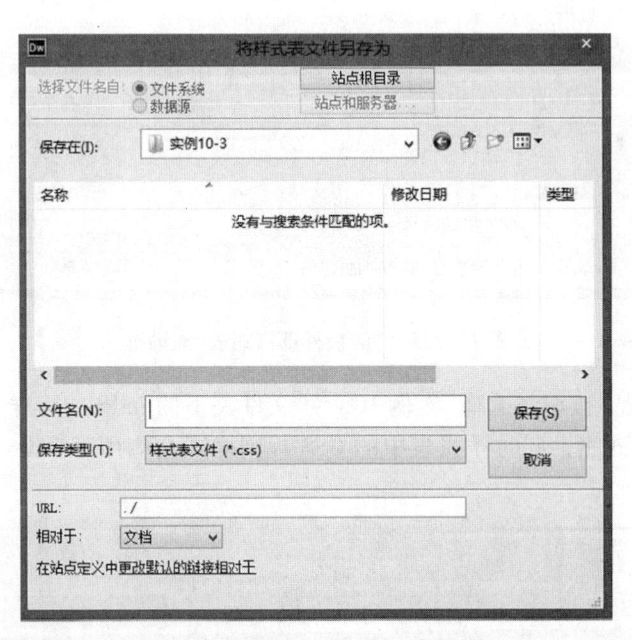

图10－31 外部样式表保存对话框

外部样式表中定义的CSS样式是可以被所有页面共同使用的，但使用时必须链接或导入当前页面。下面通过“实例10－4”介绍操作步骤。

实例 10－4 将“第 10 章”下“实例 10－4”中的 index. css 样式应用到 index. html 页面。

(1)在 Dreamweaver 中通过执行“站点/新建站点”命令，将所给资料中的“第 10 章”文件夹中的“实例 10－4”创建为站点。

(2)双击打开站点中的 index. html 页面，效果如图 10－32 所示。

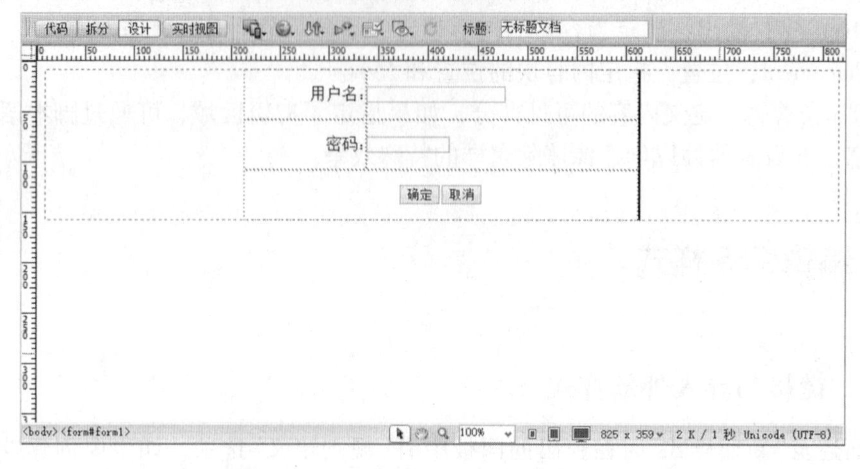

图 10－32 index. html 未使用 CSS 样式

(3)点击“表单域”，在“属性”面板中的“类”下拉列表中选择“附加样式表”，弹出如图 10－33 所示对话框。

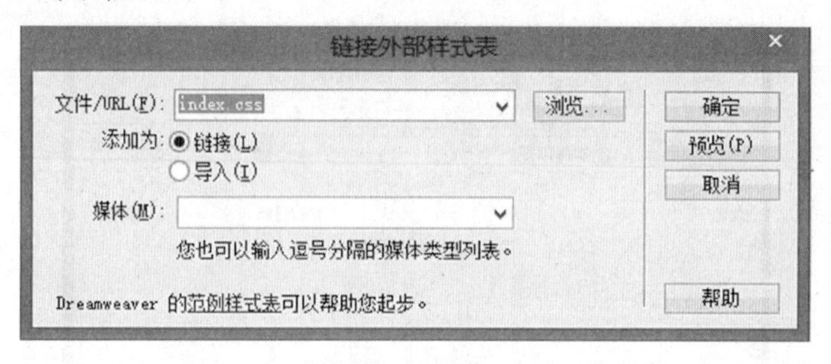

图 10－33 “链接外部样式表”对话框

(4)点击“浏览”按钮，选择“实例 10－4”文件夹下的 index. css 样式文件。单击“确定”，即可链接样式表，同时样式表中的 CSS 规则样式会应用于 index. html 页面，如图 10－34 所示。

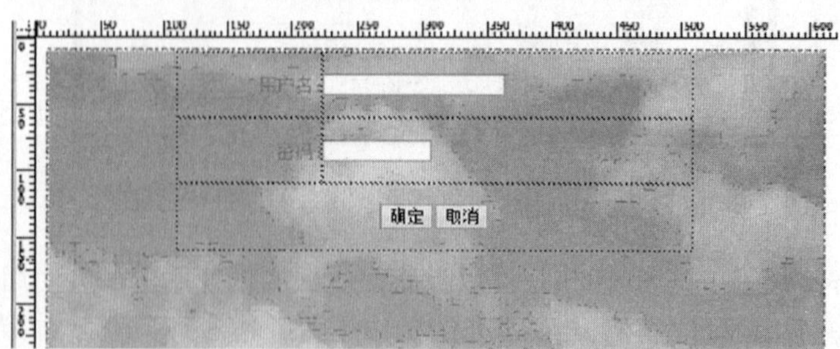

图 10－34 index. html 使用了 CSS 样式

10.3.2 修改 CSS 样式

修改 CSS 样式可使用 CSS 面板的“属性”直接修改，或使用 按钮。

在 CSS 样式面板上，选择要修改的样式，单击 按钮，会弹出相应的样式规则面板，重新对 CSS 样式进行设置，或在面板下方的“属性”中直接修改。

10.3.3 删除 CSS 样式

打开 CSS 样式面板，选择要删除的样式，然后单击鼠标右键，将会弹出快捷菜单，选择其中的“删除”命令即可，或选中要删除的样式后直接按键盘上的 Delete 键。另外，还可打开 CSS 样式面板，选择要删除的样式，然后单击删除按钮 。

10.3.4 复制 CSS 样式

打开 CSS 样式面板，选择要复制的样式，然后单击鼠标右键，在快捷菜单中选择其中的“复制”命令。此时将会弹出如图 10－35 所示的窗口，让用户选择复制到某个目标文件或新样式文件。

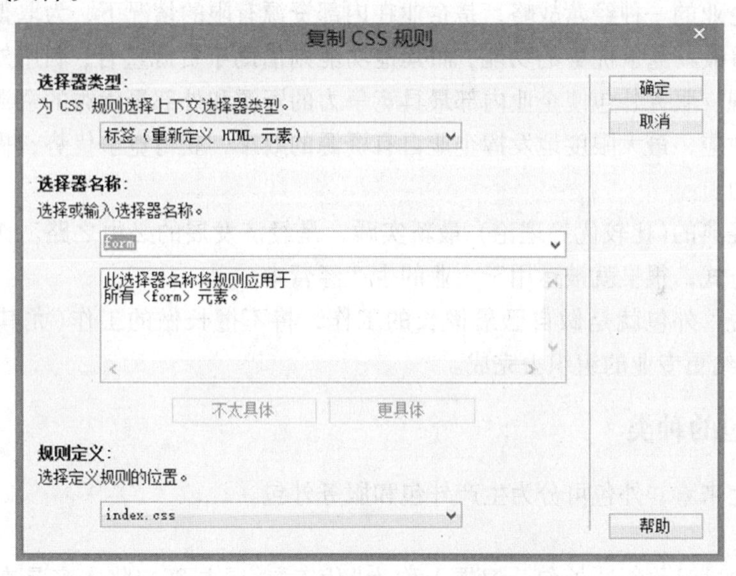

图 10－35　复制 CSS 样式

本章小结

CSS 是一种用来进行网页风格设计的样式表技术，使用 CSS 样式可对页面的布局、字体、颜色、背景和其他图文效果实现更加精确的控制。本章主要介绍了 CSS 样式表的基本知识及应用方法，包括如何建立 CSS 样式表、如何设置各类样式，并通过一些实例帮助读者学会使用 CSS 样式表。

附录　服务外包在网站设计行业中的应用

1.1　外包的定义及种类

1.1.1　外包的定义

外包是指企业将一些其认为是非核心的、次要的或辅助性的功能或业务外包给企业外部可高度信任的专业服务机构，利用它们的专长和优势来提高企业整体的效率和竞争力，而自身则仅专注于那些核心的、主要的功能或业务。

外包是企业的一种经营战略，是企业在内部资源有限的情况下，为取得更大的竞争优势，仅保留最具竞争优势的功能，而其他功能则借助于资源整合，利用外部最优秀的资源予以实现。服务外包使企业内部最具竞争力的资源和外部最优秀的资源结合，产生巨大的协同效应，最大限度地发挥企业自有资源的效率，获得竞争优势，提高对环境变化的适应能力。

外包是经典的(比较优势理论) 最新实践，是经济发展的必由之路。作为一种经济活动和经营方式，很早就被运用于企业的生产经营中。

简单地说，外包就是做自己最擅长的工作，将不擅长做的工作(尤其是非核心业务)剥离，交给更专业的组织去完成。

1.1.2　外包的种类

从内容上来看，外包可分为生产外包和服务外包。

1. 生产外包

生产外包，又称制造外包，习惯上称为“代工”，是指客户将本来是在内部完成的生产制造活动、职能或流程交给企业外部的另一方来完成。

生产外包是企业内部以外加工方式将生产委托给外部优秀的专业化资源机构完成，达到降低成本、分散风险、提高效率、增强竞争力的目的，通常是将一些传统上由企业内部人员负责的非核心业务或加工方式外包给专业的、高效的服务提供商，以充分利用公司外部最优秀的专业化资源，从而降低成本、提高效率、增强自身竞争力的一种管理策略。

2. 服务外包

服务外包是以 IT 作为交付基础的服务，服务的成果通常是通过互联网交付与互动，广泛应用于IT服务、人力资源管理、金融、会计、客户服务、研发、产品设计等众多领域。服务层次不断提高，服务附加值也明显增大。根据美国邓白氏公司的调查，在全球的企业外包领域中，扩张最快的是IT服务、人力资源管理、媒体公关管理、客户服务、市场营销。

服务外包的发展，是伴随着生产制造过程产生的。例如，企业在生产制造前的市场调研、产品设计，生产过程中的生产、物流、库存管理，产品售后的客户服务等都可外包给专业的公司来完成，这都属于服务外包。

1.2 服务外包的定义与范围

1.2.1 服务外包的定义

关于服务外包的定义，目前国内外有不同的观点。

2006年，中国商务部《关于实施服务外包"千百十工程"的通知》中指出："服务外包业务"系指服务外包企业向客户提供的信息技术外包服务(ITO)和业务流程外包服务(BPO)；"国际(离岸)服务外包"系指服务外包企业向国外或我国港、澳、台地区客户提供服务外包业务；"服务外包企业"系指根据其与服务外包发包商签订的中长期合同向客户提供服务外包业务的服务外包提供商。

离岸、在岸的界定如附图1-1所示(以发包方为在中国内地的企业为例)。

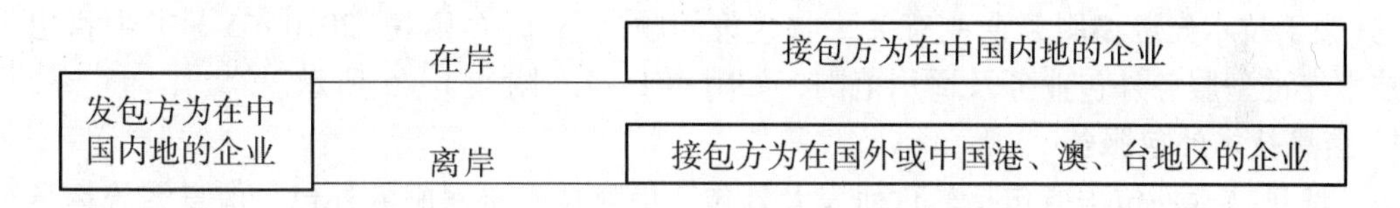

附图1-1 离岸、在岸的界定

作为全球服务外包接包业务发展最快的国家之一，印度先后使用了两个词汇对应于"outsourcing"一词，分别是IT-ITES(2006年前)和IT-BP(2007年后)。IT-ITES(Information Technology Enabled Services)，定义为一种以IT作为交付基础的服务，服务的成果通常是通过互联网交付。

美国高德纳咨询公司按最终用户与IT服务提供商所使用的主要购买方法将IT服务市场分为离散式服务和外包(服务外包)。服务外包又分为IT外包(ITO)和业务流程外包(BPO)。

附图1-2为服务外包定义解析图。

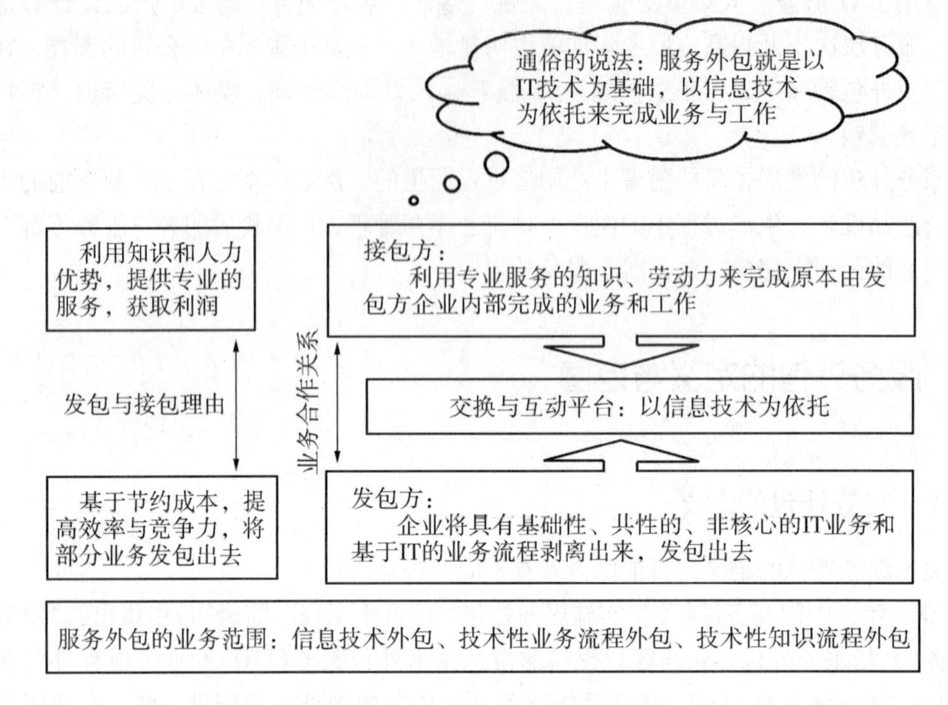

附图 1－2　服务外包定义解析图

1.2.2　服务外包业务范围

2006 年财政部、国家税务总局、商务部、科技部、国家发展改革委员会联合发布的《关于技术先进型服务企业有关税收政策问题的通知》（财税〔2010〕65 号）中指出了技术先进型服务外包业务及适用范围，如附表 1－1 ～附表 1－5 所示。

1. 信息技术外包服务

信息技术外包服务包括软件研发及外包、信息技术研发服务外包、信息系统运营维护外包，如附表 1－1 ～附表 1－3 所示。

附表 1－1　软件研发及外包类别与适用范围

类　别	适用范围
软件研发及开发服务	用于金融、政府、教育、制造业、零售、服务、能源、物流和交通、媒体、电信、公共事业和医疗卫生等行业，为用户的运营/生产/供应链/客户关系/人力资源和财务管理、计算机辅助设计/工程等业务进行开发，包括定制软件开发，嵌入式软件、套装软件开发，系统软件开发，软件测试等
软件技术服务	软件咨询、维护、培训、测试等技术性服务

附表 1－2　信息技术研发服务外包类别与适用范围

类　别	适用范围
集成电路和电子电路设计	集成电路和电子电路产品设计及相关技术支持服务等
测试平台	为软件、集成电路和电子电路的开发运用提供测试平台

附表 1－3　信息系统运营维护外包类别与适用范围

类　别	适用范围
信息系统运营和维护服务	客户内部信息系统集成、网络管理、桌面管理与维护服务；信息工程、地理信息系统、远程维护等信息系统应用服务
基础信息技术服务	基础信息技术管理平台整合、IT 基础设施管理、数据中心、托管中心、安全服务、通信服务等基础信息技术服务

2. 技术性业务流程外包服务

技术性业务流程外包服务的类别及适用范围如附表 1－4 所示。

附表 1－4　技术性业务流程外包类别与适用范围

类　别	适用范围
企业业务流程设计服务	为客户企业提供内部管理、业务运作等流程设计服务
企业内部管理服务	为客户企业提供后台管理、人力资源管理、财务、审计与税务管理、金融支付服务，医疗数据及其他内部管理业务的数据分析、数据挖掘、数据管理、数据使用等服务；承接客户专业数据处理、分析和整合服务
企业运营服务	为客户企业提供技术研发服务，为企业经营、销售、产品售后服务提供应用客户分析、数据库管理等服务。主要包括金融服务业务，政务与教育业务，制造业务，生命科学，零售、批发、运输业务，卫生保健业务，通信与公共事业业务，呼叫中心，电子商务平台等
企业供应链管理服务	为客户提供采购、物流的整体方案设计及数据库服务

3. 技术性知识流程外包服务

技术性知识流程外包服务的类别与适用范围如附表 1－5 所示。

附表 1－5　技术性知识流程外包类别与适用范围

类　别	适用范围
技术性知识流程外包服务	知识产权研究、医药和生物技术研发和测试、产品技术研发、工业设计、分析学和数据挖掘、动漫及网游设计研发、教育课件研发、工程设计等领域

1.3 网站外包

电子商务时代，网络营销蓬勃发展，越来越多的企业选择建立自己的企业网站，一方面可进行产品的推广，另一方面可进行企业的形象宣传。但网站设计和网站维护都需要一定的人力和物力，因此更多的企业选择了网站建设外包给第三方服务商。

网站外包服务形式包括网站建设外包、网站项目外包、网站策划外包、网站维护外包、网页修改外包、网站开发外包、网站推广外包、网站托管等。

选择网站外包方时需注意以下几点：

1. 网站建设公司的资质考察

要选定一个网站建设公司，对它进行实地考察。对一个网站建设公司的考察，必须对其以前的网站建设案例进行查看，并且不是简单地对网站截图查看，而是要对实际的网站进行考察。是否拥有大量稳定的客户群，也是考察时需要考虑的要素之一。

企业选择网站建设公司，该公司一定要具有丰富的网络营销经验，能对你的网站进行有效的推广并产生效益。网站的每一项工作都是围绕利益展开的，建网站不是目的，网站建设能给企业带来利益才是最重要的。

2. 网站建设阶段，网站建设公司应有详细的网站设计方案

对网站的相关问题进行调研后要给出合理方案。网站建设之初这个阶段很重要，它要对以后可能出现的问题进行一个展望和解除，在网站建设之初就要把所有的问题尽量排除，并给出一个合理的网站建设方案。

网站建设之后，要了解网站建设公司能否提供后期的维护，包括服务器空间的故障排除，网站数据的保护，后期网站故障的处理。一个良好的网站建设公司，应对其服务的客户网站负责维护。

网站建设流程都完成后，网站即基本建成，接下来是网站验收。验收合格后，网站外包服务商会把网站相关程序文件上传到服务器，网站即可正式运营。

参考文献

[1] 姜楠. Dreamweaver MX 2004 完美网页设计与制作[M]. 北京：中国青年出版社，2004.
[2] 马翠翠. 从零开始学 HTML + CSS[M]. 北京：电子工业出版社，2013.
[3] 丁士锋. 网页设计与网站建设实战大全[M]. 北京：清华大学出版社，2013.
[4] 数字艺术教育研究室. 中文版 Dreamweaver CS6 基础培训教程[M]. 北京：人民邮电出版社，2012.